U0239541

高等职业教育系列教材

UG NX 10.0中文版 基础教程

第 2 版

主编　张小红　郑贞平

参编　陈　平　刘良瑞　刘摇摇

主审　胡俊平

机 械 工 业 出 版 社

本教材的体系和内容着眼于工程实践能力和职业技能的训练。在教材编写过程中特别注意贯彻理论知识，以实际工程应用为目的、以造型为基本、以开发为辅助、以必需和够用为原则，为高职高专学生今后的进一步学习和专业发展打下良好的基础。考虑到读者的多样性，本教材在内容选择方面做到有的放矢，既不面面俱到于 NX 的每一项具体功能，但又包括了实际使用过程中常用和必须使用的功能。

本教材是从工程实用的角度出发，通过实例精讲的形式，详细介绍 NX 10.0 中文版造型的基本功能、基本过程、方法和技巧。全书共分 8 章，主要内容包括 NX 10.0 概述、NX 10.0 建模通用知识、草图的绘制、创建和编辑曲线、零件设计、曲面设计、装配设计和工程图设计。

本书结构严谨、内容丰富、条理清晰、实例经典，内容的编排符合由浅入深的思维模式。本教材可以作为高职高专院校数控专业、模具专业、机电一体化专业、机械设计制造及自动化专业的 CAD/CAM 课程的教材、上机实习教材和教师教学用教材，同时也适合广大 NX 初、中级用户以及设计人员使用和参考。

本书配有授课电子课件和配套素材，需要的教师可登录机械工业出版社教育服务网 www.cmpedu.com 免费注册后下载。

图书在版编目（CIP）数据

UG NX 10.0 中文版基础教程/张小红，郑贞平主编 .—2 版 .—北京：机械工业出版社，2017.4（2024.7 重印）
高等职业教育系列教材
ISBN 978-7-111-56720-2

Ⅰ. ①U… Ⅱ. ①张… ②郑… Ⅲ. ①计算机辅助设计-应用软件-高等职业教育-教材 Ⅳ. ①TP391.72

中国版本图书馆 CIP 数据核字（2017）第 092046 号

机械工业出版社（北京市百万庄大街 22 号 邮政编码 100037）
策划编辑：曹帅鹏 责任编辑：曹帅鹏
责任校对：张艳霞 责任印制：单爱军
北京虎彩文化传播有限公司印刷

2024 年 7 月第 2 版·第 10 次印刷
184mm×260mm·17.5 印张·421 千字
标准书号：ISBN 978-7-111-56720-2
定价：46.00 元

凡购本书，如有缺页、倒页、脱页，由本社发行部调换

电话服务 网络服务

服务咨询热线：(010)88379833 机 工 官 网：www.cmpbook.com

机 工 官 博：weibo.com/cmp1952

读者购书热线：(010)88379649 教育服务网：www.cmpedu.com

封底无防伪标均为盗版 金 书 网：www.golden-book.com

前　言

随着改革开放的不断深入，我国已成为了世界的制造工厂，正在从中国制造向中国创造前进。同时，我国的高等职业教育也得到了飞速发展。

NX 10.0 是由 Siemens PLM Software 公司推出的面向制造行业的 CAID/CAD/CAE/CAM 高端软件，是当今世界上最先进、最流行的工业设计软件之一。它集合了概念设计、工程设计、分析与加工制造的功能，实现了优化设计与产品生产过程的组合，广泛应用于机械、汽车、模具、航空航天、消费电子、医疗仪器等各个行业。

我们编写本教材时，充分考虑了我国高等职业技术教育发展和高级应用型技术人才培养的需要。编者经过多年的教学实践，结合学生需要掌握的知识和技能，确定了本教材的编写内容。本教材以 NX 10.0 软件为平台，从应用角度系统地介绍了 NX 10.0 的基本知识、曲线和草图功能、几何造型技术以及装配建模功能等。本教材突出应用性，体现先进性，在编写时力求"实时性和实用性"，将学习方法和技能培养有机结合，重在培养学生应用专业软件进行产品造型的能力。

为了使学生和读者尽快掌握 NX 10.0 的使用和设计方法，编者集多年的设计、培训和教学经验为一体，以高等职业教学模式为指导，根据软件实际应用的步骤，由浅入深、图文并茂，全面介绍了 NX 10.0 中文版软件的基本应用和操作技巧。

本教材实例丰富、代表性强，技术含量高，每章都有几个典型实例，这些实例具有较强的实用性、指导性和可操作性。

本教材是机械工业出版社组织出版的"高等职业教育规划教材"之一，由张小红（无锡职业技术学院）、郑贞平（无锡职业技术学院）主编，由胡俊平（无锡职业技术学院）主审，另外参与编写的人还有陈平（无锡职业技术学院）、刘良瑞（黄冈职业技术学院）、刘摇摇（无锡雪浪环境科技股份有限公司），他们在资料收集、整理和技术支持方面做了大量的工作；在编写过程中还得到了无锡锡园科技有限公司李全兴高工的指导和帮助，并提出了许多宝贵意见，在此一并向他们表示感谢！

本教材尽管是我们多年工作经验的总结，但是由于编者的水平有限，加之时间仓促，难免有缺点和错误之处。恳请广大读者批评指正，以便我们今后改进。读者建议和问题可发邮件至 Refreh@ 163. com。

编　者

目　录

第1章　NX 10.0 概述

本章主要介绍 UG NX 10.0（以下简称 NX 10.0）软件的主要应用模块、操作环境等基础方面的知识和工具条的定制等常用的命令。读者需要了解 NX 10.0 的基本功能，掌握 NX 10.0 的界面和使用环境的定制，掌握 NX 10.0 的一些基本操作。

1.1　NX 10.0 简介

1.1.1　NX 10.0 的特点

NX 10.0 软件具有之前一些版本值得保留且易用的特点，具体如下。

1）NX 为企业提供了"无约束设计"，以高效的设计流程帮助企业开发复杂的产品。灵活的设计工具消除了参数化系统的各种约束。例如，高级选择意图（Advanced Selection Intent）工具可以自动选取几何图形，并推断出合理的相关性，允许用户快速做出设计变更。NX 能够在没有特征参数的情况下处理几何图形，极大地提高了灵活性，使得设计变更能够在极短的时间内完成。除了灵活的设计工具外，NX 还嵌入了 PLM 行业中在产品可视化和协同领域应用最广的轻量级三维数据格式——JT 数据格式，以支持多种 CAD 程序提供的文档，加快设计流程。

2）NX 把"主动数字样机（Active Mockup）"引入到行业中，使工程师能够了解整个产品的关联关系，从而更高效地工作。在扩展的设计审核中提供更大的可视性和协调性，从而可以在更短的时间内完成更多的设计。使用"主动数字样机"可以快速修改各种来源的模型数据，并且在性能上超过了 NX 的竞争对手。另外，NX 中嵌入的 JT 技术把图形处理能力提高了数倍，使内存占用减少，这样就可以帮助 Teamcenter/NX 用户制作真正由配置驱动的变形设计。

3）通过强调将开放性集成到整个 PLM 组合中，Siemens PLM Software 公司不断使其产品差异化。NX 联合了来自竞争对手以及自身的 CAD/CAE/CAM 技术的数据，以简化产品开发过程，加快产品开发速度。在 CAM/CAE 方面，NX 提供了比以前更强的仿真功能和性能。

1.1.2　NX 10.0 的功能模块

NX 10.0 包含几十个功能模块，采用不同的功能模块，可以实现不同的用途，这使得 NX 10.0 成为业界最为尖端的数字化产品开发解决方案应用软件。NX 10.0 的模块包括建模、装配、外观造型设计、图纸、NX 钣金、加工、机械布管、电气布线等。按照应用的类型可分为 4 种：CAD 模块、CAM 模块、CAE 模块和其他专用模块。

1. CAD 模块

下面首先来介绍 CAD 模块。

（1）NX 10.0 基本环境模块（NX 10.0 初始模块）

NX 10.0 基本环境模块是执行其他交互应用模块的先决条件，是用户打开 NX 10.0 软件进入的第一个应用模块。在计算机左下角处选择【开始】|【所有程序】|【Siemens NX 10.0】|【NX 10.0】命令，可以打开 NX 10.0 启动界面，如图 1-1 所示。之后就会进入 NX 10.0 初始模块，如图 1-2 所示。

图 1-1　NX 10.0 启动界面

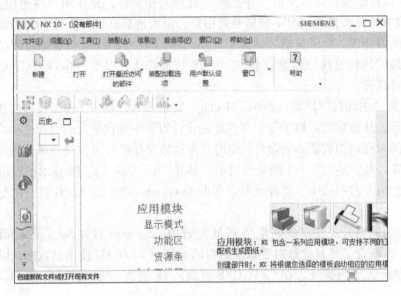

图 1-2　NX 10.0 初始模块

NX 10.0 基本环境模块给用户提供了一个交互环境，它允许打开已有部件文件、建立新的部件文件、保存部件文件、选择应用、导入和导出不同类型的文件，以及其他一般功能。该模块还提供强化的视图显示操作、视图布局和图层功能、工作坐标系操控、对象信息和分析以及联机访问帮助。

在 NX 10.0 中，通过选择【启动】|【所有应用模块】菜单命令下的子命令，就可以直接打开相应的其他模块。

2

（2）零件建模应用模块

零件建模应用模块是其他应用模块实现其功能的基础，由它建立的几何模型广泛应用于其他模块。新创建模型时，模型模块能够提供一个实体建模的环境，从而使用户快速实现概念设计。用户可以交互式地创建和编辑组合模型、仿真模型和实体模型，可以通过直接编辑实体的尺寸或者通过其他构造方法来编辑和更新实体特征。

模型模块为用户提供了多种创建模型的方法，如草图工具、实体特征、特征操作和参数化编辑等。一个比较好的建模方法是从草图工具开始。在草图工具中，用户可以将自己最初的一些想法，用概念性的模型轮廓勾勒出来，便于抓住创建模型的灵感。一般来说，用户创建模型的方法取决于模型的复杂程度。用户可以选择不同的方法去创建模型。

（3）装配建模应用模块

装配建模应用模块用于产品的虚拟装配。装配模块为用户提供了装配部件的一些工具，能够使用户快速地将一些部件装配在一起，组成一个组件或者部件集合。用户可以增加部件到一个组件，系统将在部件和组件之间建立一种联系，这种联系能够使系统保持对组件的追踪。当部件更新后，系统将根据这种联系自动更新组件。

（4）外观造型设计应用模块

外观造型设计应用模块是为工业设计应用提供的专门的设计工具。此模块为工业设计师提供了产品概念设计阶段的设计环境，主要用于概念设计和工业设计，如汽车开发设计早期的概念设计等。创建新模型时，可以打开外观造型设计模块，它包括所有用于概念阶段的基本选项，如创建并且可视化最初的概念设计，也可以逼真地再现产品造型的最初曲面效果图。外观造型设计应用模块中不仅包含所有建模模块中的造型功能，而且包括一些较为专业的用于创建和分析曲面的工具。

（5）图纸应用模块

图纸应用模块让用户根据在建模应用中创建的三维模型，或使用内置的曲线/草图工具创建的二维设计布局来生成工程图纸。图纸模块用于创建模型的各种制图，该模型一般是在新建模块时创建。在图纸模块中生成制图的最大的优点是，创建的图纸都和模型完全相关联。当模型发生变化后，该模型的制图也将随之发生变化。这种关联性使得用户修改或者编辑模型变得更为方便，因为只需要修改模型，并不需要再次去修改模型的制图，模型的制图将自动更新。

2. CAM 模块

NX CAM 应用模块提供了应用广泛的 NC 加工编程工具，使加工方法有了更多的选择。NX 将所有的 NC 编程系统中的元素集成到一起，包括刀具轨迹的创建和确认、后处理、机床仿真、数据转换工具、流程规划、车间文档等，以使制造过程中的所有相关任务能够实现自动化。

NX CAM 应用模块可以让用户获取和重用制造知识，以给 NC 编程任务带来全新层次的自动化；NX CAM 应用模块中的刀具轨迹和机床运动仿真及验证，有助于编程工程师改善 NC 程序质量和机床效率。

3. CAE 模块

CAE 模块是进行产品分析的主要模块，包括设计仿真模块、高级仿真模块和运动仿真模块等。

NX 设计仿真提供了一组有针对性的预处理和后处理工具，并与一个流线化版本的 NX Nastran 解算器完全集成。用户可以使用 NX 设计仿真执行线性静态、振动（正常）模式、线性屈曲、热分析；还可以使用 NX 设计仿真执行适应性、耐久性、优化的求解过程。

NX 设计仿真中创建的数据可完全用于高级仿真。一旦设计工程师采用 NX 设计仿真执行了其初始设计验证，就可以将分析数据和文件提供给专业 CAE 分析师。分析师可以直接采用该数据，并将其作为起点在 NX 高级仿真产品中进行更详细的分析。

4. 其他专用模块

除上面介绍到的常用 CAD/CAM/CAE 模块以外，NX 还提供了非常丰富的面向制造行业的专用模块。下面简单介绍一下。

（1）钣金模块

钣金设计模块为专业设计人员提供了一整套工具，以便在材料特性研究和制造过程的基础上智能化地设计和管理钣金零部件。其中包括一套结合了材料和过程信息的特征和工具，这些信息反映了钣金制造周期的各个阶段，如弯曲、切口以及其他可成型的特征。

（2）管线布置模块

管线布置模块为已选的电气和机械管线布置系统，提供了可裁剪的设计环境。对于电气管线布置，设计者可以使用布线、管路和导线指令，并充分利用电气系统的标准零件库。机械管线布置为管道系统、管路和钢制结构增加了设计工具。所选管线系统的模型与 NX 装配模型完全相关，便于设计变更。

（3）工装设计向导

工装设计向导主要有 NX 注塑模具设计向导、NX 级进模具设计向导、NX 冲压模具工程向导及 NX 电极设计向导。

注塑模具设计向导可以自动产生分型线、凸凹模、注塑模具装配结构及其他注塑模设计所需的结构。此外还提供了大量基于模板、可用户定制的标准件库及标准模架库，从而简化模具设计过程并提高模具设计效率。

级进模具设计向导包含了多工位级进模具设计知识，具有高性能的条料开发、工位定义及其他冲模设计任务能力。

冲压模具工程向导可以自动提取钣金特征并映射到过程工位，以便支持冲压模工程过程。

电极设计向导可以自动建立电极设计装配结构、自动标识加工面、自动生成电极图纸以及对电极进行干涉检查，以便满足放电加工任务需要，还可自动生成电极物料清单。

此外，NX 还有人机工程设计中的人体建模、印制电路板设计、船舶设计、车辆设计/制造自动化等模块。

1.1.3 NX 10.0 新增功能

西门子最新发布的 NX 10.0 软件，集成了全新功能和突破性技术，全面提升各行业产品开发的灵活性。下面介绍比较重要的几种新增功能。

1）NX 10.0 新增航空设计选项，钣金功能增强，如航空设计弯边、筋板、阶梯等。

2）NX 10.0 在捕捉点的时候，新增一个"极点"捕捉，在使用一些命令的时候可以对曲面和曲面的极点进行捕捉。

3）创意塑型从 NX 9.0 开始就有，NX 10.0 增加了更多功能，而且比 NX 9.0 更强大。快速建模是趋势和重点发展方向，新增了放样框架、扫掠框架、管道框架、复制框架、框架多段线、抽取框架多段线。

4）NX 10.0 资源条管理更加方便，在侧边栏工具条上，增加了【资源条选项】按钮，可直接对资源条进行管理。

5）NX 10.0 草图新增功能命令【调整倒斜角曲线大小】。直接在草图中，新增优化 2D 曲线。

6）NX 10.0 修剪与延伸命令分割成两个命令，延伸偏置值可以使用负数。

7）NX 10.0 产品模板工作室中的部分功能被集成到了 NX 中，变为单独功能，可以创建相应的界面。

8）NX 10.0 新增【偏置 3D 曲线】命令。

9）在 CAM 面铣削功能方面，铣削平面可以进行多层控制，保证侧面不被切削。

10）NX 10.0 注塑模工具创建模块新增两个功能：支持柱体和长方体功能。

11）NX 10.0 新增 PTS Author 模块。

12）在运动仿真模块中，NX 10.0 新增一个求解器，变为两个求解器。

13）软件添加密码功能，可以设置不同的密码级别，使不同设计人员获得不同权限。

1.2　NX 10.0 界面和基本操作

1.2.1　NX 10.0 的启动和退出

NX 10.0 中文版的界面风格完全是窗口式的，用户可以使用熟悉的 Windows 操作技巧来操作 NX 10.0，例如用户可以利用窗口标题栏上的 ﹣、▢、✖ 按钮来最小化窗口、恢复窗口、关闭窗口。NX 10.0 中文版的界面设置使用视窗风格，简单明快，用户可以方便快捷地找到所需要的工具按钮。NX 10.0 中文版的界面中主要包括以下几部分：工作图形区、窗口标题栏、菜单栏、提示栏、状态栏、工具条、快捷菜单、当前图形设置区、操作导航器、导航按钮、选择过滤器、资源条和工作坐标系等。

1. 启动 NX 10.0

1）方法一：用鼠标依次选择【开始】|【所有程序】|【Siemens NX 10.0】|【NX 10.0】命令。启动 NX 10.0 软件后，在主界面上将显示一些基本概念的提示，如图 1-2 所示，当鼠标放在左边的某个【文字】上时，右边就会出现相应的文字概念和提示，如图 1-2 所示显示为【应用模块】的概念和提示，这时可以新建或打开一个已存在的文件。

与 NX 文件后缀名一样为 PRT 的 Pro/E 文件，NX 不能打开；NX 可以直接打开 IGES、STP、DXF 等格式的文件。打开后缀名不是 PRT 的文件或者打开不同的版本的 NX 文件时，预览将不起作用。

2）方法二：直接双击桌面上的 NX 10.0 快捷方式或直接双击 NX 10.0 创建的 PRT 文件。

2. 退出 NX 10.0

退出 NX 10.0 有以下几种方法：

1）单击标题栏上的【关闭】按钮✕。

2）选择菜单【文件】|【退出】命令。

3）按〈Alt + F4〉键。

采用任何一种方法，NX 在退出时将会弹出如图 1-3 所示的【退出】对话框，单击【是 - 保存并退出（Y）】按钮即可退出 NX，并关闭窗口。

图 1-3　【退出】对话框

1.2.2　NX 10.0 界面

NX 10.0 可以创建模型、图纸、流水线设计器等多种样式，在新建文件的时候可以进行选择，如图 1-4 所示是【新建】对话框中的文件类型选择。

图 1-4　文件类型

1. 全新 Ribbon 界面

2013 年 10 月份，西门子公司发布了 NX 9 正式版软件，此版软件除了前面所说的开始仅支持 64 位操作系统以外，还更新了许多功能，最主要的是采用了如同微软 Office2007 和 Office 2010 的用户界面一样的 Ribbon（带状工具条）功能区型界面，如图 1-5 所示。

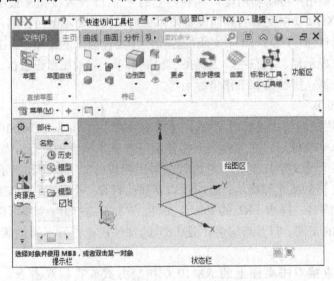

图 1-5　全新 Ribbon 用户界面

Ribbon（带状工具条）功能区是用户界面的一部分。在仪表板设计器中，功能区包含一些用于创建、编辑和导出仪表板及其元素的上下文工具。它是一个收藏了命令按钮和图标的面板。它把命令组织成一组"标签"，每一组包含了相关的命令。每一个应用程序都有一个不同的标签组，展示了程序所提供的功能。在每个标签里，各种相关选项被组在一起。

跟传统的菜单式用户界面相比较，Ribbon 界面的优势主要体现在如下几个方面：

1）所有功能有组织地集中存放，不再需要查找级联菜单、工具条等；

2）更好地在每个应用程序中组织命令；

3）提供足够显示更多命令的空间；

4）丰富的命令布局可以帮助用户更容易地找到重要的、常用的功能；

5）可以显示图标，对命令的效果进行预览，例如改变文本的格式等；

6）更加适合触摸屏操作；

7）减少鼠标单击次数。

虽然从菜单式界面到 Ribbon 界面要有一个漫长的熟悉过程，但是一个不争的事实是，Ribbon 界面正在被越来越多的人接受。相应地，越来越多的软件开发商开始抛弃传统的菜单式界面，转而采用 Ribbon 界面。

在如图 1-5 所示的 Ribbon 界面中，只要单击鼠标，就可以访问常用命令，同时保持最大的图形窗口区域。它将高级角色的功能与基本角色的可发现性相结合。带状工具条上的选项卡和组按逻辑方式组织命令，并将图标大小与信息文本相结合。用户可以根据工作流定制此界面，例如通过解除选项卡停靠或将常用命令添加到边框条中。命令查找器嵌入到带状工具条上，可提供以下附加功能：显示隐藏的命令；启动其他应用模块；让用户轻松将命令添加到选项卡、边框条或快速访问工具条中。

用户通过 Ribbon 界面环境进行 NX 操作有个逐步渐进的过程，更多 Ribbon 界面下的操作说明可参看 NX 帮助文件。本书对 NX 10.0 的 Ribbon 界面仅作简单介绍，全书主要操作仍采用经典界面来进行。要切换到经典界面，在 Ribbon 界面环境下，可选择菜单【文件】|【首选项】|【用户界面】命令，系统弹出如图 1-6 所示的【用户界面首选项】对话框，在【布局】选项卡的【用户界面环境】选项区域中选中【经典工具条】单选按钮即可。如果要切换到 Ribbon 界面，可选择菜单【首选项】|【用户界面】命令，系统弹出如图 1-6 所示的【用户界面首选项】对话框，可以进行设置。读者可按照习惯进行界面环境的选择。

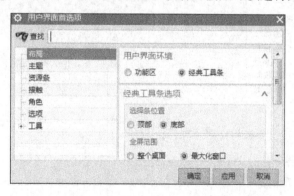

图 1-6 【用户界面首选项】对话框

2. NX 10.0 经典界面

NX 10.0 中文版的常见的经典工作界面如图 1-7 所示。NX 10.0 中文版的工作界面会因为使用环境的不同而有所不同。NX 10.0 的工作界面用户可以根据自己的需要进行定制，一般用户都是按照自己的操作习惯和个人爱好设定，工具条的内容和位置及弹出的对话框用户可以在屏幕上任意移动。

从图 1-7 中可以看到，NX 10.0 的基本操作界面主要包括标题栏、菜单栏、工具条、提示栏、绘图区和资源工具条等。下面介绍各主要的部分。

（1）标题栏

标题栏用来显示 NX 的版本、进入的功能模块名称和用户当前正在使用的文件名。如图 1-7 所示，标题栏中显示的 NX 版本为【NX10】，进入的功能模块为【建模】，用户当前使用的文件名为【model1. prt】。

标题栏除了可以显示以上信息外，它右侧的三个按钮还可以实现 NX 窗口的最小化、最大化和关闭等操作。这和标准的 Windows 窗口相同，对于习惯使用 Window 界面的用户非常方便。

（2）菜单栏

菜单栏中显示用户经常使用的一些菜单命令，包括【文件】、【编辑】、【视图】、【插入】、【格式】、【工具】、【装配】、【产品制造信息】、【信息】、【分析】、【首选项】、【窗口】、【GC 工具箱】和【帮助】等，如图 1-7 所示。每个主菜单选项都有下拉菜单，而下拉菜单中的命令选项有可能还包含更深层级的子菜单。通过选择这些菜单命令，用户可以实现 NX 的一些基本操作，如选择【文件】菜单命令，可以在打开的下拉菜单中实现文件管理操作。

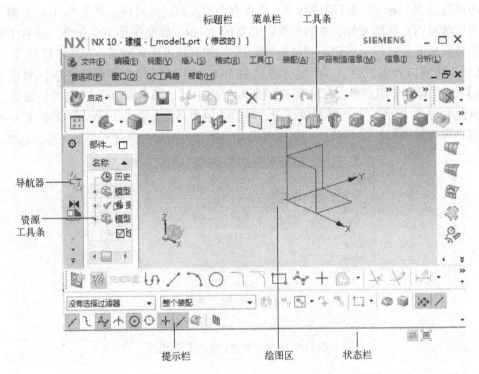

图 1-7　NX 10.0 中文版的操作界面

主菜单是下拉式菜单，系统将所有的指令和设置选项予以分类，分别放置在不同的下拉式菜单中，单击主菜单栏中任何一个功能时，系统将会弹出下拉菜单，同时显示出该功能菜单包含的有关指令，每一个指令的前后可能有一些特殊标记。其中包括：

1）三角形符号（▶）：当菜单中某个命令不只含有单一功能时，系统会在命令字段右上方显示三角形符号，若选择此命令后，系统会自动弹出子菜单。

2）右方的文字：菜单中命令段右方的文字，如 Ctrl + D，表示该命令的快捷键。

3）点号（...）：菜单中某个命令将以对话框的方式进行设置时，系统会在命令段后面加上点号（...），选择此命令后，系统会自动弹出对话框。

4）括号加注文字：当命令后面的括号中标有某个字符时，则该字符为系统记忆的字符。在进入菜单后，按下此字符则系统会自动选择该命令。

（3）工具条

工具条中的按钮是各种常用操作的快捷方式，用户只要在工具条中单击相应的按钮即可方便地进行相应的操作。如单击【特征】工具条中的【孔】按钮，系统弹出【孔】对话框，用户可以在该对话框中创建孔特征。

由于 NX 的功能十分强大，提供的工具条也非常多，为了方便管理和使用各种工具条，NX 允许用户根据自己的需要，添加当前需要的工具条，隐藏那些不用的工具条。而且工具条可以随同工具选项卡移动到窗口的任何位置。这样用户就可以在各种工具条中，选用自己需要的图标来实现各种操作。

在 NX 中，几乎所有的功能都可以通过单击工具条上的图标按钮来启动，NX 的工具条可以按照不同的功能组别分成若干类，工具条可以以固定或浮动的形式出现在窗口中。如果将鼠标指针停留在工具条按钮上，将会出现该工具对应的功能提示。工具条中的图标按钮显示为灰色，表示该图标功能在当前工作环境下无法使用。

（4）提示栏

提示栏用来提示用户当前可以进行的操作，或者告诉用户下一步怎么做。提示栏在用户进行各种操作时特别有用，特别是对初学者或者对某一不熟悉的操作来说，根据系统的提示，往往可以很顺利地完成一些操作。在执行每个指令步骤时，系统均会在提示栏中显示用户必须执行的动作，或提示用户下一个动作。NX 有很多指令，对于一个 NX 的用户来说，不可能记住所有指令的操作过程，当用户对某些不常用的指令步骤不记得时，就可以看提示栏了。如果是一个初学者，每做一步都要看看提示栏。

（5）绘图区

绘图区以图形的形式显示模型的相关信息，它是用户进行建模、编辑、装配、分析和渲染等操作的区域。绘图区不仅显示模型的形状，还显示模型的位置。模型的位置是通过各种坐标系来确定的。坐标系可以是绝对坐标系，也可以是相对坐标系。

（6）资源工具条和导航器

NX 10.0 在软件的左侧显示如图 1-7 所示的资源工具条。在资源工具条单击相应的按钮可以进行各种导航工具的切换显示，包括【装配导航器】、【约束导航器】、【部件导航器】、【重用库】、【HD3D 工具】、【Internet Explorer】、【历史记录】、【系统材料】、【Process Studio】、【加工向导】、【角色】和【系统场景】。各导航工具均在导航器区显示。对于每一种导航器，都可以直接在其相应的条目上右击，通过弹出的快捷菜单快速地进行各种操作。

【装配导航器】显示装配的层次关系。【约束导航器】显示装配的约束关系。【部件导航器】显示建模的先后顺序和父子关系。父对象（活动零件或组件）显示在模型树的顶部，其子对象（零件或特征）位于父对象之下。【部件导航器】还有【相依性】、【细节】和【预览】3个附加窗口。借助这3个窗口，用户可以很方便地修改相应的尺寸和父子关系，还可以预览相应的效果。Internet Explorer 可以直接浏览网站。"历史记录"中可以显示曾经打开过的部件。"系统材料"中可以设定模型的材料。

（7）状态栏

状态栏位于提示栏的右方，主要用来显示系统及图素的状态。如当鼠标在某条直线旁时，状态栏会显示 Line（数据）。

1.2.3 文件操作

文件操作包括新建文件、打开文件、保存文件、关闭文件、查看文件属性、打印文件、导入文件、导出文件和退出系统等操作。

选择标题栏下方的【文件】菜单命令，打开如图 1-8 所示的【文件】菜单。【文件】菜单中包括【新建】、【打开】、【关闭】、【保存】、【打印】、【导入】和【导出】等命令。下面将介绍一些常用的文件操作命令。

1. 新建文件

选择菜单【文件】|【新建】命令，或者单击【标准】工具条中的新建文件的【新建】按钮，系统弹出如图 1-9 所示的【新建】对话框。

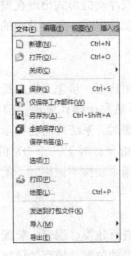

图 1-8 【文件】菜单　　　　　　　　图 1-9 【新建】对话框

在【名称】文本框中输入文件名称，在【文件夹】文本框中输入新建文件所在的目录，也可以通过【打开】按钮设置新建文件所在的目录，在【单位】下拉列表中选择文件的单位，通常情况下选择【毫米】。NX 10.0 提供了两种度量单位，即英寸和毫米。如果软件安装的简体中文版，则默认单位为毫米，单击【确定】按钮即可创建部件文件。

2. 打开文件

选择菜单【文件】|【打开】命令或者单击【标准】工具条中的【打开】按钮，系统

弹出如图 1-10 所示的【打开】对话框。

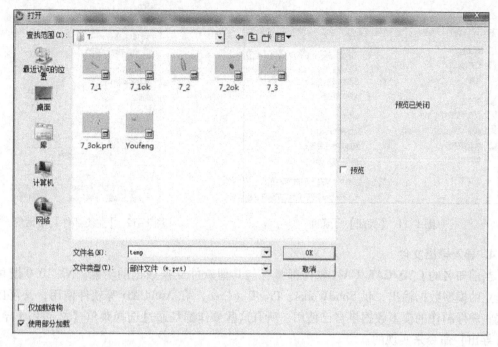

图 1-10　【打开】对话框

【打开】对话框中的文件列表框中列出了当前工作目录下的所有文件。可以直接选择要打开的文件。或者在【查找范围】下拉列表框中指定文件所在的路径，然后单击【OK】按钮。

可以选择菜单【文件】|【最近打开的部件】命令来打开最近打开过的文件。当把鼠标指针指向【最近打开的部件】命令后，系统展开子菜单。其中列出了最近打开过的文件。选择一个即可。

3. 关闭文件

可以通过选择菜单【文件】|【关闭】命令来关闭文件，如图 1-11 所示。

（1）【选定的部件】命令

选择该命令，系统弹出如图 1-12 所示的【关闭部件】对话框。选定要关闭的文件，单击【确定】按钮。

【关闭部件】对话框中的选项如下。

【顶层装配部件】单选按钮：选择后，文件列表中只列出顶层装配文件，而不列出装配中包含的组件。

【会话中的所有部件】单选按钮：选择后，文件列表中列出当前进程中的所有部件。

【仅部件】单选按钮：选择此单选按钮，仅仅关闭所选择的文件。

【部件和组件】单选按钮：选择后，如果所选择的文件为装配文件，则关闭属于该装配文件的所有文件。

【关闭所有打开的部件】按钮：选择后，如果文件在关闭之前没有保存，则强行关闭。

（2）【所有部件】命令

选择该命令，关闭所有文件。其他命令通过名称即可知道其意义，在此不详细解释。

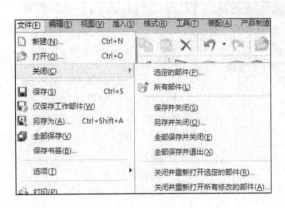

图 1-11 【关闭】子菜单　　　　　　　　　图 1-12 【关闭部件】对话框

4. 导入导出文件

当前知名的 CAD/CAE/CAM 软件都具有与其他软件交换数据的功能。NX 10.0 既可以把建立的模型数据输出,供 SolidWorks、Pro/E（Creo）和 AutoCAD 等软件使用,又可以输入这些软件制作的模型数据供自己使用,所有这些操作都是通过选择菜单【文件】|【导入】和【导出】命令来实现的。

（1）导入文件

选择菜单【文件】|【导入】命令,弹出子菜单。其中列出了可以输入的各种文件格式,常用的有部件（NX 文件）、Parasolid（SolidWorks 文件）、VRML（网络虚拟现实格式文件）、IGES（Pro/E 文件）和 DXF/DWG（AutoCAD 文件）。

（2）导出文件

选择菜单【文件】|【导出】命令,弹出子菜单。其中列出了可以输出的所有文件格式。选择命令后,显示相应的对话框供用户操作。

NX 10.0 通过【打开】命令可以打开其他格式的文件;【另存为】命令可以保存为其他格式的文件。

5. 保存文件

保存文件的方式有两种:一种是直接保存,另一种是另存为其他类型。

要直接保存文件时,可以选择菜单【文件】|【保存】命令,或者在快速访问工具条中直接单击【保存】按钮 ■。执行该操作后,文件将自动保存在创建该文件的保存目录下,文件名称和创建时的名称相同。

要将文件另存为其他类型时,可以选择菜单【文件】|【另存为】命令。执行该命令后,系统弹出如图 1-13 所示的【另存为】对话框,用户指定存放文件的目录和保存类型后,再输入文件名称即可。此时的存放目录可以和创建文件时的目录相同,但是如果存放目录和创建文件时的目录相同,则文件名不能相同,否则不能保存文件。

6. 部件属性

【属性】命令用来查看当前文件的属性。选择菜单【文件】|【属性】命令,系统弹出如图 1-14 所示的【显示部件属性】对话框。

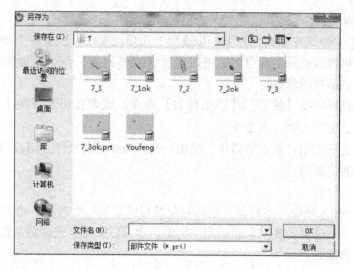

图 1-13 【另存为】对话框

在【显示部件属性】对话框中，用户通过单击不同的标签，就可以切换到不同的选项卡。【显示部件】选项卡如图 1-14 所示，其中显示了文件的一些属性信息，如文件名、文件存放路径、视图布局、工作视图和图层等。

1.2.4　编辑对象操作

编辑对象操作包括撤销、修剪对象、复制对象、粘贴对象、删除对象、选择对象、隐藏对象、变换对象和对象显示等操作。

在菜单栏中选择【编辑】菜单命令，打开【编辑】菜单。【编辑】菜单中包括【撤销列表】、【复制】、【删除】、【选择】、【对象显示】、【显示和隐藏】、【表格】和【特征】等命令，如图 1-15 所示。如果某个命令后带有小三角形，表明该命令还有子命令。如在【编辑】菜单中选择【显示和隐藏】命令后，会显示包含子命令的子菜单。

图 1-14　【显示部件属性】对话框

图 1-15　【编辑】菜单

（1）【撤销列表】命令

【撤销列表】命令用来撤销用户上一步或者上几步的操作。这个命令在修改文件时特别有用。当用户对修改的效果不满意时，可以通过【撤销列表】命令来撤销对文件的一些修改，使文件恢复到最初的状态。

在菜单栏中选择菜单【编辑】|【撤销列表】命令，或者在快速访问工具条中直接单击【撤销】按钮 ，都可以执行该命令。

撤销列表中会显示用户最近的操作，供用户选择撤销哪些操作。用户只要在相应的选项前选择即可撤销相应的操作。

（2）【删除】命令

【删除】命令用来删除一些对象。这些对象既可以是某一类对象，也可以是不同类型的对象。用户可以手动选择一些对象然后删除它们，也可以利用类选择器来指定某一类或者某几类对象，然后删除它们。

在菜单栏中选择菜单【编辑】|【删除】命令，可以打开如图1-16所示的【类选择】对话框。选取删除的要素，单击【确定】按钮即可删除所选要素。

1.2.5 鼠标和键盘操作

NX 10.0作为一个交互式软件，鼠标和键盘操作是输入指令、调整视图、选择对象的重要工具。

1. 鼠标右键菜单

在NX 10.0中，单击鼠标右键即可展开相关快捷菜单。至于展开的菜单类型，与单击的位置、是否在执行命令有关。

1）在Ribbon界面环境，在功能区选项卡标题位置，或选项卡中的空白位置右击，弹出右键菜单，如图1-17所示，该菜单列出了NX 10.0的部分功能选项卡和边框条。被勾选的项目将在工作界面中显示，去掉勾选的项目将在工作界面中消失。

图1-16 【类选择】对话框

图1-17 选项卡上的右键菜单

2）在绘图区没有任何对象的位置右击，弹出快捷菜单，如图 1-18 所示，菜单的上部是选择过滤器，可以选择要过滤的对象。菜单中包含缩放、平移、旋转、着色和视图定向等大部分视图操作的命令。

3）在没有使用选择过滤器的情况下，在实体特征上右击，弹出快捷菜单，如图 1-19 所示，该快捷菜单提供了特征编辑的多种命令，例如显示和隐藏、参数的编辑、复制和删除等。如果使用选择过滤器过滤某一种对象，根据选择对象的不同，右键展开菜单也就不同。

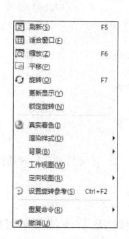

图 1-18　绘图区空白位置的右键菜单

图 1-19　实体特征上的右键菜单

2. 鼠标动作

鼠标动作指鼠标的按键结合移动操作，在 NX 10.0 中鼠标动作主要用来调整视图。通过不同的按键和移动组合，可以实现不同的视图变换效果。

（1）缩放视图

通过滚动鼠标的中键（滚轮）可以实现视图的缩放。另外还可以同时按住鼠标左键和中键，然后拖动鼠标来缩放视图，但这种操作方法不易操控，一般不采用。

（2）平移视图

按键盘上的〈Shift〉键和鼠标中键，然后拖动指针即可平移视图。或者在绘图区同时按住鼠标左键和中键，然后拖动鼠标即可平移视图。

（3）旋转视图

按住鼠标中键然后拖动鼠标，即可在空间内旋转视图方向。

3. 键盘快捷键

键盘的功能除了输入文本外，还可以作为命令的快捷执行方式，即快捷键功能。在 NX 10.0 中几乎所有的命令都可以为其指定一个快捷键或多个按键组合。为了减轻记忆负担以及减少对快捷键的过度依赖，一般只为常用的命令设置快捷键。

选择菜单【工具】|【定制】菜单命令，系统弹出如图 1-20 所示的【定制】对话框。单击该对话框上的【键盘】按钮，系统弹出如图 1-21 所示的【定制键盘】对话框。在【类别】列表框中选择一个菜单目录，然后在【命令】列表框中选择要定义的命令，单击激活【当按新的快捷键】文本框，然后按键盘上的键，单击【指派】按钮，即为该命令指派了快捷键。注意指派的快捷键不要与其他命令的快捷键重复，如果其他命令已经使用了该快捷

键，对话框底部会有提示信息。

图 1-20 【定制】对话框

图 1-21 【定制键盘】对话框

1.2.6　参数设置

参数设置主要用于设置系统的一些控制参数，通过【首选项】下拉菜单可以进行参数设置，本节将介绍一些常用的设置，包括对象参数设置、用户界面参数设置、选择参数设置和可视化参数设置。

1. 对象参数设置

对象参数设置用于设置曲线或者曲面的类型、颜色、线型、透明度及偏差矢量等默认值。

选择菜单【首选项】|【对象】命令，系统弹出如图 1-22 所示的【对象首选项】对话框，在该对话框中可以进行相关设置。新的设置只对以后创建的对象有效，对之前创建的对象无效。单击【分析】标签可切换到【分析】选项卡。

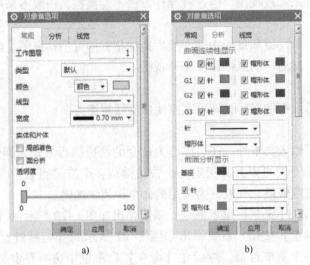

a)　　　　　　　　　　　　b)

图 1-22　【对象首选项】对话框

a)【常规】选项卡　b)【分析】选项卡

在图1-22a所示的【常规】选项卡中，可以设置工作图层、线的类型、线在绘图区的显示颜色、线型和宽度，还可以设置实体或者片体的局部着色、面分析和透明度等参数，只要在相应的选项中选择参数即可。

在图1-22b所示的【分析】选项卡中，可以设置曲面连续性显示的颜色。单击相应复选框后面的颜色小块，系统将弹出【颜色】对话框，可以在【颜色】对话框中选择一种颜色作为曲面连续性的显示颜色。此外，还可以在【分析】选项卡中设置截面分析显示、偏差度量显示和高亮线显示的颜色。

2. 选择参数设置

选择参数设置是指设置用户选择对象时的一些相关参数，如光标半径、选取方法和矩形方式的选取范围等。

选择菜单【首选项】|【选择】命令，系统弹出如图1-23所示的【选择首选项】对话框，在该对话框中可以设置多选的参数、面分析视图和着色视图等高亮显示的参数，延迟和延迟时快速拾取的参数、光标半径（大、中、小）等的光标参数、成链的公差和成链的方法参数等。

3. 可视化参数设置

可视化参数设置是指设置渲染样式、光亮度百分比、直线线型及对象名称显示等参数。

选择菜单【首选项】|【可视化】命令，系统弹出如图1-24所示的【可视化首选项】对话框，该对话框包括【可视】、【小平面化】、【颜色/字体】、【名称/边界】、【直线】、【特殊效果】、【视图/屏幕】、【手柄】和【着重】9个选项卡。用户单击不同的标签即可切换到相应的选项卡并进行相关参数的设置。

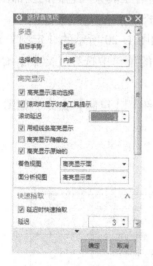

图1-23 【选择首选项】对话框

图1-24 【可视化首选项】对话框

1.3 工具条的定制

1.3.1 工具条综述

工具条是一行可用于发布NX 10.0菜单项目命令的图标，NX 10.0带有大量工具条供选择。

1. 工具提示

每个工具条上都有相关的提示，如图1-25所示，当鼠标放在【标准】工具条的左方时，屏幕上会提示【工具条：标准】。工具条上的每个图标按钮也有相应的提示，如图1-26所示。

图1-25 【工具条】提示　　　　　　　　图1-26 【图标按钮】提示

2. 显示和隐藏工具条

为了观看有效的工具条清单，应将光标放在工具条区域中，右击弹出如图1-27所示菜单，该菜单列出所有当前装卸的工具条。其中含有系统和用户工具条，勾选标记说明该工具条当前被显示。如要显示一工具条，选择要显示工具条旁边的复选框即可；如要隐藏一工具条，取消选中要隐藏工具条旁边的复选框即可。

1.3.2 定制工具条

当进入某模块应用时，为使用户能拥有较大的图形窗口，在默认状态下NX 10.0软件只显示一些常用的工具条及其常用图标，而不是显示所有工具条和它们的全部图标。用户可根据自己操作的需要定制工具条。工具条的定制存取方法如下：

1）选择菜单【工具】|【定制】命令，系统弹出如图1-20所示的【定制】对话框。

2）在对话框区域已定位的工具条上右击，从弹出的菜单中选择【定制】命令，弹出如图1-20所示的【定制】对话框。

3）单击某工具条中的【 · 图标】|【添加或移除按钮】|【定制】命令，如图1-28所示。

图1-27 【工具条】菜单　　　　　　　图1-28 定制工具条

1.3.3 工具条图标的显示与隐藏

NX 10.0有两种方法来显示与隐藏工具条的图标，传统的方法是：在【定制】对话框中选

18

择【命令】选项卡，此选项用于显示或隐藏工具条的图标，如图1-29所示。具体步骤如下：

1）在【类别】列表框中选择要定义图标的菜单条或工具条，如果选择某个工具条，则所选工具条包含的图标显示在【命令】组合框中；如果选择某个菜单条，则所选的菜单条的命令会显示在【命令】组合框中，如图1-29所示为选择【插入】菜单条。

2）再在【命令】组合框中打开或关闭命令图标，即可使该图标在相应的工具条中显示或者隐藏。如果命令后有 ▶ 图标，表示该命令中还有其他命令；设置方法为选择某个命令，右击，在弹出的菜单中选择【添加或移除按钮】命令，如图1-29所示。

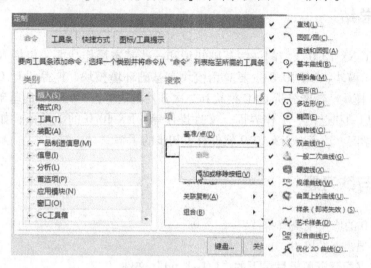

图1-29 【定制】对话框

1.3.4 工具条图标的尺寸、颜色及提示行与状态行的位置

在【定制】对话框中选择【图标/工具提示】选项卡，进行工具条图标的尺寸设置，如图1-30所示。该选项卡具有以下功能：

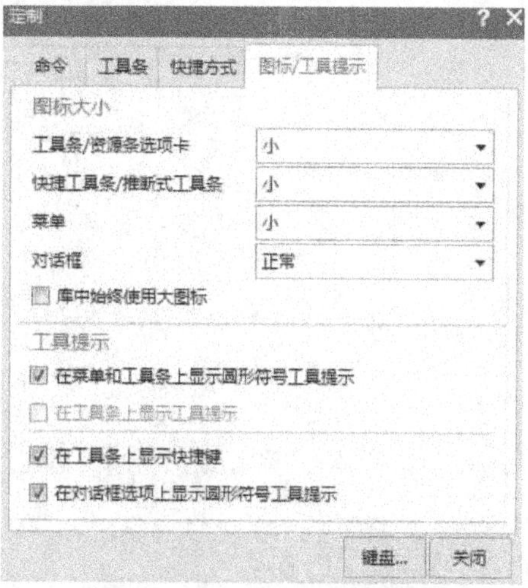

图1-30 【定制】对话框

1) 设置个性化的菜单；
2) 在工具条上显示屏幕提示；
3) 在屏幕提示中显示快捷键；
4) 设置工具条图标的大小；
5) 设置菜单图标的大小；
6) 显示工具条选项中的单个工具条。

1.4　本章总结

本章介绍了 NX 10.0 入门的一些基础知识和一些基本操作功能。包括 NX 10.0 的主要功能及主要应用模块，NX 10.0 主要应用模块有基础环境模块、产品设计 CAD 造型模块、数控加工 CAM 模块、性能分析 CAE 模块和二次开发模块等；NX 10.0 的基础工作环境，包括 NX 10.0 的启动和退出、工作界面、文件操作等；NX 10.0 的工具条，如工具条的定制等。通过本章学习，读者对 NX 10.0 软件有了初步的了解。

1.5　思考与练习题

1. NX 10.0 的应用模块有哪些?
2. 启动并退出 NX 10.0。
3. 打开本书配套资源根目录下的"1/1–1. prt"文件。
4. 打开 1–1. prt，输出 IGS 文件和 STP 文件。
5. 进入工具条【定制】对话框主要有哪几种方式?

第2章 NX 10.0 建模通用知识

NX 10.0 中的常用工具和一些基本操作如：常用构造器、坐标系、模型显示、视图布局、类选择、对象操作、图层管理、参数预设置、表达式和几何计算与物理分析等，这些内容是 NX 10.0 建模技术的基础，在 CAM 环境里也经常用到，读者一定要熟练掌握，有些功能可能一时很难掌握，读者可以通过后面的实例慢慢学习，逐步掌握。

2.1 坐标系的设置

2.1.1 坐标系基本概念

建模离不开坐标系，坐标系主要用来确定特征或对象的方位。NX 10.0 系统中用到的坐标系主要有两种形式，分别为 ACS（绝对坐标系）和 WCS（工作坐标系），它们都遵循右手螺旋法则。ACS 是模型空间坐标系，其原点和方位固定不变，而 WCS 是用户当前使用的坐标系，其原点和方位可以随时改变。在一个部件文件中，可以有多个坐标系，但只能有一个工作坐标系，可以将当前的工作坐标系保存，使其成为已存坐标系，一个部件中可以有多个已存坐标系。

选择菜单【格式】|【WCS】子菜单里的命令，如图 2-1 所示；或单击【实用工具】工具条中的有关按钮，如图 2-2 所示。

图 2-1 【WCS】子菜单

图 2-2 【实用工具】工具条

2.1.2 工作坐标系的创建

选择菜单【格式】|【WCS】|【定向】命令，或单击【实用工具】工具条中的【WCS 定向】按钮，系统弹出如图 2-3 所示的【CSYS】对话框，用于创建工作坐标系。【类型】

下拉列表框中选择不同的选项，【CSYS】对话框也有所不同，具体说明如下所示。

（1）动态

可以动态操作 WCS 的位置和方位。

（2）自动判断

根据选择的几何对象不同，自动推测一种方法定义一个坐标系。

（3）原点，X 点，Y 点

依次指定 3 个点。第 1 个点作为坐标系的原点，从第 1 点到第 2 点的矢量作为坐标系的 X 轴，第 1 点到第 3 点的矢量作为坐标系的 Y 轴。

图 2-3　【CSYS】对话框

（4）X 轴，Y 轴

依次指定两条相交的直线或实体边缘线。把两条线的交点作为坐标系的原点，第 1 条直线作为 X 轴，第 2 条直线作为 Y 轴。

（5）X 轴，Y 轴，原点

依次指定第 1 条直线和第 2 条直线。把构造的点作为坐标系的原点，通过原点与第 1 条直线平行的矢量作为坐标系的 X 轴，通过原点与 X 轴垂直并且与指定的两条直线确定的平面相平行的直线作为 Y 轴。

（6）Z 轴，X 轴，原点

依次指定一条直线和一点。把指定的直线作为 Z 轴，通过指定点与指定直线相垂直的直线作为坐标系的 X 轴，两轴交点作为坐标系的原点。

（7）Z 轴，Y 轴，原点

依次指定一条直线和一点。把指定的直线作为 Z 轴，通过指定点与指定直线相垂直的直线作为坐标系的 Y 轴，两轴交点作为坐标系的原点。

（8）Z 轴，X 点

利用矢量创建功能选择或定义一个矢量，再利用点创建功能指定一点，来定义坐标系。坐标系 Z 轴正向为定义的矢量的方向，X 轴正向为沿点和定义矢量的垂线指向定义点的方向，坐标系的原点为各矢量的交点。

（9）对象的 CSYS

指定一个平面图形对象（如圆、圆弧、椭圆、椭圆弧、二次曲线、平面或平面工程图）。把该对象所在的平面作为新坐标系的 XC－YC 平面，该对象的关键特征点（如圆、椭圆的中心，二次曲线的顶点或平面的起始点等）作为坐标系的原点。

（10）点，垂直于曲线

首先指定一条曲线，然后指定一个点。过指定点与指定直线垂直的假想线为新坐标系的 Y 轴，垂足为坐标系的原点。曲线在该垂足处的切线为新坐标系的 Z 轴，X 轴根据右手螺旋法则确定。

（11）平面和矢量

首先指定一个平面，然后指定一个矢量。把指定矢量与指定平面的交点作为新坐标系的原点，指定平面的法向量作为新坐标系的 X 轴，指定矢量在指定平面上的投影作为新坐标

系的 Y 轴。

(12) 🖰平面，X 轴，点

首先指定一个平面，坐标原点和 X 轴都在该平面内；然后指定一个矢量，为 X 轴的方向；最后指定一个点，如果点在指定的平面内，该点即为坐标系的原点，如果在指定的平面外，则该点垂直投影在指定平面上的位置为坐标系的原点位置。

(13) 🖰三平面

依次选择 3 个平面，把 3 个平面的交点作为新坐标系的原点。第一个平面的法向量作为新坐标系的 X 轴，第 1 个平面与第 2 个平面的交线作为新坐标系的 Z 轴。

(14) 🖰绝对 CSYS

构造一个与绝对坐标系重合的新坐标系。

(15) 🖰当前视图的 CSYS

以当前视图中心为新坐标系的原点。图形窗口水平向右方向为新坐标系的 X 轴，图形窗口竖直向上方向为新坐标系的 Y 轴。

(16) 🖰偏置 CSYS

首先指定一个已经存在的坐标系。然后在文本框中输入三坐标方向偏置（X – 增量、Y – 增量和 Z – 增量），以此确定新坐标系的原点。

2.1.3　坐标系的变换

其中涉及变换的命令如下。

1. 改变工作坐标系原点

选择菜单【格式】|【WCS】|【原点】命令，或单击【实用工具】工具条中的【WCS 原点】按钮🖰，系统弹出【点】对话框。提示用户构造一个点。指定一点后，当前工作坐标系的原点就移到指定点的位置。

2. 旋转工作坐标系

选择菜单【格式】|【WCS】|【旋转】命令，或单击【实用工具】工具条中的【旋转 WCS】按钮🖰，系统弹出如图 2-4 所示的【旋转 WCS 绕】对话框。在其中选择任意一个选择轴，在【角度】文本框中输入旋转角度值，单击【确定】按钮，即可实现旋转工作坐标系。旋转轴是 3 个坐标系轴的正、负方向，旋转方向的正向由右手法则确定。

3. 动态改坐标系

选择菜单【格式】|【WCS】|【动态】命令，或单击

图 2-4　【旋转 WCS 绕】对话框

【实用工具】工具条中的【WCS 动态】按钮🖰，当前工作坐标系变为临时状态，如图 2-5 所示。

从图中可以看出，共有 3 种动态改变坐标系的标志，即原点、移动柄和旋转柄。对应如下 3 种动态改变坐标系的方式。

1）用鼠标选择原点即单击坐标系原点处的正方体，其方法同改变坐标系原点的方法。

2）用鼠标选择移动柄即单击坐标轴上面的箭头，如单击 ZC 轴上面的箭头，则显示如图 2-6 所示的移动【非模式】对话框。这时既可以在【距离】文本框中通过直接输入数值来改变坐标系，也可以沿坐标轴拖动坐标系。在拖动过程中，为便于精确定位，可以设置捕捉单位，如 10.00。这样每隔 10.00 个单位距离，系统会自动捕捉一次。

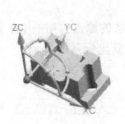

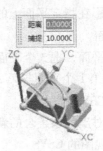

图 2-5　工作坐标系临时状态　　　　　　图 2-6　移动"非模态"对话框

3）用鼠标选择旋转手柄即单击坐标系中的小圆球，如 XC－YC 平面内的，则显示如图 2-7 所示的旋转【非模式】对话框。这时既可以在【角度】文本框中通过直接输入数值来改变坐标系，也可以单击在屏幕上旋转坐标系。在旋转过程中，为便于精确定位，可以设置捕捉单位，如图 45.00。这样每隔 45.00 个单位角度，系统自动捕捉一次。

4. 更改 XC 方向

选择菜单【格式】|【WCS】|【更改 XC 方向】命令，或单击【实用工具】工具条中的【更改 WCS XC 方向】按钮 ，系统弹出如图 2-8 所示的【点】对话框。指定一点（不得为 ZC 轴上的点），则原点与指定点在 XC－YC 平面的投影点的连线为新的 XC 轴。

图 2-7　旋转【非模态】对话框　　　　　　图 2-8　【点】对话框

5. 更改 YC 方向

选择菜单【格式】|【WCS】|【更改 YC 方向】命令，或单击【实用工具】工具条中的

【更改 WCS YC 方向】按钮，系统弹出【点】对话框。指定一点（不得为 ZC 轴上的点），则原点与指定点在 XC－YC 平面的投影点的连线为新的 YC 轴。

2.1.4 坐标系的保存、显示与隐藏

1. 显示

选择菜单【格式】|【WCS】|【显示】命令，或单击【实用工具】工具条中的【显示 WCS】按钮，控制图形窗口中工作坐标坐标系的显示与隐藏属性。这是一个切换开关，默认情况下为显示，左边图标凹陷。

2. 保存

选择菜单【格式】|【WCS】|【保存】命令，或单击【实用工具】工具条中的【保存 WCS】按钮，保存当前坐标系，以后可以引用。

2.2 常用操作工具

2.2.1 点构造器

在三维建模过程中，一项必不可少的任务是确定模型的尺寸与位置，而点构造器就是用来确定三维空间位置的一个基础的和通用的工具。

点构造器实际上是一个对话框，常常是根据建模的需要自动出现的。当然点构造器也可以独立使用，直接创建一些独立的点对象。

这部分内容以直接创建独立的点对象为例进行介绍，需要说明的是无论以哪种方式使用点构造器，其对话框及其功能都是一样的。【点】对话框如图 2-8 所示。

分别在 XC、YC、ZC 文本框中输入坐标值，单击【确定】按钮，系统接收指定的点。

系统提供了多种捕捉方式，下面介绍部分捕捉方式。

1）：自动判断的点，根据光标点所处位置自动推测出所要选择的点。所采用的点捕捉方式为以下方式之一，即光标位置、存在点、端点、控制点、交点、中心点、角度和象限点。这种方法在单选对象时特别方便，但在同一位置存在多种点的情况下很难控制点，此时建议选择其他方式。

2）：光标位置，在光标位置指定一个点。

3）十：现有点，在某个存在点上构造点，或通过选择某个存在点规定一个新点的位置。用光标位置定点时，所确定的点位于坐标系的工作平面（XC－YC）内。即 Z 的坐标值为 0。

4）：端点，在已存在直线、圆弧、二次曲线或其他曲线的端点位置指定一个的位置。使用这种方法定点时，根据选择对象的位置不同，所取得的端点位置也不一样，取最靠近选择位置端的端点。

5）：控制点，在曲线的控制点上构造一个点或规定新点的位置。控制点与曲线的类型有关，可以是直线的中点或端点、开口圆弧的端点、中点或中心点、二次曲线的端点和样条曲线的定义点或控制点等。

6）✦：交点，在两段曲线的交点上、一条曲线和一个曲面或一个平面的交点上创建一个点或规定新点的位置。若两者的交点多于一个，则系统在最靠近第 2 个对象处创建一个点或规定新的位置；若两段平行曲线并未实际相交，则系统会选择两者延长线上的相交点；若选择的两段空间曲线并未实际相交，则系统在最靠近第 1 个对象处创建一个点或规定新点的位置。

7）⊙：圆弧中心/椭圆中心/球心，在所选择圆弧、椭圆或球的中心处创建一个或规定新点的位置。

8）△：圆弧/椭圆上的角度，在与坐标轴 XC 正向成一角度（沿逆时针方向）的圆弧/椭圆弧上构造一个点或规定新点的位置。

9）◯：象限点，在圆弧或椭圆弧的四分点处创建一个点或规定新点的位置，所选择的四分点是离光标选择球最近的四分点。

10）✎：点在曲线/边上，在离光标最近的曲线/边缘上构造一个或规定新点的位置。

11）⬤：面上的点，在离光标最近的曲面/表面上构造一个或规定新点的位置。

12）✎：两点之间，选择两个点，在两点中间构造一个点或规定一个新点位置。

单击按钮激活相应捕捉点方式，然后选择要捕捉点的对象，系统会自动按相应方式生成点。

2.2.2 类选择构造器

在 NX 10.0 各模块的使用过程中，经常需要选择对象，如变换、删除和隐藏等。通常限制选择对象的类型、图层、颜色及重置等选项，类选择器可以快速地选择对象，方便用户操作。类选择器出现在表 2-1 所示功能应用中。

表 2-1　类选择

功　能	实现方式
删除	下拉菜单【编辑】|【删除】
显示和隐藏	下拉菜单【编辑】|【显示和隐藏】
变换	下拉菜单【编辑】|【变换】
信息	下拉菜单【信息】
图层移动/复制	下拉菜单【格式】|【移动至图层】|【复制至图层】
对象显示	下拉菜单【编辑】|【对象显示】
对象颜色	下拉菜单【编辑】|【对象颜色】

当需要选择对象时，系统将弹出如图 2-9 所示的【类选择】对话框，其中选项如下。

（1）【过滤器】选项组

该选项组中提供了 5 种直接过滤方式，即【类型过滤器】、【图层过滤器】、【属性过滤器】、【重置过滤器】和【颜色过滤器】。

【类型过滤器】：按对象类型过滤，即只能选择指定类型的对象。单击【类型过滤器】按钮✦，系统弹出如图 2-10 所示的【按类型选择】对话框。可以在列表框中选择所需要的类型，单击【确定】按钮。注意单击对话框下端的【细节过滤】按钮，可以进一步限制类型。

【图层过滤器】：按对象所在图层进行过滤，即只能选择指定图层的对象。单击【图层过滤器】按钮 ，系统弹出如图 2-11 所示的【根据图层选择】对话框，选择需要的图层，单击【确定】按钮。

图 2-9 【类选择】对话框　　图 2-10 【按类型选择】对话框　图 2-11 【根据图层选择】对话框

【属性过滤器】：单击【属性过滤器】按钮 ，系统弹出如图 2-12 所示的【按属性选择】对话框。其中显示用于过滤对象的所有其他属性。还可以单击【用户定义属性】按钮，系统弹出如图 2-13 所示的【属性过滤器】对话框，然后在其中设置所需的过滤属性，单击【确定】或【应用】按钮。

【重置过滤器】：单击【重置过滤器】按钮 ，恢复默认的过滤方式，即可以选择所有的对象。

【颜色过滤器】：单击【颜色过滤器】按钮 ，系统弹出如图 2-14 所示的【颜色】对话框。按对象颜色过滤，即可选择指定颜色的对象。

（2）选择对象

设置过滤方式后，即可选择对象，经常使用的选项方法如下。

1）直接在【根据名称选择】文本框中输入对象名，由于对象名一般是系统自动定义的，所以基本不用该种方法。

2）在图形窗口内单击对象。

3）在图形窗口内拖动鼠标成矩形区域选择对象。

4）单击【全选】按钮 ，则选择所有满足过滤条件的对象。

5）单击【反向选择】按钮 ，则选择所有满足过滤条件且暂时未被选中的对象。

27

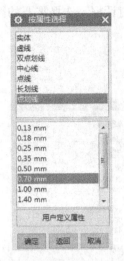

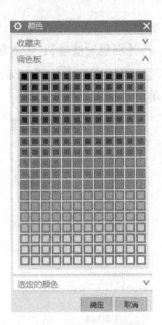

图 2-12 【按属性选择】对话框   图 2-13 【属性过滤器】对话框   图 2-14 【颜色】对话框

取消已选择对象的方法：按住〈Shift〉键，移动鼠标选择已选的对象，再单击鼠标即可取消已选择对象，用鼠标左键拖出一个矩形包围欲取消选择的对象，可取消一个或多个已选对象。

选择对象时，鼠标选取位置可能有多个可选择的对象，它们重叠在一起，这时会系统弹出如图 2-15 所示的【快速拾取】对话框。其中对象前的数字表示重叠对象的顺序，有几个可选对象，就有几个数字框。在各数字框中移动鼠标时，图形窗口中与之相应的对象高亮显示。当欲选择的对象高亮显示时，单击鼠标左键或中键或按回车键即完成选择。

2.2.3　矢量构造器

很多建模操作都要用到矢量，用于确定特征或对象的方位。如圆柱体或锥体的轴线方向、拉伸特征的拉伸方向、旋转扫描特征的旋转轴线、曲线投影的投影方向，以及拔模斜度方向等。要确定这些矢量，都离不开矢量构造器。矢量构造器用于构造一个单位矢量，矢量的各坐标分量只用于确定矢量的方向，不保留其幅值大小和矢量的原点。

一旦构造了一个矢量，在图形窗口中将显示一个临时的矢量符号。通常操作结束后该矢量符号即消失，也可利用视图刷新功能消除其显示。

矢量构造器的所有功能都集中体现在如图 2-16 所示的【矢量】对话框中。其功能如下所示。

（1）自动判断的矢量

根据选择的几何对象不同，自动推测一种方法定义一个矢量，推测的方法可能是表面法线、曲线切线、平面法线或基础轴。

单击【反向】按钮，可以改变矢量的方向，每单击该按钮一次，矢量都会变为相反的方向。

28

图 2-15 【快速拾取】对话框   图 2-16 【矢量】对话框

（2）两点

选择空间两个点来确定一个矢量，其方向由第 1 点指向第 2 点。当【类型】下拉列表中选择【两点】时，【矢量】对话框如图 2-17 所示，可以在【通过点】选项中选择点的方式。

（3）与 XC 成一角度

在 XC－YC 平面上构造与 XC 轴夹一定角度的矢量。当【类型】下拉列表中选择【与 XC 一角度】时，【矢量】对话框如图 2-18 所示，在【角度】文本框输入角度数值。

图 2-17 【两点】类型   图 2-18 【与 XC 成一角度】类型

（4）曲线/轴矢量

沿边界/曲线起始点处的切线构造一个矢量。

（5）曲线上矢量

以曲线某一点位置上的切向矢量为要构造的矢量。当【类型】下拉列表中选择【曲线上矢量】时，【矢量】对话框如图 2-19 所示。在【曲线上的位置】选项中有【位置】下拉列表框和【弧长】文本框，在该对话框中，可以通过曲线长度的百分比和曲线长度来确定矢量原点在曲线上的位置。

（6）面/平面法向

构造与平面法线或圆柱轴线平行的矢量。

（7）XC 轴

构造与坐标系 X 轴平行的矢量。

29

（8） YC 轴

构造与坐标系 Y 轴平行的矢量。

（9） ZC 轴

构造与坐标系 Z 轴平行的矢量。

（10） XC 负轴

构造与坐标系 X 负轴平行的矢量。

（11） YC 负轴

构造与坐标系 Y 负轴平行的矢量。

（12） ZC 负轴

构造与坐标系 Z 负轴平行的矢量。

（13） 按系数

在【I】、【J】、【K】文本框中输入矢量系数。当【类型】下拉列表中选择【按系数】时，【矢量】对话框如图 2-20 所示。可以在【矢量】对话框中输入坐标分量值来构造一个矢量。

此时有如下两种坐标系供选择。

笛卡儿坐标系：矢量坐标系分量为沿着直角坐标系的 3 个坐标轴方向的分量值（I，J，K）。

球坐标系：矢量分量为球形坐标系的两个角度值（Phi，Theta），Phi 是矢量与 Z 轴之间的夹角，Theta 是在 XC – YC 平面内与 XC 之间的方位角。

图 2-19 【曲线上矢量】类型　　　　　　图 2-20 【按系数】类型

（14） 视图方向

构造屏幕视图法线方向的矢量。

（15） 按表达式

使用矢量类型的表达式来指定矢量。

2.2.4　基准特征

在使用 NX 10.0 进行建模、装配的过程中，经常需要使用基准特征。NX 10.0 常用的基准特征有【基准平面】、【基准轴】、【基准 CSYS】和【点】等工具，这些工具不直接创建模型，但起了很重要的辅助作用。下面将进行详细的讲解。

1. 基准平面

基准平面也称为基准面，使用户在创建特征时的一个参考面，同时也是一个载体。如果在创建一般的特征时，模型上没有合适的平面，用户可以创建基准平面作为特征截面的草图平面或参照平面，也可以根据一个基准平面进行标注。

选择菜单【插入】|【基准/点】|【基准平面】命令或单击【特征】工具条中的【基准平面】按钮，系统弹出如图 2-21 所示的【基准平面】对话框。其中提供了以下 15 种创建基准平面的方法。

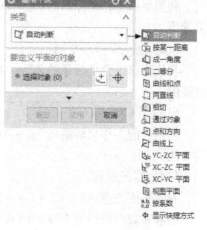

图 2-21 【基准平面】对话框

（1）自动判断

根据选择的几何对象不同，自动推测一种方法定义一个平面，推测的方法可能是表面法平面、曲线平面和平行平面等。

（2）按某一距离

与所选择的平面平行，并可输入某一距离生成平面。

（3）成一角度

某一平面以一条直线或基准轴旋转一角度生成一个平面。

（4）二等分

通过选择两个平行的平面生成平面，生成的平面在该两个平面中间。

（5）曲线和点

首先选择一条曲线，然后选择一点，则系统构造一个通过指定点并垂直于指定曲线的平面。

（6）两直线

依次选择两条直线来构造一个平面，如果这两条直线相互平行，则所构造的平面通过这两条直线；如果这两条直线垂直，则通过第 1 条直线，垂直于第 2 条直线。

（7）相切

与依次指定的两个表面相切构造一个平面，如果与指定的两表面相切的平面不止一个，则系统会显示所有可能平面的法向矢量，用户还需要进一步选择适合的法向矢量。

依次指定一个表面和一个点，则新构造的平面通过指定点并与指定表面相切。如果指定的表面相切的平面不止一个，系统会显示所有可能平面的法向矢量，用户还需要进一步选择适合的法向矢量。

（8）通过对象

指定一条空间曲线，则系统构造一个通过该曲线的平面。选择一条直线，则系统会自动捕捉到直线的端点，在该端点处生成一个与直线垂直的平面。选择一个平面，则在该平面上生成一个平面。

（9）点和方向

先选择一点，新创建的平面通过该点，再选择一直线或基准轴，新创建的平面垂直于该直线或基准轴。

（10）曲线上

选择一条曲线上的点，点的位置可以通过百分比和长度设置，在该点处生成一个与曲线垂直的平面。

（11）YC – ZC 平面

利用当前工作坐标系的 YC – ZC 平面构造一个新平面，并可通过【距离】文本框设置偏置值。

（12）XC – ZC 平面

利用当前工作坐标系的 ZC – XC 平面构造一个新平面，并可通过【距离】文本框设置偏置值。

（13）XC – YC 平面

利用当前工作坐标系的 XC – YC 平面构造一个新平面，并可通过【距离】文本框设置偏置值。

（14）按系数

利用平面方程 $AX + BX + CX = D$（A、B、C、D 为系数）来构造一个平面。

在各系数对应的文本框中输入数值，单击【确定】按钮。如果输入的系数可以确定一个平面，则弹出【点构造器】对话框，要求用户指定一个来确定平面的显示位置（由指定点向光标所在视图投影的射线与新建平面的交点即为显示位置）；如果输入的系数不能确定一个平面，则系统显示出错信息。

（15）视图平面

创建平行于视图平面并穿过绝对坐标系（ACS）原点的固定基准平面。

2. 基准轴

基准轴可以是相对的，也可以是固定的。以创建基准轴为参考对象，可以创建其他对象，比如基准平面、旋转体或拉伸特征等。

选择菜单【插入】|【基准/点】|【基准轴】命令，或单击【特征】工具条中的【基准轴】按钮，系统弹出如图 2-22 所示的【基准轴】对话框。其中提供了以下多种创建基准轴的方法。

（1）自动判断

图 2-22 【基准轴】对话框

根据选择的几何对象不同，自动推测一种方法定义一个基准轴，推测的方法可能是表面法线、曲线切线、平面法线。

（2）交点

通过两个平面相交，在相交处产生一条基准轴。

（3）曲线/面轴

创建一个起点在选择曲线上的基准轴。

（4）曲线上矢量

以曲线某一点位置上的切向矢量为要构造的矢量。当【类型】下拉列表中选择【曲线上矢量】时，在【曲线上的位置】选项中有【位置】下拉列表框和【弧长】文本框，在该

对话框中，可以通过曲线长度的百分比和曲线长度来确定基准轴原点在曲线上的位置。

（5）XC 轴

构造与坐标系 X 轴平行的基准轴。

（6）YC 轴

构造与坐标系 Y 轴平行的基准轴。

（7）ZC 轴

构造与坐标系 Z 轴平行的基准轴。

（8）点和方向

通过定义一个点和一个矢量方向来创建基准轴。通过曲线、边或曲面上的一点，可以创建一条平行于线性几何体或基准轴、面轴，或垂直于一个曲面的基准轴。

（9）两点

选择空间两个点来创建一个基准轴，其方向由第 1 点指向第 2 点。当【类型】下拉列表中选择【两点】时，可以在【通过点】选项中选择点的方式。

3. 基准 CSYS

基准 CSYS 工具用来创建基准坐标系。选择菜单【插入】|【基准/点】|【基准 CSYS】命令或者单击【特征】工具条中的【基准 CSYS】按钮，系统弹出如图 2-23 所示的【基准 CSYS】对话框。其中提供了以下多种创建基准坐标系的方法，详细含义可以参照本章第一节中的标系创建的相关内容。

4. 基准点

基准点用来为网格生成加载点、在绘制图中连接基准目标和注释、创建坐标系及管道特征轨迹，也可以在基准点处放置轴、基准平面、孔和轴肩。

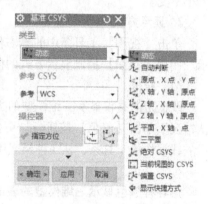

图 2-23 【基准 CSYS】对话框

无论是创建点，还是创建曲线，甚至是创建曲面，都需要使用到点构造器。选择菜单栏中的【插入】|【基准/点】|【点】命令，或单击【特征】工具条中的【点】按钮，系统弹出【点】对话框。使用点构造器时，点的类型有：自动判断、光标位置、端点等。一般情况下默认用自动判断完成点的捕捉。其他类型的点在自动判断不能完成的情况下，再选择使用点过滤器。各选项含义可以参照本章第一节中的点构造器的相关内容。

2.3 模型显示和视图布局

2.3.1 模型显示

1. 调整模型在视图中的显示大小和位置

三维模型显示控制主要通过如图 2-24 所示的【视图】工具条进行操作，也可以通过【视图】下拉菜单中的命令操作。

图 2-24　【视图】工具条

使用【视图】工具条调整模型在视图中的显示大小与位置的操作如下。

1）适合窗口：单击⊞按钮，则所有模型对象尽可能大地全部显示在视图窗口的中心。

2）缩放：单击◯按钮，将鼠标选择的矩形区域放大到整个视图窗口显示。

3）放大/缩小：单击◉按钮，然后指定一点作为缩放中心，拖动鼠标上下移动即可动态改变模型在视图中的显示大小和显示位置。

4）旋转：单击◯按钮，拖动鼠标上下左右移动。将以模型的几何中心为旋转中心实现动态旋转，模型大小保持不变。

5）平移：单击▥按钮，拖动鼠标上下左右移动，则模型在视图中平行移动，其法向、大小不变。

2. 显示方式

单击【视图】工具条中的▦·右侧向下小黑三角标志，会弹出快捷工具条，如图 2-25 所示。使用【视图】控制显示方式的操作如下。

（1）线框

线框指的是仅显示三维模型的边缘和轮廓线，不显示表面情况。共有 3 种线框模式，默认情况下单击【着色】按钮▦。更多情况下单击右侧向下小黑三角标志，弹出如图 2-25 所示的线框快捷工具条，从 3 种模式中选择一种即可。

（2）着色

用各种颜色显示三维模型的表面，共有 5 种着色模式。默认情况下单击【着色】按钮▦，更多情况下单击右侧向下小黑三角标志，弹出如图 2-25 所示的着色快捷工具条，从 5 种模式中选择一种则可。

3. 改变观察角度

默认情况下单击【视图】工具条中的▦图标，更多情况下单击右侧向下小黑三角标志，弹出如图 2-26 所示的观察角度快捷工具条。

当移动鼠标到每个图表上并稍微停留片刻，则显示其视图名称，从 8 种标准模式中选一种即可改变模型的观察角度。

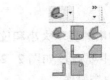

图 2-25　视图的显示方式　　　图 2-26　观察角度快捷工具条

2.3.2 视图布局

视图布局是指按照用户定义的方式在图形区域显示的视图集合，一个视图总是被命名的，或被系统命名或由用户命名，可随部件文件保存。一个视图布局最多允许同时排列 9 个视图。用户可以在布局中的任意视图内选择对象，布局可以被保存或删除。

选择菜单【视图】|【布局】命令，出现如图 2-27 所示的子菜单。

NX 10.0 系统提供了 6 种预定义的布局，用户可根据单位的实际情况替换布局中的视图。使用打开布局或新建布局的方法进行视图布局。视图布局完成后如果不满意，可以进行修改，通过【替换视图】来修改。

将鼠标指向需要修改的视图，选择菜单【视图】|【布局】|【替换视图】命令，系统弹出如图 2-28 所示的【视图替换为】对话框。在选择列表框中选择某一视图，单击【确定】按钮。

图 2-27 【布局】子菜单

1. 新建布局

选择菜单【视图】|【布局】|【新建】命令，或按快捷键〈Shift + Ctrl + N〉，系统弹出如图 2-29 所示的【新建布局】对话框。在【名称】文本框输入新建布局的名称，【布置】下拉式列表中选择一个所需布局，再根据需要对默认视图进行修改，单击【确定】或【应用】按钮。

布局名最多可包含 30 个字母数字组成的字符串，默认状态下，布局名称为 LAYn，其中 n 为整数，从 1 开始对每个默认名的布局以增量 1 逐个命名。

2. 打开布局

选择菜单【视图】|【布局】|【打开】命令，或按快捷键〈Shift + Ctrl + N〉，系统弹出如图 2-30 所示的【打开布局】对话框。从列表框中选择满意的布局名，单击【确定】或【应用】按钮。

图 2-28 【视图替换为】对话框　　图 2-29 【新建布局】对话框　　图 2-30 【打开布局】对话框

3. 保存布局

选择菜单【视图】|【布局】|【保存】命令，即可保存布局；或选择菜单【视图】|【布局】|【另存为】命令，系统弹出如图 2-31 所示的【另存布局】对话框。在【名称】文本框中输入名称，单击【确定】或【应用】按钮。

图 2-31 【另存布局】
对话框

2.4 对象操作

在 NX 10.0.0 建模过程中，所创建的点、线、面、实体，甚至图层等都被称为"对象"。编辑对象是 NX 10.0.0 建模过程中的基本操作，所有有关编辑的命令在【编辑】下拉菜单中都可以找到。由于涉及编辑的命令很多，所以有多个工具条与对象的编辑有关，如编辑曲线、编辑特征和编辑曲面等。本节介绍对象的显示、隐藏及变换等内容，其他内容留在以后具体应用时详细介绍。

2.4.1 对象显示属性

选择菜单【编辑】|【对象显示】命令，系统弹出【类选择】对话框。选择要编辑的对象后，单击【确定】按钮，系统弹出如图 2-32 所示的【编辑对象显示】对话框。

其中集中了所有编辑对象显示属性的选项，说明如下。

1)【图层】文本框：在其中输入要放置对象的图层。

2)【颜色】按钮：单击 [ ] 按钮，弹出【颜色】对话框，在其中选择需要的颜色。如果需要更多颜色选择，则单击"更多颜色"按钮。

3)【线型】下拉列表框：可以在下拉式列表框中选择需要的线型。

4)【宽度】下拉列表框：线型宽度，可以在下拉式列表框中选择需要的线型宽度。

5)【线框显示】选项组：实体或片体以线框显示时 U、V 方向的网格曲线数。

6)【透明度】滑动条：通过移动标尺设置所选对象的透明度。

图 2-32 【编辑对象显示】
对话框

7)【局部着色】复选框：用于对象局部着色设置。选中表示对所选对象进行部分着色；不选表示不对所选对象进行部分着色。

8)【面分析】复选框：用于对所选对象进行面分析。选中表示对所选对象进行面分析；不选表示不对所选对象进行面分析。

9)【继承】按钮：单击该按钮，弹出一个对话框，提示用户选择一个对象。选择新对象后，新对象的显示设置应用到早先选择的对象上。

10)【重新高亮显示对象】按钮：单击该按钮，重新高亮度显示所选择的对象。

11)【选择新的对象】按钮：单击该按钮，重新选择新的要编辑对象。

2.4.2 对象颜色属性

选择菜单【编辑】|【对象颜色】命令，系统弹出【类选择】对话框。选择要编辑的对象后，单击【确定】按钮，系统弹出如图2-33所示的【颜色】对话框。选择所需要的颜色，单击【确定】按钮即可。

图2-33 【颜色】对话框

2.4.3 隐藏对象

选择菜单【编辑】|【显示和隐藏】命令，弹出如图2-34所示的【显示和隐藏】子菜单；或单击【实用工具】工具条中的【显示和隐藏】按钮 。其中列举了所有执行对象隐藏的命令，并且命令名称充分反映了它的作用，使用非常方便。

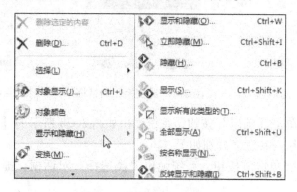

图2-34 【隐藏】子菜单

2.4.4 删除对象

选择菜单【编辑】|【删除】命令，系统弹出【类选择】对话框，提示用户选择需要删除的对象。选择对象，单击【确定】按钮即可。同样的功能，可以单击【标准】工具条中的 按钮实现。

2.4.5 对象的几何变换

对象的几何变换包括对已存在的独立的对象进行移动、恢复、旋转、缩放、镜像和阵列对象等操作，并非所有的对象都可以进行几何变换，一般只限于曲线、实体、片体等几何对象，且多用于曲线。视图、图形布局、工程图及当前坐标系不能进行几何变换。

选择菜单【编辑】|【变换】命令，系统弹出【变换】对话框，选择需要进行变换操作的对象后，单击【确定】按钮，【变换】对话框变为如图2-35所示。对象的变换类型有多种，选择合适的变换类型后，再逐步响应系统的提示（变换类型不同，提示内容也不同）。

1. 比例

选择对象后，单击如图2-35所示的【变换】对话框中的【比例】按钮，系统弹出【点】对话框，提示用户指定一点。指定一点后，系统弹出如图2-36所示的【变换】对话框，此时，有两种比例变换方式。

（1）笛卡尔三坐标等比例缩放

此种比例变换为等比变换，只要在图2-36所示的【变换】对话框中的【比例】文本框中输入所要的比例值，单击【确定】按钮即可。

（2）非均匀缩放

单击如图2-36所示的【变换】对话框中的【非均匀比例】按钮，系统弹出如图2-37所示的【变换】对话框，在各坐标轴对应的文本框中输入需要的比例值，单击【确定】按钮即可。

图2-35 【变换】对话框

图2-36 【变换】对话框

图2-37 【变换】对话框

当输入比例后，单击【确定】按钮，系统弹出如图2-38所示的【变换】对话框，该对话框提供9个选项按钮。其意义分别如下。

【重新选择对象】：单击该按钮，系统弹出"类选择"对话框，提示用户重新选择要变换的对象。

【变换类型—比例】：单击该按钮，再次弹出如图2-35所示的【变换】对话框，提示用户选择变换方法。在不重新选择对象的情况下，修改变换方法。

【目标图层—原始的】：单击该按钮，系统弹出如图2-39所示的【变换】对话框，对话框中提供了3个选项按钮。【工作的】按钮用于把变换后的对象放置到当前工作层；【原始的】按钮用于把变换后的对象放置到源对象所在的图层；【指定】按钮则用于把变换后的对象放置到指定图层。

【追踪状态—关】：单击该按钮，则跟踪状态在开、关之间转换。

【分割—1】：单击该按钮，系统弹出如图2-40所示的【变换】对话框，【分割】文本框中可以输入分割倍数。该分割倍数把变换距离（角度或倍数）分割成相等的份数，实际变换距离（角度或倍数）只是其中的一份。使用该选项功能的变换命令有平移、比例和旋转。

【移动】：单击该按钮，系统把选择对象从一点移动到第二点。

【复制】：单击该按钮，系统把选择对象从一点复制到第二点。

【多个副本—可用】：单击该按钮，系统弹出如图 2-41 所示的【变换】对话框，【副本数】文本框可以输入其中某一次要变换的复制数。执行该操作后，将参数复制一个对象时的变换参数，在新的位置复制多个源对象。

【撤销上一个—不可用】：单击该按钮，撤销上一次变换，但继续保持先前选定状态。

图 2-38 【变换】对话框

图 2-39 【变换】对话框

图 2-40 【变换】对话框

图 2-41 【变换】对话框

2. 通过一直线镜像

选择对象后，单击如图 2-35 所示的【变换】对话框中的【通过一直线镜像】按钮，系统弹出如图 2-42 所示的【变换】对话框，该对话框提供了 3 个选项按钮。

（1）两点

系统以指定两点的连线为对称轴，镜像选定对象。

（2）现有的直线

系统以指定已经存在的直线为对称轴，镜像选定对象。

（3）点和矢量

系统以通过指定点并与指定矢量相平行的矢量为对称轴，镜像选定对象。

3. 矩形阵列

选择对象后，单击如图 2-35 所示的【变换】对话框中的【矩形阵列】按钮，系统弹出【点】对话框。提示用户依次指定两点，第一点为对象参考点，第二点为开始点，然后系统弹出如图 2-43 所示的【变换】对话框。提示用户输入相应的参数，参数输入完后，单击【确定】按钮。各参数的意义如下。

图 2-42 【变换】对话框　　　　图 2-43 【变换】对话框

【DXC】：XC 轴方向阵列等间距。

【DYC】：YC 轴方向阵列等间距。

【阵列角度】：阵列后对象绕 ZC 轴旋转角度。

【列（X）】：阵列对象的列数。

【行（Y）】：阵列对象的行数。

4. 圆形阵列

选择对象后，单击如图 2-35 所示的【变换】对话框中的【圆形阵列】按钮，系统弹出【点】对话框。提示用户依次指定两点，第一点为对象参考点，第二点为目标点，然后系统弹出如图 2-44 所示的【变换】对话框。提示用户输入相应的参数，参数输入完后，单击【确定】按钮。

5. 通过一平面镜像

选择对象后，单击如图 2-35 所示的【变换】对话框中的【通过一平面镜像】按钮，系统弹出如图 2-45 所示的【平面】对话框，提示用户指定一个镜像平面，用户选择镜像平面，单击【确定】按钮。

图 2-44 【变换】对话框　　　　图 2-45 【变换】对话框

2.5　图层管理

在建模过程中，将产生大量的图形对象，如草图、曲线、片体、三维实体、基准特征、标注尺寸和插入对象等。为方便有效地管理如此之多的对象，NX 引入了【图层】的概念。

图层类似于机械设计师所使用的透明图纸，使用图层相当于在多个透明覆盖层上建立模型。一个图层相当于一个覆盖层，不同的是图层上的对象可以是三维的对象。一个 NX 部件中可以包含 1～256 个层，每个图层上可包含任意数量的对象。因此一个图层上可以包含部件中的所有对象，而部件中的对象也可以分布在一个或多个图层上。

在一个部件的所有图层中，只有一个图层是工作图层，用户所做的任何工作都发生在工作图层上。其他图层可设为可选择图层、只可见图层或不可见图层，以方便使用。

与图层有关的所有命令都集中在如图2-46所示的【格式】下拉菜单中。

图2-46 【格式】
下拉菜单

2.5.1 图层类目设置

设置图层的类目有利于分类管理，提高操作效率。例如：一个部件中可以设置 SOLID、CURVE、SKETCH、DRADTING 和 ASSEMBLY 等类目。可根据实际需要和习惯设置各公司自己的图层标准，通常可根据对象类型来设置图层和图层类，如可以根据表2-2所示来设置图层。

表2-2

图 层 号	图 层 内 容
1~20	实体（Solid Bodies）
21~40	草图（Sketchs）
41~60	曲线（Curves）
61~80	参考对象（Reference Geometries）
81~100	片体（Sheet Bodies）
81~120	工程图对象（Drafting Objects）

1. 建立新的类目的步骤

1）选择菜单【格式】|【图层类别】命令，或单击【实用工具】工具条中的【图层类别】按钮，系统弹出如图2-47所示的【图层类别】对话框。

2）在【图层类别】对话框中的【类别】文本框输入新的类目名称。

3）单击【创建/编辑】按钮，系统弹出如图2-48所示的【图层类别】对话框。

4）在【图层】列表中选择需要的图层，单击【添加】按钮，再单击【确定】按钮即完成新的类目的建立。

图2-47 【图层类别】对话框

图2-48 【图层类别】对话框

对于类目的名称，无论输入大写还是小写字母，系统都自动将其转换为大写字母。

2. 编辑类目

在如图 2-47 所示的【图层类别】对话框中的【过滤器】列表中选择需要编辑的类目，单击【创建/编辑】按钮，即可对类目进行编辑。

2.5.2 设置图层

选择菜单【格式】|【图层设置】命令，或单击【实用工具】工具条中的【图层设置】按钮，系统弹出如图 2-49 所示的【图层设置】对话框。利用该对话框可以设置部件中的所有图层或任意一个图层为工作图层，以及图层的可选择性和可见性等，并可以查询图层的信息，编辑图层的所属类别。

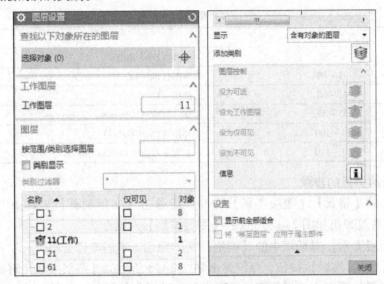

图 2-49 【图层设置】对话框

【图层的设置】对话框中的选项如下。

（1）【工作图层】文本框

在其中输入某图层类别的名称，系统会选择属于该类别的所有图层，并自动改变其状态。

（2）【按范围/类别选择图层】文本框

在其中输入图层类别的名称，系统会选择属于该类别的所有图层，并自动改变其状态。

（3）【信息】按钮

单击该按钮，弹出"信息"对话框。其中显示该部件文件中所有图层及其图层的相关信息，如图层编号、状态和图层类等。

（4）【类别过滤器】

在【类别过滤器】文本框中输入要设置的图层名称，则系统在过滤器下方的图名列表框内列出符合条件的图层名称。

（5）【设为可选】按钮

利用该按钮，可以将指定图层的属性设置为可选状态，可选状态的图层允许用户选择其上的所有对象。

(6)【设为工作图层】按钮

单击该按钮，将指定的图层设置为工作图层。

(7)【设为不可见】按钮

单击该按钮，隐藏指定的图层，其上的所有对象不可见。

(8)【设为仅可见】按钮

单击该按钮，显示指定的图层显示，其上的所有对象可见。

(9)【显示前全部适合】复选框

选中该复选框，系统会将选中图层的所有对象充满整个显示区域。

2.5.3 在视图中可见

选择菜单【格式】|【视图中可见图层】命令，或单击【实用工具】工具条中的【视图中可见图层】按钮，系统弹出如图2-50所示的【视图中可见图层】对话框。在视图列表框中选择所需要视图，单击【确定】按钮，弹出如图2-51所示的【视图中可见图层】对话框。在【图层】列表框中选择图层，单击【可见】按钮，使指定的图层可见；单击【不可见】按钮，使指定的图层不可见。

图2-50　【视图中可见图层】对话框1

图2-51　【视图中可见图层】对话框2

2.5.4 移动至图层

选择【格式】|【移动至图层】命令，或单击【实用工具】工具条中的【移动至图层】按钮，系统弹出【类选择】对话框。选择对象，单击【确定】按钮，系统弹出如图2-52所示的【图层移动】对话框。输入图层名或图层类名，或在图层列表框中选中某层，则系统将所选对象移动到指定图层上。

2.5.5 复制至图层

选择菜单【格式】|【复制至图层】命令，或单击【实用工具】工具条中的【复制至图层】按钮，系统弹出【类选择】对话框，提示用户选择对象。选择对象，单击【确定】按钮，系统

图2-52　【图层移动】
对话框

43

弹出如图 2-53 所示的【图层复制】对话框。输入图层名或图层类名，或在图层列表框中选中某图层，则系统会将所选对象复制到指定图层上。

2.5.6 应用实例

1. 创建 2 个基准平面

具体的操作步骤如下：

1）启动 NX 10.0，打开本书配套资源中的"2/2_1. prt"文件。

2）选择菜单【插入】|【基准/点】|【基准平面】命令，或单击【特征】工具条中的【基准平面】按钮□，系统弹出如图 2-54 所示的【基准平面】对话框。

图 2-53 【图层复制】对话框　　　　图 2-54 【基准平面】对话框

3）选择如图 2-55 所示的平面 1，再选择如图 2-56 所示的平面 2。

4）单击【基准平面】对话框【应用】按钮，则创建出一个基准平面，如图 2-57 所示。

 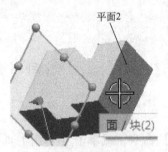 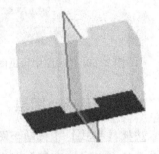

图 2-55 选取平面 1　　　图 2-56 选取平面 2　　　图 2-57 创建好的基准平面

5）选取如图 2-58 所示的实体顶点，再选择如图 2-59 所示的实体顶点和如图 2-60 所示的实体顶点。

图 2-58 选取的顶点 1　　　图 2-59 选取的顶点 2　　　图 2-60 选取的顶点 3

6）单击【基准平面】对话框中的【确定】按钮，则创建出另一个基准平面并退出【基准平面】对话框。

2. 创建 2 个基准轴

具体的操作步骤如下：

1）选择菜单【插入】|【基准/点】|【基准轴】命令，或单击【特征】工具条中的【基准轴】按钮↑，系统弹出如图 2-61 所示的【基准轴】对话框。

2）选取如图 2-58 所示的实体顶点，再选择如图 2-59 所示的实体顶点。

3）单击【基准轴】对话框的【应用】按钮，则创建出一个基准轴，如图 2-62 所示。

4）依次选取上面创建的两个基准平面。

5）单击【基准轴】对话框中的【确定】按钮，则创建出另一个基准轴并退出【基准轴】对话框，如图 2-63 所示。

图 2-61　【基准轴】对话框　　图 2-62　创建的基准轴 1　　图 2-63　创建的基准轴 2

2.6　本章总结

本章主要介绍了 NX 10.0 中的常用工具和一些基本操作，其中包括 NX 10.0 系统常用的构造器、坐标系、模型显示、视图布局、对象操作、图层管理和基准特征等，这些内容是 NX 10.0 建模的基础。有些功能不会直接创建模型，不属于建模功能，但是读者在熟练掌握这部分内容后，后面的建模工作将会更加得心应手。

2.7　思考和练习题

1. 何谓基准特征？有哪几种？

2. 简述 NX 10.0 系统中坐标系的作用和种类。

3. 打开本书配套资源中的 "2/2_2. prt" 文件，将第 1 层的实体复制到第 10 层，然后移动到第 20 层。

4. 打开本书配套资源中的 "2/2_2. prt" 文件，将实体颜色变为红色。

第3章 草图的绘制

草图绘制（简称草绘）功能是 NX 10.0 为用户提供的一种十分方便的画图工具。用户可以首先按照自己的设计意图，迅速勾画出零件的粗略二维轮廓，然后利用草图的尺寸约束和几何约束功能精确确定二维轮廓曲线的尺寸、形状和相互位置。

3.1 草图概述

3.1.1 草图的基本概念

草图（Sketch）是 NX 建模中建立参数化模型的一个重要工具，上述绘制的曲线不具有参数化特征。通常情况下中用户的三维设计从草图开始，通过 NX 中提供的草图功能建立各种基本曲线，对曲线进行几何约束和尺寸约束，然后对二维草图进行拉伸和旋转等创建三维实体。

草图是组成一个轮廓曲线的集合，是一种二维成形特征。轮廓可以用于拉伸或旋转特征，也可以用于定义自由形状特征的或过曲线片体的截面。草图通过提供草绘环境让用户建立草图特征的一个 Smart 界面。每个草图特征是驻留在用户规定的一个平面上的二维曲线和点的一个集合的命名。它是一可再用的对象，用户可以利用它从其他建模特征选项去建立新的特征。草图是可以进行尺寸驱动的平面图形，用于定义特征的截面形状、尺寸和位置。

在 NX 中，有两种方式可以绘制二维图，一种是利用基本画图工具；另一种就是利用直接草图绘制功能。两者都具有十分强大的曲线绘制功能。但与基本画图工具相比，直接草图绘制功能还具有以下 3 个显著特点。

1）草图绘制环境中，修改曲线更加方便快捷。

2）直接草图绘制完成的轮廓曲线，与拉伸或旋转等扫描特征生成的实体造型相关联，当草图对象被编辑以后，实体造型也紧接着发生相应的变化，即具有参数设计的特点。

3）在直接草图绘制过程中，可以对曲线进行尺寸约束和几何约束，从而精确确定草图对象的尺寸、形状和相互位置，满足用户的设计要求。

3.1.2 直接草图和任务环境中的草图

在 NX 10.0 中，有两种创建草图的界面，其进入方式和草图环境都不相同，但两种方式创建的草图本身没有区别。

1. 直接草图

如果在 Ribbon（带状工具条）功能区，单击【主页】选项卡中的【草图】按钮 ，系统弹出如图 3-1 所示的【创建草图】对话框，然后选择草图平面即可进入直接草图的工作界面，草图工作界面如图 3-2 所示。如果在经典工具条界面，单击【草图】工具条中的

【草图】按钮后，选择菜单【插入】|【草图】命令，系统同样弹出如图3-1所示的【创建草图】对话框，然后选择草图平面可进入草图环境。本书是以经典工具条界面来讲解草图的功能和应用。

如果用户不选择一个基准面或平表面，草图默认到 XC-YC 平面并建立两基准轴。

直接草图是在当前模块中直接绘制草图的方法，其工作界面为当前使用的应用模块界面。

2. 任务环境中的草图

选择菜单【插入】|【在任务环境中绘制草图】命令或单击【特征】工具条中的【在任务环境中绘制草图】按钮，系统弹出如图3-1所示的【创建草图】对话框。选择草图平面之后即可进入任务环境中的草图。

任务环境中的草图是脱离当前的应用模块，进入专门的草图应用模块。可以在标题栏中看到应用模块名称。任务环境中的草图界面选项卡较少，主要用于绘制和编辑草图。在任务环境中的草图界面里，不仅可以绘制新草图，还可以选择菜单【任务】|【打开草图】命令，打开和编辑工作部件中的其他草图。

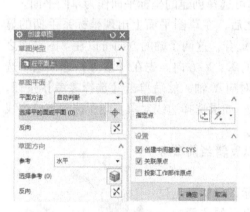

图3-1 【创建草图】对话框

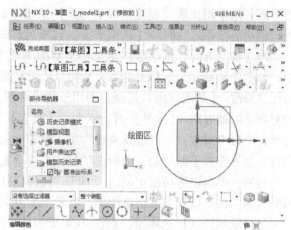

图3-2 草图工作界面

3.1.3 草图工作平面

由于草图是一种二维对象的集合，因此必须有特定的草图平面。指定草图平面之后，保证了绘制的对象将始终在该平面内。在 NX 中有多种方法可指定草图平面，并且在绘制草图之后，可以将草图重新附着到其他平面。

1. 指定草图平面

在 NX 10.0 中绘制草图需要进入草图环境。单击【草图】工具条中的【草图】按钮或者选择菜单【插入】|【草图】命令，系统弹出如图3-3所示的【创建草图】对话框。在【类型】下拉列表框中对应两种草图类型，如图3-3所示。选择不同的草图类型，对话框的内容也就不同。

（1）在平面上

【在平面上】是以已有平面或新建平面作为草图平面，选择【在平面上】方式时，对话框如图 3-3 所示，各选项组含义介绍如下。

1)【草图平面】选项组：该选项组用于指定要绘制草图的平面，先在【平面方法】下拉列表框中选择定义平面的方法，然后选择平面。单击【反向】按钮，可以反转绘图平面的方向。其中定义平面的方法有以下 4 种。

图 3-3 【创建草图】对话框

● 自动判断：系统自动选定有效的草图平面，一般以当前坐标系的 XY 平面作为草图平面。选择此项，用户无须选择平面，单击【确定】按钮即可进入草绘模式。

● 现有平面：选择目前已有的平面作为草图平面，可选的平面包括基准平面、实体平面表面及由坐标系定义的平面。

● 创建平面：选择此项，用户需要创建一个新平面作为草图平面。先在【指定平面】下拉列表中选择一种平面创建方式，然后创建所需平面。

● 创建基准坐标系：用于创建一个坐标系。选择此项，【草图平面】选项组出现【创建基准坐标系】按钮，单击此按钮，系统弹出【基准 CSYS】对话框。创建坐标系之后回到【草图平面】选项组，即可选择创建的坐标平面作为草图平面。

2)【草图方向】选项组：定义一个草图平面之后，在草图平面上出现坐标系手柄的显示，如图 3-4 所示。坐标系的 X、Y 轴与草图平面重合，这两个轴的方向可以在草图平面之内任意修改。【草图方向】选项组即用于指定草图的 X、Y 方向。先在【参考】选项组中选择要定义的轴方向，【水平】对应 X 轴，【竖直】对应 Y 轴，然后单击【选择参考】按钮，选择一个参考对象：可以选择模型边线、面等对象。如果选择边线对象，则所选轴与该边线平行；如果选择平面对象，则所选轴与该平面垂直。

另外，单击该选项组中的【反向】按钮，可以反转当前参考轴的方向。也可以双击某个草图轴，反转当前方向。

3)【草图原点】选项组：如图 3-4 所示的坐标系手柄原点位置即为当前默认的草图位置，用户可以修改草图原点的位置。一般将草图原点与特殊位置对齐，如顶点、圆心等，展开该选项组中的【指定点】选项列表。选择一种过滤类型，然后在绘图区选择点。还可以单击【点对话框】按钮，系统将弹出【点】对话框。利用【点】对话框可以构造一个参考点作为草图原点。

图 3-4 坐标系手柄

(2) 基于路径

基于路径类型的草图实际仍是平面上的草图，但其平面是由某一路径曲线定义的。选择此类型草图时，【创建草图】对话框如图 3-5 所示。

1)【路径】选项组：该选项组用于选择定义草图平面的路径，可以选择模型边线和草图线条。

2)【平面位置】选项组：该选项组用于定义平面在曲线上所处的位置，可选择以下 3 种定义方式。

● 弧长：以平面到轨迹起点的弧长值定义平面位置。

● 弧长百分比：以平面到轨迹起点的弧长值与轨迹总长的比值定义平面位置。

●通过点：指定一点作为平面的通过点，由此定义平面位置。

3）【平面方位】选项组：该选项组用于指定平面的方向，默认方向是【垂直于路径】，还可选择【垂直于矢量】、【平行于矢量】和【通过轴】选项。单击【反向平面法向】按钮可以反转平面法向，即反转草图 Z 轴的方向。

4）【草图方向】选项组：【基于路径】类型的草图方向选项与【在平面上】不同，其始终以 X 轴作为定向基准，包含【自动】、【相对于面】和【使用曲线参数】3 种定义方式。

●自动：选择此项，系统自动给定一个方向作为 X 轴方向。

●相对于面：选择此项，用户需选择一个面作为方向参考，X 轴在坐标原点与此面相切。

●使用曲线参数：选择此项，以曲线在此点的切线方向作为 Z 轴方向，单击【反向】按钮可反转 Z 轴方向。

2. 重新附着草图平面

选择草图平面绘制草图之后，可以修改该草图的平面，将其重新附着到其他的平面上。在草图绘制或编辑状态中，单击【草图】工具条中的【重新附着草图】按钮🔲或者选择菜单【工具】|【重新附着草图】命令，系统弹出如图 3-6 所示的【重新附着草图】对话框。在【草图平面】选项组中，系统默认选中了原草图平面，此时选择新的平面，所选平面上出现新的草图坐标系手柄显示，如图 3-7 所示。手柄原点代表草图原点，XY 平面代表草图平面，然后单击【确定】按钮即可完成草图的重新附着。

图 3-5 【基于路径】
草图类型

图 3-6 【重新附着草图】
对话框

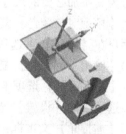

图 3-7 选择新的草图平面

3.1.4 草图首选项

为了准确、高效地绘图，需要在草图首选项中设置草绘的参数和显示。选择菜单【首

选项】|【草图】命令,系统弹出如图3-8所示的【草图首选项】对话框,其中包括【草图设置】选项卡、【会话设置】选项卡和【部件设置】选项卡。

图3-8 【草图首选项】对话框

a)【草图设置】选项卡　b)【会话设置】选项卡　c)【部件设置】选项卡

1.【草图设置】选项卡

该选项卡包含以下选项。

1)【尺寸标签】下拉列表框:用于设置尺寸标签的显示样式,默认显示尺寸的表达式如图3-9所示。此选项只对用户标注的尺寸有效,不能用于自动标注的尺寸。

2)【屏幕上固定文本高度】复选框:勾选此复选框,尺寸文本的高度将固定不变,即文字不随视图缩放而改变。取消勾选此复选框,文本的高度随视图放大而放大,随视图缩小而缩小,因此可与图形保持不变的比例。

3)【文本高度】文本框:用于输入尺寸文本的高度。

4)【创建自动判断约束】复选框:勾选此复选框,在绘图的过程中,系统自动为对象添加约束。例如捕捉到水平方向绘制的直线,该直线即被自动添加水平约束。

5)【连续自动标注尺寸】复选框:勾选此复选框,在绘图过程中,每绘制一个对象,系统将为其添加必要的尺寸标注,使其完全定义。

6)【显示对象颜色】复选框:勾选此复选框,将显示草图对象的颜色。对象的颜色取决于用户在【对象】首选项中的设置。

7)【使用求解公差】复选框:设置尺寸的测量偏差。

2.【会话设置】选项卡

该选项卡的【设置】选项组中包含以下选项。

1)【捕捉角】文本框:用于输入捕捉时的智能识别角度,该角度不能大于20°。例如要绘制一条竖直直线,设置捕捉角为10°,则当直线与竖直方向夹角在10°以内时,系统能立即捕捉到竖直位置。在绘图过程中一般不使用过大的捕捉角,否则绘制非特殊位置的对象会很困难。

2)【显示自由度箭头】复选框:自由度箭头是一种提示符号,在添加约束时才会显示,如图3-10所示。该箭头用于提示对象还有哪些方向的自由度。

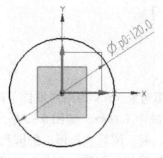
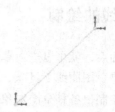

图 3-9　尺寸的表达式显示　　　　　图 3-10　显示自由度的符号

3）【显示约束符号】复选框：勾选此复选框，草图对象的几何约束将以符号的形式显示出来。

4）【更改视图方位】复选框：勾选此复选框，每当新建草图或进入草图编辑时，视图方向自动调整到正对草图平面的方向。

【任务环境】选项组用于任务环境中的草图设置，包括以下选项。

1）【维持隐藏状态】复选框：如果勾选此复选框，在草图任务环境中打开草图时，原草图中隐藏的对象将保持隐藏；如果取消勾选此复选框，无论原草图中对象是否隐藏，打开之后将全部显示。

2）【保持图层状态】复选框：如果勾选此复选框，退出草图任务环境时，各图层状态与进入草图环境之前保持一致。如果取消勾选此复选框，退出草图任务环境之后，各图层状态将被转换为被编辑的草图。

3）【显示截面映射警告】复选框：修改草图之后，在特征截面不符的情况下将弹出警告。

4）【背景】下拉列表框：用于设置任务环境中的草图背景。

3.【部件设置】选项卡

该选项卡用于设置草图中各种部件的显示颜色，单击某一部件对应的颜色框，系统弹出【颜色】对话框，即可设置新的颜色。单击【继承自用户默认设置】按钮，可将颜色设置恢复为默认设置。

3.1.5　创建草图的一般步骤

创建草图的一般步骤如下所示：

1）为用户要建模的特征或部件建立设计意图；

2）使用用户的公司标准去设置计划建立的草图的图层与目录；

3）检查和修改草图参数预设置；

4）建立和编辑草图；

5）按用户的设计意图约束草图；

6）使用草图建立在用户的模型上的特征。

对建立约束的次序的建议：

1）加几何约束，固定一个特征点；

2）按设计意图加充分的几何约束；

3）设计意图加少量尺寸约束（要频繁更改的尺寸）。

3.2 草图曲线的绘制

指定草图平面后，就可以进入草图环境设计草图对象。NX 为用户提供了两个绘制草图的工具条，一个是草图曲线工具条，另一个是草图操作工具条，如图 3-2 所示。草图曲线工具条可以直接绘制出各种草图对象，如点、直线、圆、圆弧、矩形、椭圆和样条曲线等。草图操作工具条可以对各种草图对象进行操作，如镜像、偏置、编辑、添加、求交和投影等。

3.2.1 草图绘制

草图曲线工具条用来直接绘制各种草图对象，包括点和曲线等。

创建了一个草图只是构建一个舞台，要想让它具有生机，具有实际意义，还必须绘制草图曲线。与草图绘制有关的所有命令都集中在【插入】|【草图曲线】和【编辑】|【草图曲线】两个菜单中（需要在草图环境模式下），如图 3-11 和图 3-12 所示，对应的【直接草图】工具条如图 3-13 所示。

绘制草图的方法大致有 3 类：

1）在草图平面内直接利用各种绘图命令绘制草图。

2）借用绘图工具区内存在的曲线。

3）从实体或片体上提取曲线到草图中。

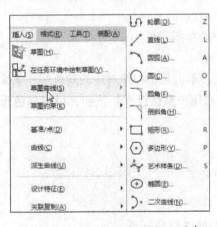

图 3-11 【草图】环境下的【插入】|
【草图曲线】菜单

图 3-12 【草图】环境下的【编辑】|
【草图曲线】菜单

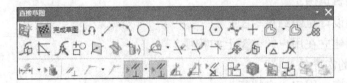

图 3-13 【直接草图】工具条

1. 绘制点

点是最基本的草图元素，常用作其他对象的定位参考。单击【直接草图】工具条中的【点】按钮**十**，或选择菜单【插入】|【草图曲线】|【点】命令，系统弹出如图3-14所示的【草图点】对话框。展开【指定点】选项列表，可选择一种点定义方式，所选的定义方式决定了创建点的方式。

另外，还可以单击【草图点】对话框中的【点对话框】按钮，系统弹出【点】对话框，该对话框的详细讲解和应用可以参照本书的第2章中的相关内容。

2. 绘制直线

单击【直接草图】工具条中的【直线】按钮**✏**，或选择菜单【插入】|【草图曲线】|【直线】命令，系统弹出如图3-15所示的【直线】对话框。该对话框中包含两个输入模式选择按钮。

（1）【坐标模式】按钮

输入坐标值作为对象定位参数，选择此项，屏幕上出现浮动的XC、YC文本框，用于输入X、Y坐标，如图3-15a所示。

（2）【参数模式】按钮

输入对象长度、半径等几何参数作为定位参数。选择此项，屏幕上出现【长度】、【角度】文本框，用于输入直线的长度和角度，如图3-15b所示。

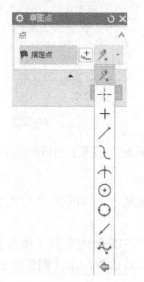

图3-14 【草图点】对话框

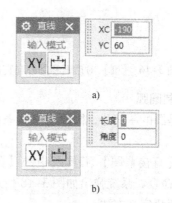

a)

b)

图3-15 【直线】对话框
a)【坐标模式】 b)【参数模式】

【坐标模式】是系统默认的初始模式，因为参数模式无法定义起点位置。一旦起点定义之后，系统会自动切换为【参数模式】，因为对一个设计者来说，更了解对象的尺寸参数，而不是终点坐标。

一条直线被起点和终点唯一确定，因此依次指定直线的起点和终点，即完成直线的绘制。可以在屏幕上通过单击确定起点和终点，也可以在浮动文本框中输入参数，按〈Tab〉键在不同参数框之间切换，按〈Enter〉键应用该参数。需要注意的是，在使用【参数模式】输入时，由于长度和角度两个参数不能定义起点位置，因此输入参数之后，系统创建的是一条长度和角度确定，但起点未定的直线，需要用户指定其起点。

绘制一条直线之后，【直线】命令仍处于激活状态，可以继续绘制其他直线，但下一直线与前一直线没有连接，需重新定义起点。单击【直线】对话框中的【关闭】按钮✖，或按〈Esc〉键，即可退出【直线】命令。

3. 绘制圆

单击【直接草图】工具条中的【圆】按钮○，或选择【菜单】|【插入】|【草图曲线】|【圆】命令，系统弹出如图3-16所示的【圆】对话框。该对话框中【输入模式】选项组的含义在绘制直线中已经介绍过，【圆方法】选项组对应以下两种绘圆方法。

（1）圆心和直径定圆

单击此按钮即可由圆心和圆上一点定义一个圆。如果使用浮动文本框输入参数，此方法需要指定圆心和直径，如图3-16所示。

（2）三点定圆

此方法是选择圆周上的三个点来定义一个圆，只要是不在同一直线上的三个点，就能够唯一确定一个圆，三点定圆的操作方法如图3-17所示。

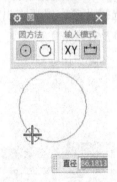 

图3-16 【圆】对话框和圆心和直径定圆　　　图3-17 【圆】对话框和三点定圆

4. 绘制圆弧

圆弧是圆的一部分，因此定义一条圆弧需要在定义一个圆的基础上增加起点和终点的定义。

单击【直接草图】工具条中的【圆弧】按钮⌒，或选择菜单【插入】|【草图曲线】|【圆弧】命令，系统弹出如图3-18所示的【圆弧】对话框。在【圆弧方法】选项组中提供了两种圆弧定义方法。

（1）三点定圆弧

利用圆弧上的三点定义一条圆弧。第一个选择点为圆弧起点，第二个选择点为圆弧中间的某一点，第三个选择点为圆弧终点。也可以只定义前两点，然后输入圆弧的半径，即可完全定义该圆弧。三点绘制圆弧的操作如图3-19所示。

（2）中心和端点定圆弧

利用圆心和圆弧两个端点定义一条圆弧。先指定圆弧的中心，然后依次指定圆弧的起点、终点。也可输入扫掠角度来代替定义终点位置。中心和端点绘制圆弧的操作如图3-20所示。

图 3-18 【圆弧】对话框　　　图 3-19　三点绘制圆弧　　　图 3-20　中心和端点绘制圆弧

由于圆弧还具有方向特性，在浮动文本框中输入参数之后先按〈Enter〉键锁定参数，锁定之后参数不再随指针变化，然后移动鼠标指针改变圆弧方向，单击鼠标即可在当前方向生成圆弧。

5. 绘制轮廓

轮廓对象是一段连续的直线和圆弧的组合对象。单击【直接草图】工具条中的【轮廓】按钮 ↺，或选择菜单【插入】|【草图曲线】|【轮廓】命令，系统弹出如图 3-21 所示【轮廓】对话框。该对话框中【对象类型】选项组用于在直线和圆弧模式之间切换，两个按钮的含义介绍如下。

1)【直线】按钮：激活此按钮，当前绘制的对象为直线，系统以上一条直线的终点作为下一条直线的起点，绘制连续直线。

2)【圆弧】按钮：激活此按钮，当前绘制对象为圆弧，并且圆弧与上一段线条相切或垂直。绘制一段圆弧之后，系统默认重新激活【直线】按钮，如果要绘制连续圆弧，需要再次单击此按钮。

绘制轮廓时，直线的绘制方式与绘制单条直线基本相同。绘制圆弧的方法有所不同，有以下几点需要注意。

1) 如果圆弧是轮廓的起始线条，则圆弧的定义方式为三点方式；如果圆弧不是轮廓的第一段线条，则圆弧与上一段对象在端点处相切。

2) 由几何知识可知，在切点已知的情况下，只要确定圆的半径，圆的轨迹即可确定。对于圆弧，还需要指定圆弧包含的圆心角，这两个参数文本框如图 3-22 所示。

3) 除了圆弧的两个参数，还需要确定圆弧的方向，由一个直线端点引出的圆弧有 8 种不同的方向，如图 3-23 所示。在绘制圆弧的过程中，圆弧的方向通过鼠标指针的移动方向来确定。

4) 确定圆弧需要单击鼠标，在文本框中输入参数并按〈Enter〉键则不能确定圆弧。

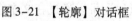  

图 3-21　【轮廓】对话框　　　图 3-22　绘制圆弧的参数　　　图 3-23　圆弧的方向

6. 绘制矩形

利用矩形可以一次性创建四条相互垂直的边界轮廓，比用直线更快捷。单击【直接草

图】工具条中的【矩形】按钮□，或选择菜单【插入】|【草图曲线】|【矩形】命令，系统弹出如图3-24所示的【矩形】对话框。在【矩形方法】选项组中提供了三种矩形定义方法。

（1）按2点

通过矩形的两个对角点定义一个矩形。先指定一点作为矩形第一角点，然后拖动指针，指定另一角点即可完全定义矩形。也可只定义第一角点，然后指定矩形的长度和宽度参数，并指定矩形方向即可完成矩形的绘制。

（2）按3点

此方式先定义矩形一条边的两个端点，然后拖动指针，指定另一边的长度即可定义一个矩形。

（3）从中心

此方式先定义矩形的中心点，然后指定矩形第一条边上的中点（即定义了第二条边的方向和长度，然后指定矩形第一条边的长度即可定义该矩形。从中心绘制矩形的操作如图3-25所示。

图3-24 【矩形】对话框　　　　图3-25 从中心定义矩形

7. 绘制多边形

确定一个多边形首先需要定义中心点和边数，多边形的大小则有三种定义方式，即外接圆半径、内切圆半径或边长，最后还需要定义多边形的旋转角度，即可完全定义该多边形。单击【直接草图】工具条中的【多边形】按钮⊙，或选择菜单【插入】|【草图曲线】|【多边形】命令，系统弹出如图3-26所示的【多边形】对话框。该对话框中各选项组介绍如下。

（1）【中心点】选项组

指定多边形中心点位置。指定中心点之后，拖动指针生成多边形预览。

（2）【边】选项组

输入多边形边数，最小边数为3。

（3）【大小】选项组

该选项组用于定义多边形的大小和角度方向。先在【大小】选项组中选择一种定义方式，选择不同的定义方式，多边形预览也不同。选择内切圆定义方式，半径连接到边线中点，如图3-27所示。选择外接圆定义方式，半径连接到多边形顶点，如图3-28所示。不论哪种定义方式，指定半径的端点即可确定该多边形。除了指定点，还可以通过在文本框中输入参数的方式来定义多边形。要注意旋转角度是以预览中的半径虚线为测量对象，因此不同的定义方式，旋转效果也不同。

图 3-26 【多边形】对话框

图 3-27 内切圆定义多边形

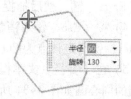

图 3-28 外接圆定义多边形

8. 绘制艺术样条

艺术样条通常称为样条曲线,其形态由一系列控制点来控制,其形状自由,可灵活编辑。单击【直接草图】工具条中的【艺术样条】按钮 ,或选择菜单【插入】|【草图曲线】|【艺术样条】命令,系统弹出如图 3-29 所示的【艺术样条】对话框。该对话框中部分选项组的作用介绍如下。

(1)【类型】选项组

选择样条曲线的控制类型,一种是由通过点定义,使用这种定义方式,系统由解析方法计算出曲线方程,比如两点确定一条直线、三点确定一条二次曲线。另一种是由极点定义,极点样条曲线的特点是曲线的端点与极点的连线始终在端点处与样条曲线相切。

(2)【点位置】选项组

用于指定样条曲线的一系列控制点,根据选择类型的不同,点的类型也不同。每指定一点,系统都会更改曲线的形态以拟合该控制点。

图 3-29 【艺术样条】对话框

(3)【参数化】选项组

该选项组用于控制曲线的次数(即曲线方程的次数),例如选定了三个控制点,如果设置曲线的次数为 1,则控制点之间以直线相连。该选项组中复选框的选项与选择的曲线类型有关。勾选【封闭】复选框,可将样条曲线首尾闭合。

在绘制艺术样条的过程中,可以在已有控制点之间添加更多的控制点,只需将光标移动到样条曲线上单击即可。将光标移动到样条曲线控制点上,展开其右键菜单,可以为该点指定约束、删除点等操作。

3.2.2 草图绘制实例

1. 圆和圆弧实例

1)启动 NX 10.0,新建 NX 模型文件,单击【草图】工具条中的【草图】按钮 或者

选择菜单【插入】|【草图】命令，系统弹出【创建草图】对话框。使用系统默认的草图平面，单击【确定】按钮，进入草图模式。

2）单击【直接草图】工具条中的【圆】按钮○。在【XC】、【YC】文本框中分别输入0、0，按〈Enter〉键指定该点为圆心，然后在【直径】文本框中输入180，完成第一个圆的绘制。

3）绘制一个圆之后，系统默认继续以该直径参数绘圆。在【直径】文本框中输入80，按〈Enter〉键，然后捕捉到上一个圆的圆心并单击，绘制的同心圆如图3-30所示。

4）按〈Esc〉键取消参数的锁定。在【XC】、【YC】文本框中分别输入 -260、0，按〈Enter〉键指定该点为圆心，然后在【直径】文本框中输入145，完成第三个圆的绘制。

5）在【直径】文本框中输入90，按〈Enter〉键，然后捕捉到上一个圆的圆心并单击，绘制的同心圆如图3-31所示。

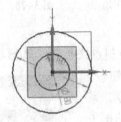 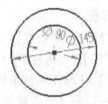

图3-30　绘制 φ180 和 φ80 的圆　　　图3-31　绘制 φ145 和 φ90 的圆

6）单击【圆】对话框中的【关闭】按钮，退出圆的绘制。

7）单击【直接草图】组中的【圆弧】按钮⌒，打开【圆弧】对话框。选择圆弧方法为【三点定圆弧】，依次在 φ180 的圆和 φ145 的圆上单击，确定圆弧的两个端点。在【半径】文本框中输入160，按〈Enter〉键锁定参数，然后向下拖动指针，直至出现相切符号，如图3-32所示。在此位置单击，完成圆弧的绘制。

8）使用同样的方法，绘制另一侧的圆弧，圆弧半径为260并且与两个外圆相切，如图3-33所示。

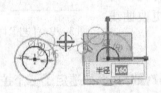 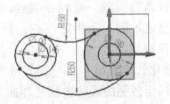

图3-32　绘制 R160 的圆弧　　　图3-33　绘制 R260 的圆弧

2. 绘制轮廓

1）启动 NX 10.0，新建 NX 模型文件，单击【草图】工具条中的【草图】按钮或者选择菜单【插入】|【草图】命令，系统弹出【创建草图】对话框。使用系统默认的草图平面，单击【确定】按钮，进入草图模式。

2）单击【直接草图】工具条中的【轮廓】按钮，系统弹出【轮廓】对话框。单击原点作为起点，向右拖动指针，然后在【长度】文本框中输入320，并在【角度】文本框中输入0，按〈Enter〉键完成第一段线条。

3）在【轮廓】对话框中单击【圆弧】按钮◠，激活圆弧状态。在【半径】文本框中输入60，在【扫略角度】文本框中输入180，按〈Enter〉键锁定该参数，然后拖动指针到直线下方，圆弧预览的位置如图3-34所示。在此位置单击，完成第二段线条。

4）绘制圆弧之后，系统自动切换到【直线】状态。向左拖动指针，在【长度】和【角度】文本框中分别输入130、180，再按〈Enter〉键完成第三段线条，如图3-35所示。

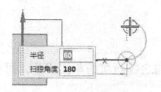

图3-34　绘制的直线和圆弧

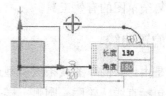

图3-35　绘制的第三段线条

5）在【轮廓】对话框中单击【圆弧】按钮◠，激活圆弧状态。在【半径】和【扫掠角度】文本框分别输入70、90，按〈Enter〉键锁定该参数，然后拖动指针到直线下方，圆弧预览的位置如图3-36所示。在此位置单击，完成第四段线条。

6）继续向上绘制直线，在【长度】和【角度】文本框中分别输入120、90，按〈Enter〉键完成第五段线条，如图3-37所示。

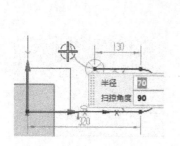

图3-36　绘制的第四段线条

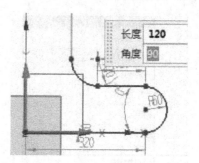

图3-37　绘制的第五段线条

7）在【轮廓】对话框中单击【圆弧】按钮◠，激活圆弧状态。在【半径】和【扫掠角度】文本框中分别输入60、180，按〈Enter〉键锁定该参数，然后拖动指针到直线左边，圆弧预览的位置如图3-38所示。在此位置单击，完成第六段线条。

8）捕捉到轮廓的起点，单击完成第七段线条，如图3-39所示。按〈Esc〉键结束轮廓的绘制，然后关闭【轮廓】对话框，退出【轮廓】命令。

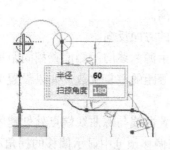

图3-38　绘制的第六段线条

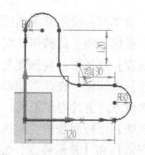

图3-39　绘制的第七段线条

3.3 草图操作和编辑

草图操作是指由已有草图曲线创建新的草图对象，包括偏置曲线、阵列曲线、镜像曲线、派生直线等。草图编辑是指对草图对象的修剪、延伸、圆角、倒角等。草图的操作和编辑命令是创建复杂草图的有效工具。

3.3.1 偏置曲线

偏置曲线是由已有的草图线条或模型边线创建与之等距离的草图线条，可偏置的曲线类型非常广泛，包括直线、轮廓、圆弧、样条曲线等。

单击【直接草图】工具条中的【偏置曲线】按钮，或选择菜单【插入】|【草图曲线】|【偏置曲线】命令，系统弹出如图3-40所示的【偏置曲线】对话框。该对话框中各选项的作用介绍如下。

1）【选择曲线】按钮：选择要偏置的源曲线。

2）【添加新集】按钮：用于添加一个新的曲线集，每一个曲线集为一个整体对象，可以在列表中删除，如图3-41所示。

图3-40 【偏置曲线】对话框　　　　　图3-41 曲线集列表

3）【距离】文本框：设置从源曲线的等距距离。

4）【反向】按钮：单击此按钮，将当前偏置的方向反向。

5）【对称偏置】复选框：勾选此复选框，将由源曲线向两侧偏置相同距离。

6）【副本数】微调框：在此微调框中可设置等距的重复次数，如果设置为2，则由偏置出的曲线再次向该方向偏置同样距离，以此类推。

7）【端盖选项】下拉列表框：此选项可在偏置曲线与源曲线端点处创建闭合端盖。

8）【显示拐角】和【显示终点】复选框：在偏移预览中显示偏移的拐角和终点。

9）【输入曲线转换为引用】复选框：勾选此复选框，偏置之后源曲线将被转换为一条构造线。

10)【阶次】和【公差】：这两个选项用于设置偏置曲线的阶次和公差，只对样条曲线有效，一般来说阶次越高、公差越小，偏置曲线与源曲线的相似精度越高。

3.3.2　阵列曲线

阵列曲线是以特定的布局创建源曲线的多个复制体，NX 10.0 中阵列曲线包括线性、圆形、多边形、沿曲线等多种布局方式。

单击【直接草图】工具条中的【阵列曲线】按钮 ，或选择菜单【插入】|【草图曲线】|【阵列曲线】命令，系统弹出如图 3-42 所示的【阵列曲线】对话框。该对话框中包含以下两个选项组。

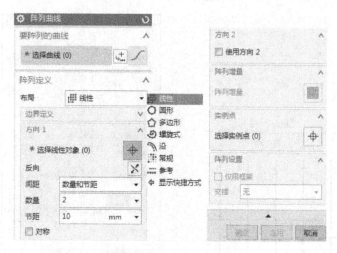

图 3-42　【阵列曲线】对话框

1)【要阵列的曲线】选项组：该选项组用于选择要阵列的曲线对象，还可以打开【点】对话框，构造一个或多个点作为阵列对象。

2)【阵列定义】选项组：该选项组用于定义阵列的方式，以及距离、数量等参数。首先在【布局】下拉列表框中选择一种布局方式，不同的布局方式对应的阵列参数也不同。

在草图绘制中，常用的阵列布局是线性阵列和圆形阵列，现分别介绍如下。

1. 线性阵列曲线

选择线性阵列布局方式时，对话框如图 3-42 所示，其阵列参数包括以下各项。

(1)【方向 1】选项组

该选项组用于设置在第一个阵列方向上的阵列参数。

▶【选择线性对象】按钮：用于选择阵列的方向参考，必须选择线性的对象，如直线、坐标轴、模型的直线边线等。

▶【反向】按钮：用于反转预览中的阵列方向。

▶【间距】下拉列表框：用于设置该方向上的阵列分布数量和距离。【数量和节距】是指定阵列的总数量和相邻实例的间距；【数量和跨距】是指定阵列总数量和总距离；【节距和跨距】是指定相邻实例间距和总距离。跨距和节距的定义如图 3-43 所示。

▶【对称】复选框：选中此复选框，将在方向1的反向生成对称的阵列。

(2)【方向2】选项组

选中【使用方向2】复选框，可以在另一个线性方向生成阵列，其参数含义与方向1相同。

(3)【阵列增量】选项组

该选项组用于创建实例间距变化的阵列，单击【阵列增量】按钮，系统弹出如图3-44所示的【阵列增量】对话框。【参数】选项组中列出了各阵列方向上的参数。双击某个参数可以将其添加到对应方向的增量列表中，如图3-45所示。在【增量】文本框中输入增量值，即为该参数设置了增量。设置增量之后，相邻实例间的参数将按此增量变化。图3-46所示是为方向1和方向2的间距设置增量的效果。

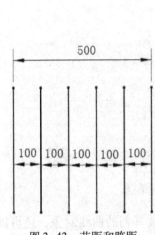

图3-43 节距和跨距

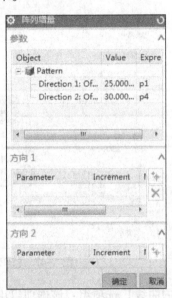

图3-44 【阵列增量】对话框

(4)【实例点】选项组

该选项组用于选择若干个实例。在阵列预览中，每个实例以一个实例点显示，如图3-47所示。单击实例中心的方格可选中该实例，然后展开右键快捷菜单，如图3-48所示，选择【删除】命令可以删除选中的实例；选择【旋转】命令，系统弹出如图3-49所示的【旋转】对话框。可以将选中的实例沿方向1和方向2移动一定增量。

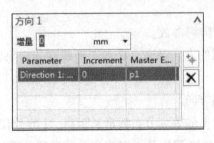

图3-45 添加参数到增量列表

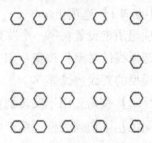

图3-46 增量阵列的效果

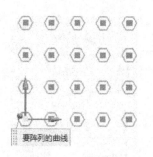

图3-47 阵列的实例点

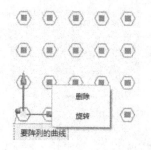

图3-48 实例点上的右键菜单

图3-49 【旋转】对话框

（5）【阵列设置】选项组

该选项组用于设置阵列的特殊效果。

▶【仅限框架】复选框：只有使用两个方向阵列时，此复选框可用。选中此复选框，只阵列出两个方向的边线上的实例，不阵列中间实例，如图3-50所示。

▶【交错】下拉列表框：选择一种实例的交错分布方式。图3-51所示是在竖直方向交错分布的效果。

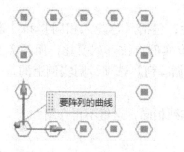

图3-50 仅限框架的阵列

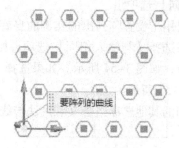

图3-51 交错的阵列

2. 圆形阵列曲线

当选择布局方式为圆形时，对话框如图3-52所示，各选项功能介绍如下。

（1）【旋转点】选项组

该选项组用于指定圆形阵列的中心。当阵列范围不是360°时，单击【反向】按钮可以反转预览的阵列方向。

（2）【角度方向】选项组

该选项组用于设置阵列的间距和数量，可在【间距】下拉列表框中选择一种定义方式：【数量和节距】是指定实例的总数和相邻实例所夹的圆心角；【数量和跨距】是指定实例的总数和全部实例包含的总角度；【节距和跨距】是指定相邻实例所夹的圆心角和全部实例包含的总角度。

（3）【辐射】选项组

选中【创建同心成员】复选框，可激活该选项组。指定辐射参数，可以创建与圆心阵列同心但阵列半径不同的多组环形实例，如图3-53所示。

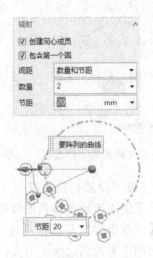

图 3-52 【阵列曲线】对话框　　　　图 3-53 【辐射】选项组和创建
　　　　　　　　　　　　　　　　　　　同心的环形阵列

（4）【方向】选项组

该选项组用于设置阵列出的实例的自旋特性，包括【与输入相同】和【遵循阵列】两个选项。如果选择【与输入相同】选项，则只有实例点按阵列变化，而各实例的角度保持与源实例一致，如图 3-54 所示。如果选择【遵循阵列】选项，则实例上的每一点均按阵列变化，如图 3-55 所示。

圆形阵列的其他选项组含义和用法与线性阵列相同，这里不再介绍。

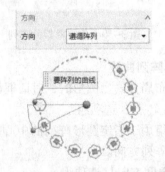

图 3-54　实例的旋转角度与输入相同　　　图 3-55　实例的旋转角度与遵循阵列

3.3.3　镜像曲线

镜像曲线是将曲线关于某条直线对称复制，该直线称为镜像中心线。单击【直接草图】工具条中的【镜像曲线】按钮![icon]，或选择【菜单】|【插入】|【草图曲线】|【镜像曲线】命令，系统弹出如图 3-56 所示的【镜像曲线】对话框。在【选择对象】选项组中选择要镜像的对象，然后在【中心线】选项组中选择镜像中心线。在【设置】选项组中可以设置将镜像中心线转换为构造线，单击【确定】按钮即完成镜像，如图 3-57 所示。

64

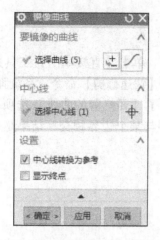

图3-56 【镜像曲线】对话框

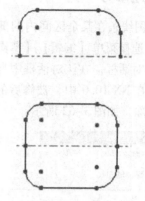

图3-57 镜像曲线的效果

3.3.4 派生直线

派生直线是由已有的直线创建特殊位置的直线。单击【直接草图】工具条中的【派生直线】按钮，或选择菜单【插入】|【草图曲线】|【派生直线】命令，指针变为样式，然后在绘图区选择参考直线。参考直线类型不同，派生的直线也不相同。

（1）选择单条直线作为参考

派生的直线就是与参考对象平行的直线，需要输入偏置距离，如图3-58所示。按〈Enter〉键执行一次派生，然后继续派生直线，按〈Esc〉键退出【派生直线】命令。

（2）选择两条平行直线

派生的直线是两条平行线的中线（与两线平行且等距），中线的长度需要用户输入，如图3-59所示。

（3）选择两条不平行直线

派生的直线是两直线的角平分线，平分线的起点为两直线的交点（或虚拟交点），平分线的长度需要用户输入，如图3-60所示。

执行一次派生之后，系统默认以派生出的直线作为对象，继续生成派生直线。按〈Esc〉键退出该直线的派生，但【派生直线】命令没有退出，可继续选择其他要派生的直线，再次按〈Esc〉键则退出【派生直线】命令。

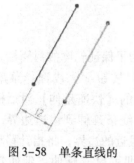

图3-58 单条直线的
派生直线

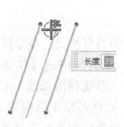

图3-59 平行线的
派生直线

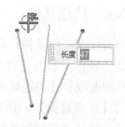

图3-60 两相交直线的
派生直线

3.3.5　快速修剪

修剪是将草图线条在某个区间内的部分减除。单击【直接草图】工具条中的【快速修剪】按钮✕，或选择菜单【编辑】|【草图曲线】|【快速修剪】命令，系统弹出如图 3-61 所示【快速修剪】对话框。在该对话框中自动激活了【要修剪的曲线】选项，可以单击选择要修剪的部分。在 NX 10.0 中，被修剪的部分要与某个边界相交，结果是单击位置到最近边界的部分被减除，如图 3-62 所示。

图 3-61　【快速修剪】对话框

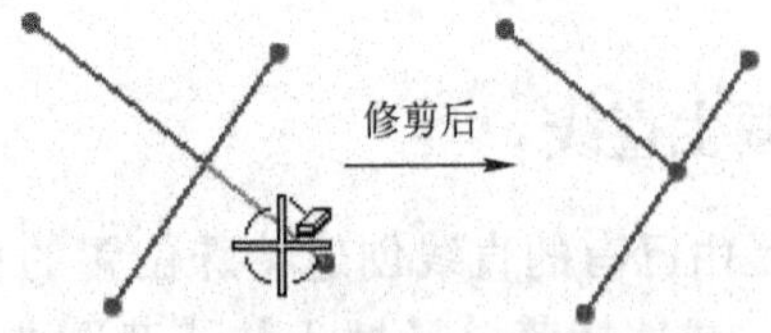

图 3-62　修剪的效果

　　如果修剪的目标不是到最近边界，而是到指定的某个边界，则需要在该对话框中激活边界曲线的选择按钮，然后选择要修剪到的边界，如图 3-63 所示。

　　此外，在执行修剪命令之后，可以按住鼠标左键并拖动，生成笔画轨迹，轨迹经过的线条将被修剪，如图 3-64 所示。

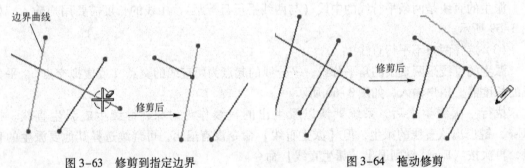

图 3-63　修剪到指定边界

图 3-64　拖动修剪

3.3.6　快速延伸

延伸是将某一线条伸长到与最近的边界相交。在草图中，为了保证轮廓的封闭性，经常要用到延伸操作。单击【直接草图】工具条中的【快速延伸】按钮✕，或选择菜单【编辑】|【草图曲线】|【快速延伸】命令，系统弹出如图 3-65 所示的【快速延伸】对话框。该对话框与【快速修剪】对话框类似，同样可以不选择边界，将线条延伸到最近边界，或者选择边界，将线条延伸到指定边界。最近的边界是指离单击点最近的边界，将指针移动到线段某一端时，系统生成该端点到最近边界的延伸预览，单击即可完成延伸，延伸效果如图 3-66 所示。

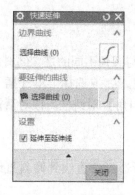

图 3-65　【快速延伸】对话框

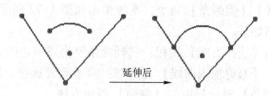

延伸后

图 3-66　延伸的效果

3.3.7　草图圆角

草图圆角是在两条或三条曲线之间创建圆弧过渡，可选的曲线对象非常灵活，可以是相交线或平行线，也可以是直线、圆弧、样条曲线等。单击【直接草图】工具条中的【圆角】按钮⌐，或选择菜单【插入】|【草图曲线】|【圆角】命令，系统弹出如图 3-67 所示的【圆角】对话框。该对话框中包含【圆角方法】和【选项】两个选项组。

（1）【圆角方法】选项组

该选项组用于设置圆角之后源对象是否修剪。选择【修剪】选项，被圆角的曲线会修剪或延伸到圆弧，如图 3-68 所示。选择【不修剪】选项，被圆角的对象不发生变化，如图 3-69 所示。

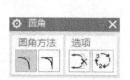

图 3-67　【快速延伸】对话框

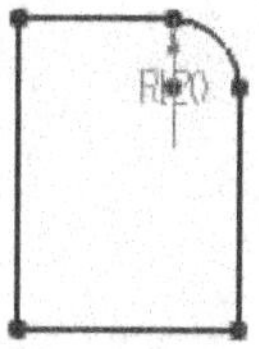

图 3-68　修剪的圆角

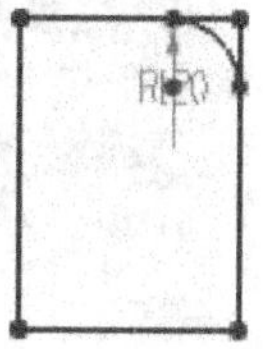

图 3-69　不修剪的圆角

（2）【选项】选项组

该选项组的两个选项是复选项，【删除第三条曲线】选项用于三曲线圆角时，选中此项将删除第三条被圆角曲线。【创建备选圆角】用于在圆角的各种可能效果之间切换，在两圆之间创建圆角，一种效果如图 3-70 所示，另一种效果如图 3-71 所示。另外，按〈Page Up〉和〈Page Down〉键，也可在这两种效果之间切换。

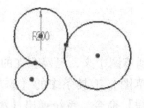

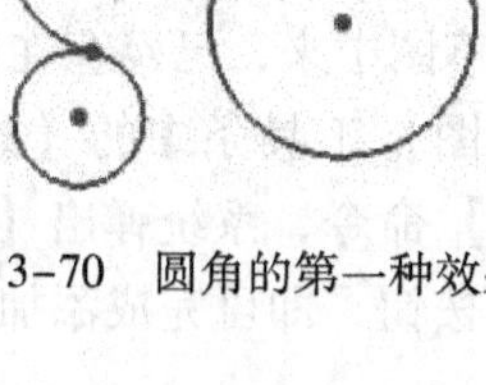

图 3-70　圆角的第一种效果

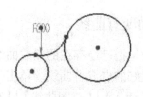

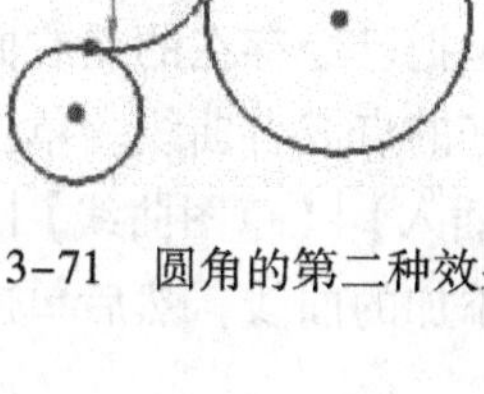

图 3-71　圆角的第二种效果

3.3.8 草图倒斜角

草图倒斜角是在两直线的交叉位置创建倾斜直线过渡，与圆角不同的是，倒斜角的对象只能是直线。单击【直接草图】工具条中的【倒斜角】按钮，或选择菜单【插入】|【草图曲线】|【倒斜角】命令，系统弹出如图 3-72 所示的【倒斜角】对话框。该对话框中各选项介绍如下。

1)【选择直线】按钮：选择两条要生成斜角的直线。

2)【修剪输入曲线】复选框：勾选此复选框，将修剪所选择的直线到倾斜直线，类似于【圆角】对话框中的【修剪】圆角方法。

3)【倒斜角】下拉列表框：选择倒斜角的类型，选择【对称】是指在两条直线的倒角距离相同，此时该选项组只有一个【距离】参数；选择【非对称】是指两条直线上的倒角距离不同，此时选项组有【距离1】和【距离2】两个参数；选择【偏置和角度】是指由倒角距离和斜角的倾斜角度定义斜角。各参数前的复选框表示锁定该参数，锁定之后该参数不随鼠标指针移动而变化。

4)【指定点】选项：跟创建圆角一样，在两直线之间创建倒角也有多种位置可选，该选项用于设置倒斜角的位置。

选择倒斜角的直线之后，也可利用鼠标快捷菜单来设置倒角参数。右击展开右键快捷菜单，如图 3-73 所示，先在【倒斜角】子菜单中选择倒斜角的方式，然后在浮动文本框中输入倒角参数，按〈Enter〉键可以锁定该参数。将指针移动到要倒角的位置，单击即可创建倒角。

图 3-72 【倒斜角】对话框

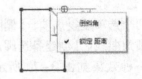

图 3-73 倒斜角时的右键快捷菜单

3.3.9 添加现有曲线

添加现有曲线是把已经存在的点或曲线添加到草图中来，已经存在的点或者曲线是指在绘图区中已经创建好的点或者曲线。单击【直接草图】工具条中的【添加现有曲线】按钮，或选择菜单【插入】|【草图曲线】|【现有曲线】命令，系统弹出【添加曲线】对话框。选取绘图区中需要添加的曲线，然后单击【确定】按钮，即可完成添加操作。

如果所选取的基本曲线已经用来拉伸、旋转、扫掠等操作，则不能添加到草图。抛物线、双曲线、螺旋线和样条曲线等不能添加到草图中来。在草图绘制环境中，为了区分草图对象和其他几何对象，系统用绿色来显示草图对象，用蓝色显示其他几何对象。

3.4 草图约束

在绘制草图时，不必考虑草图曲线的精确位置和尺寸，待完成草图对象的绘制之后再统一对草图对象进行约束控制。对草图进行合理的约束是实现草图参数化的关键所在。因此，完成草图绘制后，根据需要约束草图。在 NX 10.0 中，草图尺寸约束工具在【直接草图】工具条中，如图 3-13 所示。也可在菜单【插入】|【草图约束】命令的子菜单中调用约束命令，如图 3-74 所示。

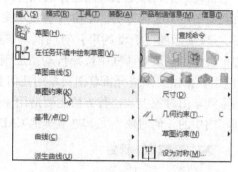

图 3-74 菜单栏中的约束命令

一般情况下，草图约束包含 3 种类型，即几何约束、尺寸约束和定位约束。

3.4.1 自动判断约束和自动尺寸标注

在 NX 10.0 中绘制草图时，系统默认自动标注对象尺寸并且自动判断对象的约束。自动标注尺寸是指每绘制一个对象，系统将自动生成该对象的几何尺寸和定位尺寸。例如绘制一个矩形之后，系统会自动标出矩形的所有尺寸，如图 3-75 所示。状态栏显示【草图已被 16 个自动标注尺寸完全约束】表明草图已经完全定义。自动判断约束是指系统根据用户绘制对象的位置，自动为

图 3-75 仅应用自动尺寸标注

其添加对应约束，例如沿水平方向绘制的直线将被添加水平约束，捕捉到端点绘制的对象将被添加重合约束。需要说明的是，仅由几何约束无法完全定义一个草图。如图 3-76 所示，状态栏提示绘制的矩形还需要 4 个约束。绘图过程中同时使用自动尺寸约束和自动几何约束，这样既能完全定义草图，约束的标注也比较简洁，如图 3-77 所示。

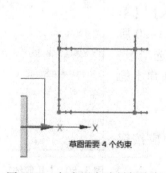

图 3-76 仅应用自动判断约束

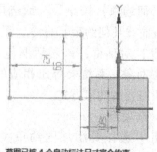

图 3-77 应用自动标注尺寸和自动判断约束

【直接草图】工具条中，取消选中【创建自动判断约束】选项和【连续自动标注尺寸】

选项，可分别取消自动判断约束和自动尺寸标注。单击【直接草图】工具条中的【自动判断约束和尺寸】按钮，系统弹出如图3-78所示的【自动判断约束和尺寸】对话框。在该对话框中可以选择要应用的自动约束，未勾选的约束将不会被自动添加。在该对话框中还可以设置自动标注尺寸的规则。

自动产生约束是系统用选择的几何约束类型，根据草图对象间的关系，自动添加相应约束到草图对象上的方法。单击【直接草图】工具条中的【自动约束】按钮，系统弹出如图3-79所示的【自动约束】对话框，该对话框上显示了当前草图对象之间可以建立的几何约束类型。在该对话框中选择自动添加到草图对象的某些约束类型，然后单击【确定】或【应用】按钮。系统分析草图对象的几何关系，根据选择的约束类型，自动添加相应的几何约束到草图对象上。这种方法主要适用于位置关系已经明确的草图对象，对于约束那些添加到草图中的几何对象，尤其是从其他CAD系统转换过来的几何对象特别有用。

图3-78 【自动判断约束和尺寸】对话框

图3-79 【自动约束】对话框

3.4.2 几何约束

几何约束条件一般用于定位草图对象和确定草图对象间的相互关系，即用于限制草图对象的形状。单击【直接草图】工具条中的【几何约束】按钮，或选择菜单【插入】|【草图约束】|【现有曲线几何约束】命令，系统弹出如图3-80所示的【几何约束】对话框，该对话框包含以下三个选项组。选择相关的草图对象，系统会弹出相应的工具条，在弹出的工具条中选择所需要的约束方式。

图3-80 【几何约束】对话框

1.【约束】选项组

在此选项组中选择要添加的约束类型，单击相应按钮即可。

几何约束共包括以下类型：

1）固定：该约束是将草图对象固定在某个位置。不同几何对象有不同的固定方法，点一般固定其所在位置；线一般固定其角度或端点；圆和椭圆一般固定其圆心；圆弧一般固定其圆心或端点。

2）完全固定：该约束是将所选草图对象全部固定。

3）水平：该约束定义直线为水平直线（平行于工作坐标系的 XC 轴）。

4）竖直：该约束定义直线为竖直直线（平行于工作坐标系的 YC 轴）。

5）定长：该约束定义选取的曲线为固定的长度。

6）定角：该约束定义选取的直线为固定的角度。

7）共线：该约束定义两条或多条直线共线。

8）平行：该约束定义两条曲线相互平行。

9）垂直：该约束定义两条曲线彼此垂直。

10）等长：该约束定义选取的两条或多条曲线等长。

11）同心：该约束定义两个或多个圆弧或椭圆弧的圆心相互重合。

12）相切：该约束定义选取的两个对象相互相切。

13）等半径：该约束定义选取的两个或多个圆弧等半径。

14）点在曲线上：该约束定义所选取的点在某曲线上。

15）重合：该约束定义两个或多个点相互重合。

16）中点：该约束定义指定点位于曲线的中点。

17）均匀比例：该约束定义样条曲线的两端点移动时，保持样条曲线的形状不变。

18）非均匀比例：该约束定义样条曲线的两端点移动时，样条曲线的形状改变。

19）点在线串上：约束所选的点在抽取的线串上。

20）曲线的斜率：约束样条曲线某一控制点的切线与某条直线、坐标轴平行。此约束无法约束基于极点的样条曲线。

手工添加约束是对所选对象由用户来指定某种约束的方法。当进入几何约束操作后，系统提示用户选择要产生约束的几何对象。这时，可在绘图工作区中选择一个或多个草图对象，所选对象在绘图工作区中会加亮显示。同时，可以对所选对象添加的几何约束类型，将在约束类型列表框中列出。

根据所选草图对象的几何关系，在约束类型列表框中选择一个或多个约束类型，系统将添加指定类型的几何约束到所选草图对象上，并且草图对象的某些自由度符号会因产生的约束而消失。如当选择一条直线和一个圆时，如果选择相切约束，即使它们是分开的，系统也将自动使圆和直线相切。约束草图对象以后，需要查看草图的约束效果，即把约束反映到草图对象上。当没有选择延迟求解选项时，添加的几何约束立刻会反映到草图对象上，使草图对象按添加的几何约束移动草图对象的位置；当选择了延迟求解选项时，添加的几何约束不会立即反映到几何对象上。

2. 【要约束的几何体】选项组

根据所选约束的类型不同，该选项组的选项也不同。如果约束类型是两个或多个对象之间的位置关系（例如平行、同心、垂直、相切等），选项组将分为【选择要约束的对象】和【选择要约束到的对象】两个按钮。一般来说，可选择多个【要约束的对象】，但只能选择一个【约束到的对象】，选择两组对象之后，即完成约束添加；如果约束类型是单个对象的位置约束（例如水平、竖直、固定、定长等），则选项组只有【选择要约束的对象】按钮。其中【自动选择递进】复选框用于控制【要约束的几何体】选项组中的选择递进，勾选此复选框，选择【要约束的对象】之后，系统将自动切换到【选择要约束到的对象】按钮；如果取消勾选此复选框，选择【要约束的对象】之后，系统仍然激活此按钮，继续选择【要约束的对象】，直到用户手动激活下一按钮为止。

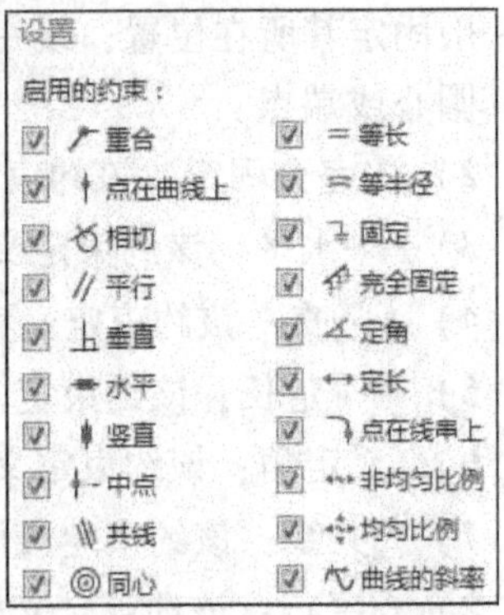

3.【设置】选项组

该选项组如图 3-81 所示。该选项组包括所有约束类型的复选框，被勾选的约束类型才能在【约束】选项组中显示，以供选择。

图 3-81 【几何约束】对话框中的【设置】选项组

3.4.3 尺寸约束

草图中的尺寸约束相当于草图的尺寸标注，不同点是尺寸约束可以驱动元素对象的尺寸，即根据给定尺寸限制，驱动和约束草图元素的大小和形状。

在 NX 10.0 中，对草图的尺寸标注即是添加尺寸约束。草图对象受尺寸的驱动，当修改尺寸之后，对象的几何形状或位置将随之变化。从 NX 9.0 开始，将之前版本的草图尺寸工具由 9 个减少为 5 个，简化了约束操作，但约束功能却没有减弱。单击【直接草图】工具条中的尺寸约束按钮，或选择菜单【插入】|【草图约束】|【尺寸】命令，其子菜单中提供了 5 种尺寸约束工具，各种尺寸类型的作用如下。

1）快速尺寸：选择此项，系统弹出如图 3-82 所示的【快速尺寸】对话框。系统根据选择的对象类型自动判断尺寸类型，例如选择圆将约束圆的直径，选择直线将根据指针拖动方向生成竖直、水平或平行尺寸。用户也可在【方法】下拉列表框中指定测量方法，从而生成指定类型的尺寸。

2）线性尺寸：选择此项，系统弹出如图 3-83 所示的【线性尺寸】对话框。该对话框的组成与【快速尺寸】对话框基本相同，只是【方法】下拉列表框中的选项更少，只提供线性尺寸的选项。

3）角度尺寸：约束两直线所成的角度，可以是平行直线。

4）径向尺寸：约束圆或圆弧的直径或半径。

5）周长尺寸：约束曲线的长度。选择此项，系统弹出如图 3-84 所示的【周长尺寸】对话框。选择对象之后，【距离】文本框中显示该对象的当前周长，修改周长值将更新对象的长度。

选择一种尺寸约束类型之后，在绘图区选择要约束的对象，系统将生成尺寸线预览。拖动指针可以调整尺寸线的位置，在某一位置单击放置尺寸线，系统弹出浮动文本框，如图 3-85 所示。文本框包括参数名和参数值两部分，用于修改参数值。创建一个尺寸之后，尺寸对话框不会退出，可以继续创建相同类型的尺寸约束。

无论是哪一种类型的尺寸对话框，单击【设置】选项组中的【设置】按钮，系统弹出如图 3-86 所示的【设置】对话框。在该对话框中可以设置尺寸的文字和箭头的样式、尺寸公差等。

72

图 3-82 【快速尺寸】对话框

图 3-83 【线性尺寸】对话框

图 3-84 【周长尺寸】对话框

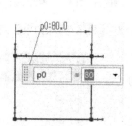

图 3-85 尺寸的参数名和参数值

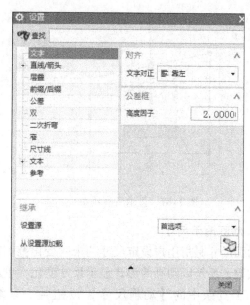

图 3-86 【设置】对话框

3.4.4 编辑草图约束

尺寸约束和几何约束创建后，用户有时可能还需要修改或者查看草图约束。下面将介绍显示草图约束、删除草图约束、动画约束、自动判断约束设置、参考约束和备选解等编辑草图约束的操作方法。

73

1. 隐藏和显示所有约束

单击【直接草图】工具条中的【显示草图约束】按钮，在草图对象中将显示所有的约束，如图 3-87 所示，图中显示各种约束。取消选择【显示草图约束】选项，即可将草图中所有的约束隐藏。

2. 显示/移除约束

利用该功能可以查看几何约束的类型和约束的信息，同时也可以完成几何约束的删除操作。单击【直接草图】工具条中的【显示/移除约束】按钮，系统弹出如图 3-88 所示的【显示/移除约束】对话框。在该对话框中，可以利用 3 个单选按钮根据对象类型显示约束，通过【约束类型】下拉列表可以根据具体的约束类型显示约束。在【显示约束】列表框中显示了所有符合要求的约束，当从中选择一个约束后，单击【移除高亮显示的】按钮，即可删除指定的约束，单击【移除所列的】按钮，可删除列表中所有的约束。

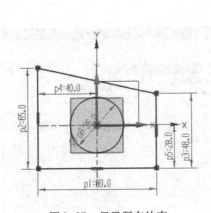

图 3-87　显示所有约束

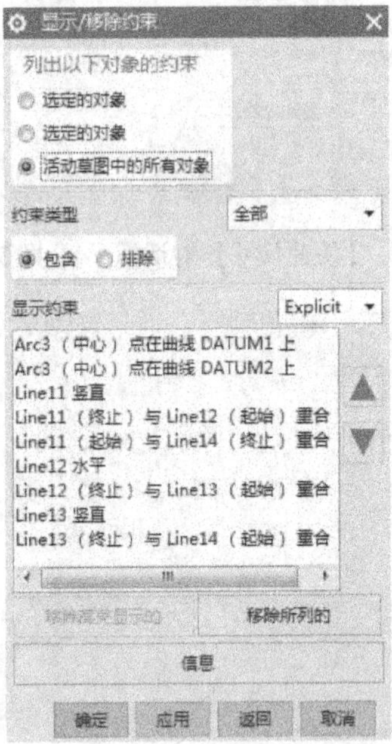

图 3-88　【显示/移除约束】对话框

3. 动画演示尺寸

动画尺寸是指用户设定尺寸约束的变化范围和动画的循环次数，系统以动画的形式显示尺寸变化。单击【直接草图】工具条中的【动画尺寸】按钮，系统弹出如图 3-89 所示的【动画演示尺寸】对话框。在该对话框上部的列表框中或在绘图区中选择一个尺寸表达式，然后在动画参数区中设置好动画的有关参数，单击【应用】按钮，则开始动态显示，同时系统弹出如图 3-90 所示的【动画】对话框。单击【停止】按钮，即可结束动态显示过程。

图 3-89　【动画演示尺寸】对话框

74

4. 转换至／自参考对象

利用该功能，可以将草图中的曲线或尺寸转化为参考对象，或将参考对象再次激活，转换为正常的曲线或尺寸。单击【直接草图】工具条中的【转换至／自参考对象】按钮，系统弹出如图 3-91 所示的【转换至／自参考对象】对话框。当要将草图中的曲线或尺寸转换为参考对象时，只需要在绘图区中选取该对象，然后激活对话框中【参考曲线或尺寸】单选按钮，即可完成参考对象的转换操作。

图 3-90　【动画】对话框　　　　图 3-91　【转换至／自参考对象】对话框

在进行草图元素的几何约束和尺寸约束时，作为基准、约束或定位使用的元素应该转换为参考对象。另外，有些可能导致过约束的草图尺寸也应该转换为参考对象。

3.5　草图应用实例

3.5.1　草图实例1

草图实例 1 的图形如图 3-92 所示。

1. 打开文件

单击【标准】工具条中的【打开】按钮，系统弹出【打开】对话框。选择在本书的配套资源中根目录下的 3/3_1.prt 文件，单击【OK】按钮，即打开部件文件。

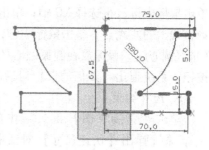

图 3-92　草图实例1

2. 进入草图环境

单击【特征】工具条中的【在任务环境中绘制草图】按钮，或单击【直接草图】工具条中的【草图】按钮，或选择菜单【插入】|【草图】命令，系统弹出【创建草图】对话框，单击【确定】按钮，进入草图界面。

3. 绘制轮廓线

单击【直接草图】工具条的【创建自动判断约束】按钮，然后单击【直接草图】工具条的【轮廓】按钮，系统弹出如图 3-93 所示的【轮廓】对话框。单击【直线】按钮，绘制直线 1、直线 2 和直线 3，如图 3-94 所示。单击【轮廓】对话框中的【圆弧】按钮，绘制如图 3-95 所示的圆弧。单击【轮廓】对话框中的【直线】按钮，绘制直线

75

4、直线 5 和直线 6，结果如图 3-96 所示。

图 3-93 【轮廓】对话框

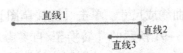

图 3-94 绘制的直线

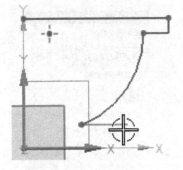

图 3-95 绘制的圆弧

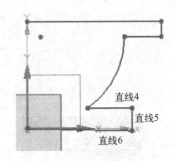

图 3-96 绘制的直线

4. 几何约束

单击【直接草图】工具条中的【几何约束】按钮⊥，系统弹出如图 3-97 所示的【几何约束】对话框。单击【点在曲线上】按钮↑，选择直线 1 的左端点，单击鼠标中键，再选择 YC 轴；选择直线 6 的左端点，单击鼠标中键，再选择 YC 轴；单击【共线】按钮∥，选择直线 6，单击鼠标中键，再选择 XC 轴；单击【重合】按钮╱。选择直线 1 的左端点，单击鼠标中键，再选择圆弧 1 的圆心（选择圆心时，鼠标放在圆弧圆心的附近）；单击【关闭】按钮，系统退出【几何约束】对话框。

图 3-97 【几何约束】对话框

5. 尺寸约束

单击【直接草图】工具条中的【快速尺寸】按钮⊢，系统弹出【快速尺寸】对话框。选择直线 1（选择时，鼠标最好放在直线 1 的中间位置），系统弹出一尺寸文本框，该尺寸为原始尺寸，在尺寸文本框 `p6 = 75` 中输入 75，按〈Enter〉键；用同样的方法约束直线 2、直线 5 和直线 6，直线 2 的长度为 5，直线 5 的长度为 15，直线 6 的长度为 70；选择直线 6 和直线 1，弹出一尺寸文本框，该尺寸为两线的距离，该距离为 67.5；选择圆弧，在尺寸文本框中输入 60，即圆弧半径为 60。当尺寸约束完成后，约束后的图形如图 3-98 所示。

6. 镜像曲线

单击【直接草图】工具条中的【镜像曲线】按钮⬡，系统弹出如图 3-99 的【镜像曲线】对话框。选择如图 3-97 的草图对象，单击鼠标中键，再选择 YC 轴，单击【应用】或者【确定】按钮，完成镜像曲线，结果如图 3-91 所示。

76

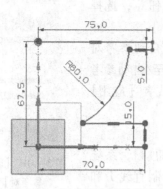

图 3-98　尺寸约束后的草图

图 3-99　【镜像曲线】对话框

7. 完成草图

单击【草图生成器】工具条中的【完成草图】按钮，则窗口回到建模环境界面。

3.5.2　草图实例 2

草图实例 2 的图形如图 3-100 所示。

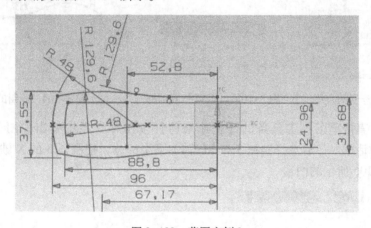

图 3-100　草图实例 2

1. 打开文件

单击【标准】工具条中的【打开】按钮，系统弹出【打开】对话框。选择在本书的配套资源中根目录下的 3/3_2. prt 文件，单击【OK】按钮，即打开部件文件。

2. 进入草图环境

单击【特征】工具条中的【在任务环境中绘制草图】按钮，或单击【直接草图】工具条中的【草图】按钮，或选择菜单【插入】|【草图】命令，系统弹出【创建草图】对话框，单击【确定】按钮，进入草图界面。

3. 绘制并约束中心线

1）单击【直接草图】工具条的【创建自动判断约束】按钮，然后再单击【直接草图】工具条的【直线】按钮，绘制一条平行于 XC 轴的直线，直线的长度随意。

2）单击【直接草图】工具条中的【几何约束】按钮⊥，系统弹出【几何约束】对话框。单击【共线】按钮，选择绘制的直线，单击鼠标中键，再选择 XC 轴。

3）单击【直接草图】工具条中的【转换至/自动参考对象】按钮，系统弹出如图 3-101 所示的【转换至/自动参考对象】对话框。选择绘制的直线，单击【确定】或者【应用】按钮。

图 3-101 【转换至/自动参考对】对话框

4. 绘制草图外轮廓

1）单击【草图曲线】工具条的【轮廓】按钮，系统弹出【轮廓】对话框。单击【直线】按钮，绘制直线 1 和直线 2，如图 3-102 所示。

2）单击【直接草图】工具条的【圆弧】按钮，系统弹出如图 3-103 所示的【圆弧】对话框。单击【三点定圆弧】按钮，绘制如图 3-104 所示的圆弧 1、圆弧 2 和圆弧 3。绘制圆弧时注意会自动捕捉到相切，直线 2 与圆弧 1 相切，圆弧 2 与圆弧 1 相切。

图 3-102　绘制的直线　　　图 3-103　【圆弧】对话框　　　图 3-104　绘制的圆弧

3）单击【直接草图】工具条的【快速修剪】按钮，系统弹出如图 3-105 所示的【快速修剪】对话框。然后选择圆弧 3 在 XC 轴的下半部分，把圆弧 3 的 X 轴以下部分修剪掉，得如图 3-106 所示的图形。

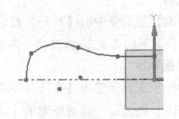

图 3-105　【圆弧】对话框　　　图 3-106　修剪圆弧后的图形

4）单击【直接草图】工具条中的【几何约束】按钮⊥，系统弹出【几何约束】对话框。对草图进行几何约束：直线 1 与 YC 轴【共线】，圆弧 3 的圆心在 XC 轴上。

5）单击【直接草图】工具条中的【快速尺寸】按钮，系统弹出【快速尺寸】对话框。选择直线 1，系统弹出一尺寸文本框，在尺寸文本框 $\boxed{p6 = 31.68/}$ 中输入 31.68/2，按〈Enter〉键；选择圆弧 3 和直线 1，弹出一尺寸，该尺寸为两线的距离，该距离为 96；选择圆弧 2，再选择 XC 轴，弹出一尺寸，将该尺寸改为 37.55/2，按〈Enter〉键；圆弧 2 的圆心到 XC 轴的距离为 67.17；在【快速尺寸】对话框中的【测量】选项组中的【方法】下拉列表中选择【径向】，选择圆弧 1，约束尺寸，圆弧 1 的半径为 129.6，圆弧 2 的半径为 129.6，圆弧 3 的半径为 48。当尺寸约束完成后，约束后的图形如图 3-107 所示。

5. 镜像曲线

单击【直接草图】工具条中的【镜像曲线】按钮 ⬚，系统弹出【镜像曲线】对话框。选择如图 3-107 的草图对象，单击鼠标中键，再选择 XC 轴，单击【应用】或者【确定】按钮，完成镜像曲线，结果如图 3-108 所示。

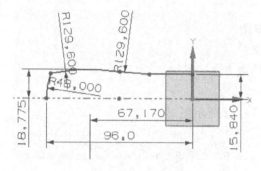

图 3-107　约束后的草图

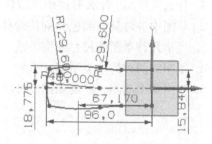

图 3-108　镜像后的草图

6. 绘制草图内轮廓

1) 单击【直接草图】工具条的【轮廓】按钮 ⬚，系统弹出【轮廓】对话框。单击【直线】按钮 ⬚，绘制直线 3、直线 4 和直线 5；单击【轮廓】对话框中的【圆弧】按钮 ⬚，绘制圆弧 5，结果如图 3-109 所示。

2) 单击【直接草图】工具条中的【几何约束】按钮 ⬚，系统弹出【几何约束】对话框。对草图进行几何约束：圆弧 4 的圆心在 XC 轴上，直线 3 与直线 5 等长。

3) 单击【直接草图】工具条中的【快速尺寸】按钮 ⬚，系统弹出【快速尺寸】对话框。对草图进行尺寸约束：直线 4 到 XC 轴的距离为 52.8；圆弧 4 到 XC 轴的距离为 88.8；圆弧 4 的半径为 48；直线 4 的长度为 24.96，得到如图 3-110 所示图形。

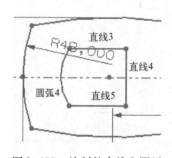

图 3-109　绘制的直线和圆弧

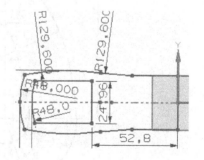

图 3-110　尺寸约束后的草图

7. 完成草图

单击【直接草图】工具条中的【完成草图】按钮 ⬚，则窗口回到建模界面。

79

3.6　本章总结

本章首先讲解了草图的基本功能和应用，草图设计具有参数化的特征，修改起来非常方便。在对草图绘制有个大致的了解后，接着介绍了草图的绘制、约束和定位，其中草图的尺寸约束和几何约束是本章的难点和重点，这对设计满足要求的零件非常重要，读者应该反复琢磨各个约束的含义和练习其操作方法。本章最后还通过两个典型的实例来讲解绘制草图的基本过程、大致思路和技巧，实例尽力做到一步一个图，这样方便读者理解，更有利于读者的练习和操作。

3.7　思考与练习题

1. 什么是草图？什么时候用户应该使用草图？
2. 草图中各对象的颜色分别代表什么含义？
3. 列举几种草图的尺寸约束方法、几何约束方法。
4. 草图的两种约束类型是什么？
5. 应用草图功能，绘制如图 3-111 和图 3-112 所示图形。

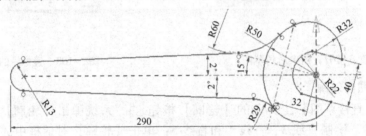

图 3-111　练习题 1

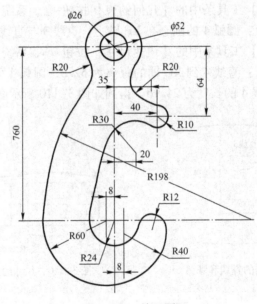

图 3-112　练习题 2

第4章 创建和编辑曲线

曲线是建立实体模型的基础，利用曲线拉伸、旋转和扫描等方法，可快速建立截面形状比较复杂的实体特征。NX 10.0 的曲线功能很强，可建立各种各样的复杂曲线，利用 NX 10.0 的曲线功能可以建立点、直线、圆弧、圆锥曲线和样条曲线等。

4.1 基本曲线的绘制

曲线同草图一样都可以构建出用于回转、拉伸等相关特征操作的基础图形，两者有共同点，但又有区别：1）草图上的曲线被严格地限定在一个平面上，建模环境中的曲线是三维的。2）建模环境中的曲线不能用几何约束和尺寸约束来定义。3）建模环境中的曲线可以是非关联的、非参数化的，而草图中的曲线都是参数化的。

4.1.1 曲线功能概述

曲线功能分为三部分：曲线生成、曲线编辑及曲线操作（Curve Operation）。

曲线的生成是用于建立遵循设计要求的点、直线、圆弧、样条曲线、二次曲线、平面等几何要素，一般来说曲线功能建立的几何要素主要是位于工作坐标系 XY 平面上（用捕捉点的方式也可以在空间上画线），当需要在不同平面上建立曲线时，需要用坐标系工具【格式】|【WCS】|【旋转】或者【方位】来转换 XY 平面。

编辑功能是对这些几何要素进行编辑修改，如修剪曲线、编辑曲线参数、曲线拉伸等。

利用这些曲线功能，可以方便快捷地绘制出各种各样复杂的二维图形。曲线功能是 NX 中最基本的功能之一。按设计要求建立曲线，所建立的曲线作为构造 3D 模型的初始条件，如用于生成扫描特征及构造空间曲线。

在建模模块下，选择菜单【插入】|【曲线】或者【派生曲线】命令。【曲线】工具条如图 4-1 所示。

图 4-1 【曲线】工具条

基本曲线包括直线、圆弧、圆、圆角、修剪和编辑曲线参数等基本图元，可以用来构造所有截面或平面图形，还可以作为特征建模的辅助参照来帮助准确定位或定形。基本曲线的绘制正确与否，直接影响着实体或曲面的生成。

图 4-2 【基本曲线】对话框

4.1.2 基本曲线

1. 功能选择

单击【曲线】工具条中的【基本曲线】按钮 ，或选择菜单【插入】|【曲线】|【基本曲线】命令，系统弹出如图 4-2 所示的【基本曲线】对话框和如图 4-3 所示的【跟踪条】。

图 4-3 【跟踪条】

2. 跟踪条参数

用于显示和输入建立直线、圆弧和圆曲线时的形状和位置参数，建立不同的曲线有不同的参数。

输入【跟踪条】参数时，要按两段进行输入。【XC】、【YC】和【ZC】三个参数输入坐标值，其余参数是输入形状参数值，每指定一段参数后要按〈Enter〉键才能接受输入的参数，在各参数之间切换用〈Tab〉键或单击鼠标。

在输入【跟踪条】参数时，在接受输入参数前不要移动鼠标。用曲线建立实体特征时，曲线形状应尽量简单，一般不要做圆角操作或倒角操作，圆角和倒角利用实体建模功能中的相应功能去完成，这样可以改善建模的复杂性和可修改性。

3. 直线

在 NX 10.0 中，直线是通过空间两点产生的一条线段。它作为一种基本的构造图元，在空间无处不在，两个平面相交可以产生一条直线，棱角实体模型的边线也可以产生一条直线。

单击【曲线】工具条中的【基本曲线】按钮 ，系统弹出【基本曲线】对话框。在该对话框中系统默认的是【直线】面板，通过【打断线串】工具，可以创建互不连接的线段。如果勾选【无界】复选框，则可绘制无限长的直线；如果绘制与基准轴成角度的直线，在【角度增量】文本框中输入相应的角度即可。

（1）绘制空间任意两点直线

该方式选取【点方法】列表中的点类型，系统自动捕捉空间中选取的点，并在点之间创建一条直线。

控制点一般是指曲线的特征点，例如曲线的端点、中点、样条的拟合点等，直线的中点是控制点的一种特殊类型。

（2）绘制与 XC 成一角度的直线

在建模过程中，有时需要绘制与某直线、基准轴或平面成一角度的直线来创建基准平面。单击【曲线】工具条中的【基本曲线】按钮 ，系统弹出【基本曲线】对话框和【跟踪条】。选取起点、终点，并在【角度】文本框中输入相应的角度即可。绘制如图4-4所示所示的直线，具体操作如下：

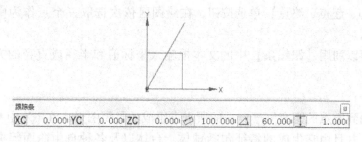

图4-4　绘制与XC成一角度的直线

在【XC】、【YC】和【ZC】文本框中分别输入0，按〈Enter〉键；在【长度】和【角度】文本框中分别输入100和60，按〈Enter〉键即可绘制出直线。

此时，系统默认的是在XC–YC平面内绘制成角度直线，如果绘制与其他平面成角度直线或在其他平面内的直线，可以单击【曲线】工具条中的【直线】按钮／，系统弹出【直线】对话框，可以在该对话框中设置直线参数。

（3）绘制与坐标轴平行的直线

绘制与坐标轴平行的直线包括平行于XC、平行于YC和平行于ZC 3种类型，多用于复杂曲面创建的辅助线。

在绘制直线时，也可以利用【跟踪条】，并在其对应的文本框中设置点坐标、直线距离、角度等参数来快速绘制直线。

（4）通过一点绘制与指定直线平行、垂直或成一角度的直线

首先指定起始点，然后选择一条直线，朝适当方向拖动光标指定终点即可创建直线平行线或垂直线，若在【跟踪条】中的【角度】文本框中输入角度则可创建与指定直线成角度的直线。

（5）通过一点绘制与指定曲线相切或垂直的直线

首先指定起始点，然后选择已存在的曲线，如果创建切线，也可以先选择曲线，最后指定终点，如果指定终点时选择曲线对象，则创建的直线终点在选定的曲线对象上。

（6）通过一点绘制与直线平行并相隔指定距离的直线

绘制平行线时，一定要取消选中【线串模式】复选框；同时选择与之平行的直线，选择时，注意鼠标的位置，如果鼠标放在直线的左侧（上方），则绘制的平行线在直线的左侧（上方）；如果鼠标放在直线的右侧（下方），则绘制的平行线在直线的右侧（下方）。【平行距离】在【跟踪条】中的【平行距离】文本框中设置，【平行距离】如果选择【原始的】，则距离以最原始的直线计算，【平行距离】如果选择【新的】，则距离以最新绘制的直线计算。

4. 圆弧

在NX 10.0中，圆弧可用于建立圆弧曲线和扇形，也可用作放样物体的放样截面。单击【基本曲线】对话框中的【圆弧】按钮 、，【基本曲线】对话框切换到【圆弧】面板，如图4-5所示，该面板提供了两种圆弧绘制方法，【跟踪条】中的文本框也会发生相应的变化。

（1）起点、终点、圆弧上的点

通过依次选取的三个点作为圆弧的起点、终点和圆弧上的一点，从而创建出圆弧。

（2）中心、起点、终点

单击【中心、起点、终点】单选按钮，在绘图区依次选取三个点作为中心、起点和终点即可创建圆弧。

此外，还可以利用【跟踪条】中的文本框输入坐标值和半径或直径的方法，精确绘制圆及圆弧。

5. 圆

圆是平面内到定点的距离等于定长的所有点组成的封闭图形。在 NX 中，它常用作基础特征的剖截面，并且由它生成的特征包括球体、台体以及各种自由曲面等类型。单击【基本曲线】对话框中的【圆】按钮〇，【基本曲线】对话框切换到【圆】面板，如图 4-6 所示。在该面板中只有【增量】和【点方法】复选框处于激活状态，其功能同"圆弧"中面板一样。系统提供了两种绘制圆的方法。

图 4-5　【基本曲线】对话框　　　　图 4-6　【基本曲线】对话框

（1）利用圆心、圆上的点绘制圆

该方式通过捕捉一点作为圆心，另外一点作为圆上一点以确定半径来创建圆。系统一般默认生成的圆在 XC–YC 平面内或平行于该平面。圆心和圆上一点的坐标可以在【跟踪条】中的文本框输入。

（2）利用圆心、半径或直径绘制圆

该方式完全利用【跟踪条】中的文本框输入来绘制圆。其中可以在输入圆心坐标、半径或直径等参数，按〈Tab〉键以切换文本输入。

4.1.3　直线

【直线】命令可创建直线段。当所需创建直线的数量较少或三维空间中与几何体相关时应用直线命令比较方便。如果所有直线均在二维平面上，创建草图可能更容易。

单击【曲线】工具条上的【直线】按钮╱或选择菜单【插入】|【曲线】|【直线】命令，系统弹出如图 4-7 所示的【直线】对话框。

图 4-7　【直线】对话框

1）【起点】：定义直线的起点。

【自动判断】 ✏：通过一个或多个点来创建直线。

【点】 十：根据选择的对象来确定要使用的最佳起点选项。

【相切】 ↺：用于创建与弯曲对象相切的直线。

2）【终点或方向】定义直线的终点选项。

【自动判断】 ✏：通过一个或多个点来创建直线。

【点】 十：根据选择的对象来确定要使用的最佳起点选项。

【相切】 ↺：用于创建与弯曲对象相切的直线。

【成一角度】 ⊿：用于创建与选定的参考对象成一角度的直线。

【沿 XC】 XC：创建平行于 XC 轴的直线。

【沿 YC】 YC：创建平行于 YC 轴的直线。

【沿 ZC】 ZC：创建平行于 ZC 轴的直线。

【沿法向】 ⬦：沿所选对象的法向创建直线。

3）【限制】：指定起始与终止限制以控制直线长度，如选定的对象、位置或值。

4）【支持平面】：在各支持平面上定义直线。支持平面可以是自动平面、锁定平面和选择平面。

5）【设置】：设置直线是否关联性。若更改输入参数，关联曲线将会自动更新。

4.1.4　圆弧/圆

【圆弧/圆】命令可创建关联的空间圆弧和圆。圆弧类型取决于组合的约束类型。通过组合不同类型的约束，可以创建多种类型的圆弧和圆。【圆弧/圆】命令也可以创建非关联圆弧，此时圆弧不是特征。和直线命令一样，当在三维空间中需要绘制与几何体相关的圆弧或圆较少时，使用圆弧/圆命令比较方便。如果所有圆弧都在一个二维平面上，使用草图会比较容易。

单击【曲线】工具条上的【圆弧/圆】按钮 ↷ 或选择菜单【插入】|【曲线】|【圆弧/圆】命令，系统弹出如图 4-8 所示的【圆弧/圆】对话框。

1）【类型】：设置圆弧或圆的创建方法类型。

【三点画圆弧】：指定圆弧必须通过的三个点或指定两个点和半径创建圆弧。

【从中心开始的圆弧/圆】：指定圆弧中心及第二个点或半径创建圆弧。

2）【起点】：指定圆弧的起点约束。在【圆弧或圆】的【类型】设置为【三点画圆弧】时显示。具体内容同【直线】对话框中【起点】选项相同。

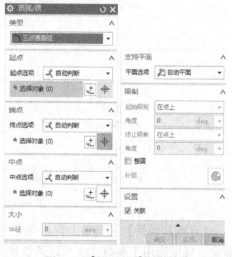

图 4-8 【圆弧/圆】对话框

3）【端点】：用于指定终点约束。在【圆弧或圆】的【类型】设置为【三点画圆弧】

时显示。终点约束的自动判断、点和相切选项的作用方式与起点选项约束相同。

4）【中点】：用于指定中点的约束。中点约束的自动判断、点、相切和半径选项的作用与端点选项约束相同。

5）【中心点】：用于为圆弧中心选择一个点或位置，仅在【圆弧或圆】的类型设置为【从中心开始的圆弧/圆】时显示。

6）【通过点】：用于指定终点约束，仅当选择【从中心开始的圆弧/圆】类型时显示。

7）【大小】：在中点选项设置为半径时可用，用于指定半径的值。

8）【支持平面】：用于指定平面以在其上构建圆弧或圆，除非锁定该平面，否则更改约束后它可能发生更改。支持平面可以是自动平面、锁定平面和选择平面。

9）【限制】：指定起点与终点等限制。

【起始限制】：用于指定圆弧或圆的起点。要定义起始限制，可以在对话框中输入起始限制值、拖动限制手柄，或是在屏显输入框中输入值。

【终止限制】：用于指定圆弧或圆的终点位置。

【角度】：将值或【在点上】类型的起始限制设置为用户指定的值。

【整圆】：用于将圆弧指定为完整的圆。

【补弧】：用于创建圆弧的补弧。

10）【设置】：设置圆和圆弧是否关联。

【备选解】：如果圆弧或圆的约束允许有多个解，则在各种可能的解之间循环。

4.1.5　直线和圆弧工具条

【直线和圆弧】工具条是特殊的下拉菜单和工具条，用于通过预定义的约束组合来快速创建关联或非关联的直线和曲线。执行命令时不打开任何对话框和操作任何图标选项控件。

单击【曲线】工具条上的【直线和圆弧工具条】按钮🔗或选择菜单【插入】|【曲线】|【直线和圆弧】命令，系统弹出如图 4-9 所示的【直线和圆弧】工具条。

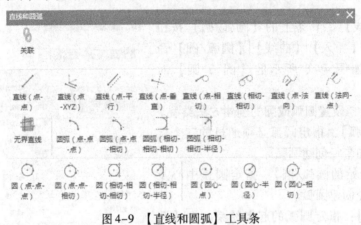

图 4-9　【直线和圆弧】工具条

【直线和圆弧】工具条上常用命令的名称及功能说明如表 4-1 所示。工具条上各命令的捕捉点规则适用于多数直线和圆弧创建选项。单击左键创建直线或圆弧。单击中键可以取消创建直线和圆弧。捕捉点规则适用于多数直线和圆弧创建选项。当满足所有约束条件后，将自动创建直线和圆弧而没有使用平面约束。

86

表 4-1 【直线和圆弧】工具条命令及功能说明

图标	名　　称	说　　明
8	关联	关联开关。按钮打开时所创建的曲线是关联特征，更改输入的参数，关联曲线自动更新
/	直线（点-点）	使用起始和终点约束创建直线
⊬	直线（点-XYZ）	使用起点和沿 XC、YC 或 ZC 方向约束创建直线
//	直线（点-平行）	使用起点和平行约束（角度约束设置为 0°/180°）创建直线
⊥	直线（点-垂直）	使用起点和垂直约束（角度约束设置为 90°）创建直线
⌒	直线（点-相切）	使用起点和相切约束创建直线
⌒	直线（相切-相切）	使用相切到相切约束创建直线
▦	无界直线	无界直线切换开关。借助当前选定的直线创建方法，使用延伸直线到屏幕边界，可创建受视图边界限制的直线
⌐	圆弧（点-点-点）	使用三点约束创建圆弧
⌐	圆弧（点-点-相切）	使用起点和终点约束和相切约束创建圆弧
⊐	圆弧（相切-相切-相切）	创建与其他三条圆弧有相切约束的圆弧
⊅	圆弧（相切-相切-半径）	使用相切约束并指定半径约束创建与两圆弧相切的圆弧
⊙	圆（点-点-点）	使用三个点约束创建一个完整的圆弧圆
⊙	圆（点-点-相切）	使用起始和终止点约束和相切约束创建完整的圆弧圆
⊘	圆（相切-相切-相切）	创建一个与其他三个圆弧有相切约束完整的圆弧圆
⊘	圆（相切-相切-半径）	使用起始和终止相切约束并指定半径约束创建一个完整圆弧圆
⊙	圆（中心-点）	使用中心和起始点约束创建基于中心的圆弧圆
⊘	圆（中心-半径）	使用中心和半径约束创建基于中心的圆弧圆
⊙	圆（中心-相切）	使用中心和相切约束创建基于中心的圆弧圆

4.1.6　矩形

矩形和多边形都是由直线组成的封闭图形，除了被用作部分创建的辅助平面之外，主要用于在草图环境构建特征的剖截面。

在建模环境中，绘制矩形相对比较简单，只需定义两个对角点即可创建矩形。单击【曲线】工具条中的【矩形】按钮□，或选择菜单【插入】|【曲线】|【矩形】命令，系统弹出【点】对话框。分别在【点】对话框中定义矩形两个对角点，得到所需要的矩形。如果要创建的矩形不在 XC-YC、YC-ZC 或 XC-ZC 平面内，则平行于 YC 轴创建其中的两条边。【点】对话框的详细情况可参照本书的第 2 章。

4.1.7　多边形

正多边形是所有内角棱边长度都相等的简单多边形，它的所有定点都在同一外接圆上，并且每个多边形必须有一个外接圆。

单击【曲线】工具条中的【多边形】按钮⊙，或选择菜单【插入】|【曲线】|【多边形】命令，系统弹出如图 4-10 所示的【多边形】对话框。在【边数】文本框中输入边数，单击【确定】按钮或鼠标中键，系统弹出如图 4-11 所示的【多边形】对话框。该对话框中

包含 3 种多边形创建方式，其中，【内切圆半径】利用内切圆创建多边形，需要确定内切圆半径和方位角；【多边形边】利用棱边长和方位角来创建多边形；【外接圆半径】利用外接圆半径和方位角来创建多边形。

图 4-10 【多边形】对话框　　　　　　　图 4-11 【多边形】对话框

4.1.8　椭圆

【椭圆】是平面上到两定点的距离之和为定值的点的轨迹。椭圆在为曲面搭建线型框架时应用较为广泛，NX 中椭圆都是在 XY 平面或平行于 XY 平面上进行创建的，如果需要其他平面的椭圆，需要通过坐标变换来实现。椭圆有两根轴，长轴和短轴（每根轴的中点都在椭圆的中心）。椭圆的最长直径就是长轴；最短直径就是短轴。长半轴和短半轴的值指的是这些轴长度的一半，如图 4-12 所示。

单击【曲线】工具条上的【椭圆】按钮⊕或选择菜单【插入】|【曲线】|【椭圆】命令，系统弹出【点】对话框，指定椭圆的中心点，系统默认为基准坐标原点，单击【确定】按钮，系统弹出如图 4-13 所示的【椭圆】对话框，定义椭圆的创建参数，此时输入图 4-13 中的创建参数，单击【确定】按钮。

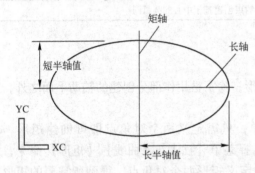

图 4-12　椭圆参数说明　　　　　　　图 4-13 【椭圆】对话框

【长半轴】和【短半轴】：长轴是椭圆的最长直径，短轴是最短直径。【长半轴】和【短半轴】的值是指长轴和短轴长度的一半。

【起始角】和【终止角】：椭圆是绕 ZC 轴正向沿着逆时针方向创建的，根据椭圆起始角和终止角确定椭圆的起始和终止位置，它们都是相对于长轴测算的。

【旋转角度】：从 XC 轴逆时针方向旋转的角度。

4.1.9　样条

NX 10.0 中创建的所有样条都是"非均匀有理 B 样条"（NURBS），在本章中，术语

"样条"均指"B样条"。

【样条】有四种创建方法，如表4-2所示。

表4-2　样条的四种创建方法

方法	说　明	图　解	方法	说　明	图　解
根据极点	使样条向各数据点（即极点）移动，但并不通过该点，端点处除外		拟合	使用指定公差将样条与其数据点相拟合，样条不必通过这些点	
通过点	样条通过一组数据点		垂直于平面	样条通过并垂直于平面集中的各 平面	

选择菜单【插入】|【曲线】|【样条】命令，系统弹出如图4-14所示的【样条】对话框，单击【通过点】按钮，系统弹出如图4-15所示的【通过点生成样条】对话框，采用默认选项，单击【确定】按钮或单击鼠标中键，系统弹出如图4-16所示的【样条】对话框，单击【点构造器】按钮，系统弹出【点】对话框，此时在屏幕上连续单击多个点，如图4-17所示，两次单击【点】对话框的【确定】按钮或鼠标中键，系统弹出如图4-18所示的【指定点】对话框，单击【是】按钮，系统返回到【通过点生成样条】对话框，均采用默认设置，单击【确定】按钮或鼠标中键得到如图4-19所示样条曲线。

图4-14　【样条】对话框　　　图4-15　【通过点生成样条】对话框　　　图4-16　【样条】对话框

图4-17　在绘图区单击多个点　　　图4-18　【指定点】对话框　　　图4-19　生成的样条

4.1.10　螺旋线

【螺旋线】命令可以创建沿矢量或脊线的螺旋样条，如图4-20所示，两条螺旋线分别是沿 Z 轴矢量和以圆弧为脊线绘制的螺旋线。另外，可以指定规律类型以定义可变螺距和可变半径。

单击【曲线】工具条上的【螺旋线】按钮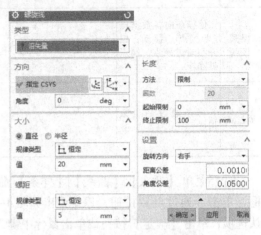，或选择【插入】|【曲线】|【螺旋线】命令，系统弹出如图 4-21 所示的【螺旋线】对话框。

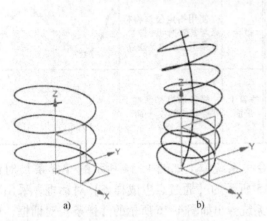

图 4-20　Z 轴矢量和圆弧为脊线绘制的螺旋线
a）沿矢量　b）沿脊线

图 4-21　【螺旋线】对话框

（1）【类型】选项组

【沿矢量】：用于沿指定矢量创建直螺旋线，如图 4-20a 所示。

【沿脊线】：用于沿所选脊线创建螺旋线，如图 4-20b 所示，中间圆弧为螺旋线的脊线。

（2）【方向】选项组

【指定 CSYS】：用于指定 CSYS，以定向螺旋线。可以通过单击【CSYS 对话框】按钮或者选择【CSYS 下拉菜单】指定。将类型设置为沿矢量或沿脊线及将方向设置为指定时可用。创建的螺旋线与 CSYS 的方向关联。螺旋线的方向与指定 CSYS 的 Z 轴平行。可以选择现有的 CSYS，也可以使用其中一个的 CSYS 选项，或使用【CSYS 对话框】来定义CSYS。

【角度】：用于指定螺旋线的起始角。零起始角将与指定 CSYS 的 X 轴对齐。

（3）【大小】选项组

【直径/半径按钮】：用于定义螺旋线的直径或半径值。

【规律类型】：指定大小的规律类型。

（4）【螺距】选项组

【规律类型】：两个规律类型分别用于指定螺旋线半径/直径和螺距的规律类型。规律类型同规律曲线各分量的规律类型，如表 4-3 所示。

表 4-3　【规律曲线】包含的规律类型

图标	名　称	含　义
	常数	给规律函数的一个分量定义一个常数值
	线性	定义从指定起点到指定终点变化的线性规律

图标	名　称	含　义
	三次	定义一个从指定起点到指定终点的三次变化规律
	沿脊线的值－线性	使用沿着脊线的两个或多个点来定义线性规律函数。在选择脊线后，可以沿着该脊线指出多个点。系统会提示用户在每个点处输入一个值
	沿脊线的值－三次	指定沿着脊线的两个或多个点来定义一个三次规律函数。在选择脊线后，可以沿着该脊线指出多个点。系统会提示用户在每个点处输入一个值
	根据方程	以参数形式使用参数表达式变量 t 来定义方程。将参数方程输入到表达式对话框中。选择根据方程选项来识别所有的参数表达式并创建曲线
	根据规律曲线	用于选择一条由光顺连结的曲线组成的线串来定义一个规律函数

（5）【长度】选项组

【方法】：按照圈数或起始/终止限制来指定螺旋线长度，包括【限制】和【圈数】选项，【限制】用于根据弧长或弧长百分比指定起点和终点位置，【圈数】用于指定圈数，输入的数值必须大于 0。

（6）【设置】选项组

【旋转方向】：用于指定绕螺旋轴旋转的方向。【右手】：螺旋线为右旋（逆时针）；【左手】：螺旋线为左旋（顺时针）。

【距离公差】：控制螺旋线距真正理论螺旋线（无偏差）的偏差。减小该值可降低偏差。值越小，描述样条所需控制顶点的数量就越多。默认值取自距离公差建模首选项。

【角度公差】：控制沿螺旋线的对应点处法向之间的最大许用夹角角度。

4.1.11　规律曲线

【规律曲线】是根据一定的规律或按照用户定义的公式而建立的样条曲线，它可以是二维曲线，也可以是三维曲线。规律曲线是使用规律定义曲线在 x、y、z 三个分量上的变化规律。对于各种规律曲线，往往需要使用不同的变化规律。

单击【曲线】工具条上的【规律曲线】按钮，或选择菜单【插入】|【曲线】|【规律曲线】命令，系统弹出如图 4-22 所示的【规律曲线】对话框。

【规律类型】：x、y、z 三个分量可选的规律类型是相同的，三个分量不同规律类型的组合可以得到不同的规律曲线，各分量包含的规律类型如表 4-3 所示。

图 4-22　【规律曲线】对话框

4.1.12　文本

使用【文本】命令可根据本地 Windows 字体库中的 TrueType 字体生成 NX 曲线。无论何时需要文本，都可以将此功能作为部件模型中的一个设计元素使用。

单击【曲线】工具条上的【文本】按钮A，或选择菜单【插入】|【曲线】|【文本】命

令，系统弹出如图4-23所示的【文本】对话框。

1) 【类型】：用于指定文本类型，有三个选项。

【平面的】：用于在平面上创建文本。

【曲线上】：用于沿相连曲线串创建文本。每个文本字符后面都跟有曲线串的曲率。可以指定所需的字符方向。如果曲线是直线，则必须指定字符方向。

【面上】：用于在一个或多个相连面上创建文本。

2) 【文本放置曲线】：仅针对在【曲线上】类型的文本显示。

【选择曲线】：用于选择文本要跟随的曲线。

图4-23 【文本】对话框

【文本属性】：用于输入没有换行符的单行文本。

3) 【文本放置面】：仅针对在【面上】类型的文本显示。

【选择面】：用于选择相连面以放置文本。

4) 【竖直方向】：仅针对在【曲线上】类型的文本显示。

【定位方法】：用于指定文本的竖直定位方法，包括【自然】和【矢量】两种类型。【自然】指文本方位是自然方位；【矢量】指文本方位沿指定矢量。

【指定矢量】：仅可用于矢量类型的定位方法。为矢量类型的竖直定位方法指定矢量，包括【自动判断的矢量】和【矢量构造器】两种方法。

【反向】：仅可用于矢量类型的定位方法，使选定的矢量方向反向。

5) 【面上的位置】：仅针对在【面上】类型的文本显示。

【放置方法】：用于指定文本的放置方法，包括【面上的曲线】和【剖切平面】两种方法。【面上的曲线】指文本以曲线形式放置在选定面上。【剖切平面】指通过定义剖切平面并生成相交曲线，在面上沿相交曲线对齐文本。

【选择曲线】：仅可用于面上曲线类型的放置方法。用于为面上曲线类型的放置方法选择曲线。

【指定平面】：用于为剖切平面类型的放置方法指定平面，包括【自动判断】和【平面对话框】两种方法。

6) 【文本属性】。

【文本】：用于输入没有换行符的单行文本。要将双引号作为文本输入，请按住〈Shift〉键并按波浪号（~）和双引号（"）。

【选择表达式】：在选中参考文本复选框时可用。单击【选择表达式】时，显示【关系】对话框，可在其中选择现有表达式以同文本字符串相关联，或是为文本字符串定义表达式。

【参考文本】：选中该复选框时，生成的任何文本都创建为文本字符串表达式。选择表达式选项也变得可用。

92

【线型】：用于选择本地 Windows 字体库中可用的 TrueType 字体。字体示例不显示，但如果选择另一种字体，则预览将反映字体更改。

【脚本】：用于选择文本字符串的字母表（如 Western、Hebrew、Cyrillic）。

【字型】：用于选择字型【正常】、【加粗】、【倾斜】、【加粗倾斜】4 种类型。

【使用字距调整】：选中此复选框可增加或减少字符间距。字距调整减少相邻字符对之间的间距，并且仅当所用字体具有内置的字距调整数据时才可用。并非所有字体都具有字距调整数据。

7）【文本框】。

【锚点位置】：仅可用于平面文本类型，指定文本的锚点位置，包括【左上】、【中上】、【右上】、【左中】、【中心】、【右中】、【左下】、【中下】和【右下】9 种选项。

8）【尺寸】。

【长度】：将文本轮廓框的长度值设置为用户指定值。

【宽度】：将文本轮廓框的宽度值设置为用户指定值。

【高度】：将文本轮廓框的高度值设置为用户指定值。

【W 比例】：将用户指定的宽度与给定字体高度的自然字体宽度之比设置为用户指定的值。

9）【设置】：创建关联的文本特征。

4.1.13 圆角

倒圆角是在相邻边之间形成的圆滑过渡，产生的圆角圆弧相切于相邻的两条边。倒圆角操作不仅满足了工艺的需要，而且还可以防止零件应力过于集中从而损坏零件。

单击【基本曲线】对话框中的【圆角】按钮，系统弹出如图 4-24 所示的【曲线倒圆】对话框。在该对话框中有三种倒圆角方式。

1. 简单倒圆角

简单倒圆角用于共面但不平行的两直线间的圆角操作。在【半径】文本框中输入圆角半径，并将鼠标移至两条直线交点处，单击鼠标即可，如图 4-25 所示。也可以通过【继承】工具，继承已有的圆角半径来创建圆角。

图 4-24　【曲线倒圆】对话框

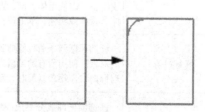

图 4-25　简单倒圆角

2. 两曲线倒圆角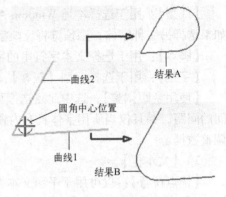

两曲线倒圆角可以在空间的任意两条直线、曲线，或者直线与曲线之间进行圆角操作，它比简单倒圆角的应用更加广泛。依次选择第一条曲线和第二条曲线，然后指定圆角的近似中心位置。如图4-26所示，先选取曲线1为第一条曲线，再选取曲线2为第二条曲线，确定圆角中心位置，单击鼠标左键，可得结果A；如果先选取曲线2为第一条曲线，再选取曲线1为第二条曲线，确定圆角中心位置，单击鼠标左键，可得结果B。选取曲线的顺序，如图4-26所示，不同的顺序得到不同的结果。

图4-26 两曲线倒圆角

3. 单曲线倒圆角 ⊃

三曲线倒圆角是指在同一平面上任意相交的三条曲线之间的圆角操作，但对于三条曲线交于一点除外。选择曲线时也要注意选择的位置和顺序，不同的顺序得到不同的结果。

4.2 编辑曲线

在完成曲线绘制后，对于曲线或曲线组之间不尽人意的地方，可以通过编辑曲线参数、修剪曲线、分割曲线以及拉长曲线等编辑手段来调整曲线。

常用到的命令有编辑曲线参数、修剪曲线、分割曲线、曲线长度和光顺样条。有关曲线编辑的命令大都集中在【编辑曲线】工具条上和【编辑】|【曲线】子菜单中。

【编辑曲线】工具条如图4-27所示。

【编辑曲线】工具条中各命令的功能说明如表4-4所示。

图4-27 【编辑曲线】工具条

表4-4 【编辑曲线】工具条功能

图标	功能名称	功能解释
	编辑曲线参数	该选项可编辑大多数类型的曲线。单击该按钮，选择一条需要编辑参数的曲线，则此类曲线自动进入编辑模式。编辑不同类型的曲线，对话框也会有所不同
	修剪曲线	【修剪曲线】根据边界实体和选中进行修剪的曲线的分段来调整曲线的端点。可以修剪或延伸直线、圆弧、二次曲线或样条。可以修剪到（或延伸到）曲线、边界、平面、曲面、点或光标位置。可以指定修剪后的曲线和它的输入参数相关联。当修剪曲线时，可以使用体、面、点、曲线、边、基准平面和基准轴作为边界对象。不能修剪体、片体或实体。单击该按钮，系统弹出【修剪曲线】对话框
	修剪拐角	该选项把两条曲线修剪到它们的交点，从而形成一个拐角。生成的拐角依附于选择的对象。使用所有的编辑选项，选中曲线的部分，朝着它们的交点方向，被修剪。当选择曲线作拐角修剪时，定位选择球，使它包含两个曲线
	分割曲线	该选项把曲线分割成一组同样的段（即直线到直线，圆弧到圆弧）。每个生成的段是单独的实体并赋予和原先的曲线相同的线型，新的对象和原先的曲线放在同一层上

图标	功能名称	功能解释
	编辑圆角	【编辑圆角】用于编辑已有的圆角。此选项类似于两个对象圆角的生成方法。在编辑圆角时，有三种可能的修剪方法：自动修剪、手工修剪和不修剪。这些方法和生成圆角时所用的是相同的。必须按逆时针方向选择要编辑的对象。这样保证新的圆角以正确的方向画出
	拉长曲线	该选项用于移动几何对象，同时拉伸或缩短选中的直线。可以移动大多数几何类型，但只能拉伸或缩短直线
	曲线长度	可以使用编辑弧长选项通过给定的圆弧增量或总弧长修剪曲线。弧长不适用于草图曲线，当草图被激活时使用此项，这样就可以仍编辑非草图曲线而不必使激活草图不可用
	光顺样条	该选项用于通过最小化曲率大小或曲率变化来移除样条中的一些缺陷
	模板成型	使用按模板成型命令从样条的当前形状变换样条，以同模板样条的形状特性相匹配，同时保留原始样条的起点与终点

4.2.1 编辑曲线参数

编辑曲线参数主要通过重定义曲线的参数来改变曲线的形状，包括对直线、圆/圆弧和样条曲线 3 种曲线类型的编辑。

选择菜单【编辑】|【曲线】|【参数（原有的）】命令，系统弹出如图 4-28 所示的【编辑曲线参数（原）】对话框和【跟踪条】。

1. 编辑直线参数

如果选取的编辑对象是直线，则可编辑的参数包括直线的端点位置、直线的长度和角度等。在【编辑曲线参数（原）】对话框中，单击【参数】单选按钮，并选取要编辑的直线，然后在【跟踪条】中的文本框中重新设置参数。

2. 编辑圆弧和圆

如果选取的编辑对象是圆或圆弧，可通过 4 种方式来进行编辑。

图 4-28 【编辑曲线
参数（原）】对话框

（1）移动圆弧和圆

移动圆弧和圆是通过改变圆心相对于坐标系原点位置来实现的。选取圆弧或圆的圆心，在【跟踪条】中的文本框中设置新的坐标即可。此外，还可以通过鼠标直接拖动圆心在绘图区移动。

（2）互补圆弧

选取圆弧，单击【编辑曲线参数（原）】对话框中的【补弧】按钮，可以绘制该圆弧的补圆弧，原来的圆弧被删除。

（3）参数编辑

该方式可以编辑圆弧（或圆）的半径（或直径）和旋转角度的参数。在【编辑曲线参数（原）】对话框中，单击【参数】单选按钮，并选取需要编辑的圆弧或圆，然后在【跟踪条】中的文本框中重定义参数即可。

（4）拖动

若选取的是圆弧的端点，则可以利用拖动的功能或辅助对话框来定义新的端点的位置；若选取的是圆弧本身，则可以改变圆弧的半径及旋转角度。

3. 编辑样条参数

如果选取的编辑对象是样条曲线，则可以修改样条曲线的阶数、性状、斜率、曲率和控制点等参数。选取样条曲线后，系统弹出如图4-29所示的【编辑样条】对话框。该对话框提供了9种样条编辑方式，具体介绍如表4-5所示。

图4-29 【编辑样条】对话框

表4-5 样条编辑方式

编辑方式	说　明
编辑点	该选项通过移动、增加或删除样条曲线的定义点，来改变样条曲线的形状
编辑极点	该选项用来编辑样条曲线的极点
改变斜率	该选项用来改变定义点的斜率
改变曲率	该选项用来改变定义点的曲率
改变阶次	该选项用来改变样条曲线的阶数
移动多个点	该选项通过移动样条曲线的一个节段，以改变样条曲线的形状
更改刚度	该选项在保持原样条曲线控制点数不变的前提下，通过改变曲线的阶数来修改样条曲线的形状
适合窗口	该选项通过修改样条曲线定义所需的参数，从而改变曲线的形状
光顺	该选项将样条曲线变得较为光滑

4.2.2　修剪曲线和拐角

修剪曲线是指通过选取的边缘实体（包括曲线、边缘、平面、曲面、点或光标位置）和要修剪的曲线段来调整曲线的形状；而修剪角是指把两条曲线裁剪到它们的交点，从而形成一个拐角，生成的拐角附于选取的对象。

1. 修剪曲线

该方式可以通过设定的边界对象调整曲线的端点，从而达到延长或裁剪直线、圆弧、二次曲线和样条曲线的目的。

单击【编辑曲线】工具条中的【修剪曲线】按钮￢或者单击【基本曲线】对话框中的【修剪】按钮￢，系统弹出如图4-30所示的【修剪曲线】对话框。修剪曲线可以延长或缩短，取决于边界对象与修剪曲线之间的位置关系，选择修剪曲线时应选择欲修剪的一段，一组边界对象可以对多个曲线进行修剪。修剪曲线的操作步骤如下：

1）选择要修剪的曲线，可以选择一条或多条修剪曲线。要修剪的端点包括两个选项：开始和结束。

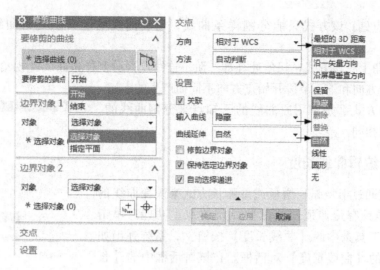

图 4-30 【修剪曲线】对话框

2）选择边界对象 1。

3）如果需要，选择边界对象 2，否则选择修剪曲线。

修剪步骤不一定要完全按照上述顺序，可以通过【修剪曲线】对话框中的一些按钮来确定选择的顺序。在进行修剪操作时，选取修剪曲线的一侧即为剪掉的一侧。同时，如果选择边界的顺序不同，将产生不同的修剪效果。

2. 修剪拐角

修剪拐角主要用于两条不平行曲线，包括已相交的或将要相交的两曲线。单击【编辑曲线】工具条中的【修剪拐角】按钮，系统弹出如图 4-31 所示的【修剪拐角】对话框并提示选取要修剪的拐角。在绘图区移动鼠标，在球半径之内选取交点。

图 4-31 【修剪拐角】对话框

选取曲线时，打开的新的【修剪拐角】对话框会提示该操作将删除曲线定义式的参数，需要用户确定。当修剪将要相交的两曲线时，光标的球半径可能无法选取交点，这时可以将视图显示缩小。

4.2.3 分割曲线

分割曲线用于把曲线分割成一组同样的节段，每个生成的节段是单独的实体，并赋予和原先的曲线相同的线型。单击【编辑曲线】工具条中的【分割曲线】按钮，系统弹出如图 4-32 所示的【分割曲线】对话框。在对话框中的【类型】选项中包含了 5 种分割方式，如下所述。

1）等分段：该方式以等长或等参数的方法将曲线分割成相同的节段。

图 4-32 【分割曲线】对话框

2）按边界对象：该方式利用边界对象来分割曲线。

3）弧长段数：该方式通过分别定义各节段的弧长来分割曲线。

4) 在结点处：该方式只能分割样条曲线，它在曲线的定义点处将曲线分割成多个节段。

5) 在拐角上：该方式在拐角处（即一阶不连续点）分割样条曲线（拐角点是样条曲线节段的结束点方向和下一节段开始点方向不同而产生的点）。

上述 5 种方式都是利用原曲线的已知点来分割曲线的，操作方式大致相同。

4.2.4　编辑曲线长度

曲线长度通过指定弧长增量或总弧长方式来改变曲线的长度，它同样具有延伸弧长或裁剪弧长的双重功能。单击【编辑曲线】工具条中的【曲线长度】按钮，系统弹出如图 4-33 所示的【曲线长度】对话框。在该对话框中的【长度】下拉列表中可以选择【总计】方式，通过给定总长来编辑选定曲线的弧长；也可以通过在【侧】下拉列表中选择【对称】方式来同时延伸或裁剪等量的长度；还可以通过在【方法】下拉列表中选择【自然】和【圆的】方式改变延伸曲线的形状。

图 4-33　【曲线长度】对话框

4.4.5　拉长曲线

拉长曲线主要用来拉伸或收缩选定的几何对象，同时移动几何对象。如果选取的是对象的端点，其功能是拉伸该对象；如果选取的是对象端点以外的位置，其功能是移动该对象。

单击【编辑曲线】工具条中的【拉长曲线】按钮，系统弹出如图 4-34 所示的【拉长曲线】对话框。首先选取要拉长的两边线 a 和 b，然后单击【点到点】按钮，依据【点】对话框提示选取直线 a 的端点为参考点，选取直线 b 上一点为目标点即可，如图 4-35 所示。

图 4-34　【拉长曲线】对话框

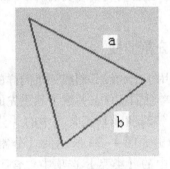

图 4-35　拉长曲线操作

【拉长曲线】对话框包含了两种拉长曲线方式，可以利用【重置值】按钮，在【XC 增量】、【YC 增量】、【ZC 增量】文本框中分别输入沿 XC、YC、ZC 坐标轴方向移动或拉伸的位移；也可以通过【点到点】按钮，在【点】对话框中设定一个参考点和一个目标点，使其沿参考点至目标点的方向和距离移动或拉伸对象。

4.3 曲线应用实例

4.3.1 曲线实例1

曲线如图4-36所示，本例主要讲解曲线绘制过程。

1. 打开文件

选择菜单【文件】|【打开】命令或者单击【标准】工具条中的【打开】按钮，系统弹出【打开】对话框。选择在本书的配套资源中根目录下的4/4_1.prt文件，单击【OK】按钮，即打开部件文件。

2. 绘制曲线

（1）绘制直线

单击【曲线】工具条中的【基本曲线】按钮，系统弹出【跟踪条】和【基本曲线】对话框。单击【基本曲线】对话框中的【直线】按钮，选中【线串模式】复选框，如图4-37所示。在【跟踪条】中的【XC】、【YC】、【ZC】文本框中分别的输入31、15、0，再按〈Enter〉键，确定直线的起点；然后将【YC】文本框中的数值改为0，其他不变，按〈Enter〉键，绘制出一段直线；再将【XC】文本框中的数值改为 -31，其他不变，按〈Enter〉键，绘制出第二段直线；再将【YC】文本框中的数值改为15，其他不变，按〈Enter〉键，绘制出第三段直线，结果如图4-38所示。

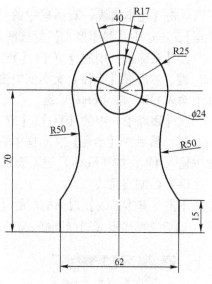

图4-36 实例1曲线

图4-37 【基本曲线】对话框

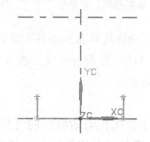

图4-38 绘制的直线

技巧：当绘制一段连续的直线时，在【跟踪栏】输入各坐标轴的坐标值时不要移动鼠标，当某一栏数据输好后，按〈Tab〉键转换到下一栏，每当一点的坐标值输完后，按〈Enter〉键。

（2）绘制圆

单击【基本曲线】对话框中的【圆】按钮。在【跟踪条】中的【XC】、【YC】、【ZC】文本框中分别的输入0、70、0，再按〈Enter〉键，然后在【半径】文本框中输入25，按〈Enter〉键，绘出R25的圆。

提示：绘制圆可以通过输入圆心和圆上一点的坐标来绘制。当【点方式】选择【点构造器】时，系统弹出【点】对话框，先输入圆心坐标，按〈Enter〉键，再输入圆上一点的坐标，按〈Enter〉键即可。

（3）绘制圆弧

单击【基本曲线】对话框中的【圆弧】按钮，【生成方法】选择【中心点，起点，终点】，不选中【线串模式】复选框，如图4-39所示。

在【跟踪条】中的【XC】、【YC】、【ZC】文本框中分别的输入0、70、0，再按〈Enter〉键，然后在【半径】文本框中输入17，【起始角】文本框中输入70，【结束角】文本框中输入110，按〈Enter〉键。

在【跟踪条】中的【XC】、【YC】、【ZC】文本框中分别的输入0、70、0，再按〈Enter〉键，然后在【半径】文本框中输入12，【起始角】文本框中输入110，【结束角】文本框中输入430，按〈Enter〉键。绘制好的图形如图4-40所示。

（4）绘制连接线

单击【基本曲线】对话框中的【直线】按钮，【点方法】下拉列表中选择【端点】，然后选择步骤（3）绘制的圆弧，绘制如图4-41所示的图形。

图4-39 【基本曲线】对话框

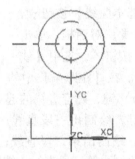

图4-40 绘制的图形

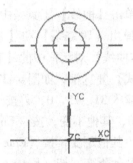

图4-41 绘制的图形

技巧：通过曲线的端点来绘制直线时，【点方法】选择【端点】，然后依次选择两条曲线，在选择曲线时，鼠标最好放在靠近曲线的端点。

（5）倒圆

单击【基本曲线】对话框中的【圆角】按钮，系统弹出如图4-42所示的【曲线倒圆】对话框，【方法】选择按钮即【2曲线倒圆】，【半径】文本框中输入50，选中【修剪第一条曲线】和【修剪第二条曲线】复选框。单击【曲线倒圆】对话框中的【点构造器】按钮，系统弹出【点】对话框，【类型】下拉列表中选择【端点】，再选择如图4-43所示的直线1，然后单击【返回】按钮，系统返回到【曲线倒圆】对话框，选择圆，选择圆后，鼠标放在左边，单击鼠标。再次选择

图4-42 【曲线倒圆】对话框

圆，然后单击【点构造器】按钮，系统弹出【点】对话框，【类型】下拉列表中选择【端点】，再选择如图4-43所示的直线2，单击鼠标，结果如图4-44所示。

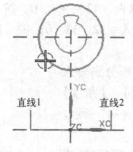
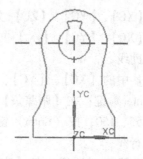

图 4-43　选取的直线和圆　　　　图 4-44　绘制完成后的结果

4.3.2　曲线实例 2

曲线如图 4-45 所示，本例主要讲解基本曲线绘制过程。

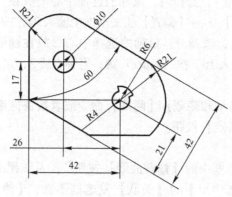

图 4-45　右阀盖板轮

1. 打开文件

选择【文件】|【打开】命令或者选择【标准】工具条中的【打开】按钮，系统弹出【打开】对话框。选择在本书的配套资源中根目录下的 4/4_2.prt 文件，单击【OK】按钮，即打开部件文件。

2. 绘制圆

单击【曲线】工具条中的【基本曲线】按钮，系统弹出【跟踪条】和【基本曲线】对话框。单击【基本曲线】对话框中的【圆】按钮○，在【跟踪条】中的【XC】、【YC】、【ZC】、【直径】文本框中分别输入 -26、17、0、10，然后按〈Enter〉键；单击【基本曲线】对话框中的【圆】按钮○，在【跟踪条】中的【XC】、【YC】、【ZC】、【直径】文本框中分别输入 -26、17、0、42，然后按〈Enter〉键；单击【基本曲线】对话框中的【圆】按钮○，在【跟踪条】中的【XC】、【YC】、【ZC】、【直径】文本框中分别输入 0、0、0、42，然后按〈Enter〉键；结果如图 4-46 所示。

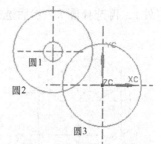

图 4-46　绘制的 3 个圆

3. 绘制直线

（1）绘制铅直线

单击【基本曲线】对话框中的【直线】按钮，取消选中【线串模式】复选框。在

【跟踪条】中的【XC】、【YC】、【ZC】文本框分别输入 -42、-3、0，按〈Enter〉键；在【跟踪条】中的【XC】、【YC】、【ZC】文本框分别输入 -42、33、0，按〈Enter〉键。

（2）绘制辅助线

在【跟踪条】中的【XC】、【YC】、【ZC】文本框分别输入 0、0、0，按〈Enter〉键；在【跟踪条】中的【长度】、【角度】文本框分别输入 55、150，按〈Enter〉键，结果如图 4-47 所示。

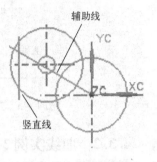

图 4-47 绘制的直线

（3）绘制平行线

单击【基本曲线】对话框中的【直线】按钮，取消选中【线串模式】复选框。选择辅助线（直线），注意不要选择端点和中间控制点，选择时，鼠标的选择中心放在辅助线的下面，在【跟踪条】中的【偏置】文本框中输入 21，按〈Enter〉键，得到直线 1；选择辅助线（直线），选择时，鼠标的选择中心放在辅助线的上面，在【跟踪条】中的【偏置】文本框中输入 21，按〈Enter〉键，得到直线 2；选择通过原点的水平中心线，选择时，鼠标的选择中心放在辅助线的下面，在【跟踪条】中的【偏置】文本框中输入 16，按〈Enter〉键，得到直线 3，结果如图 4-48 所示。

4. 隐藏辅助线

选择菜单【编辑】|【显示和隐藏】|【隐藏】命令或者按快捷键〈Ctrl + B〉，选择所有辅助线，单击鼠标中键或【确定】按钮。

5. 修剪曲线

单击【基本曲线】对话框中的【修剪曲线】按钮，系统弹出如图 4-49 所示的【修剪曲线】对话框，【设置】选项组下的【关联】复选框不选，【输入曲线】下拉列表中选择【删除】，【保持选定边界对象】复选框不选，其他选项采用默认值。选择圆 2（选择时，鼠标的选择中心放在圆 2 的下方），再选择竖直线，然后选择直线 2，最后单击【应用】按钮；选择圆 3（选择时，鼠标的选择中心放在圆 3 的左方），再选择直线 3，然后选择直线 2，最后单击【应用】按钮；选择竖直线（选择时，鼠标的选择中心放在竖直线的下方），再选择直线 1，然后选择圆 2，最后单击【应用】按钮；选择直线 1（选择时，鼠标的选择中心放在直线 1 的上端点处），再选择直线 3，然后选择铅直线，最后单击【应用】按钮；选择直线 3（选择时，鼠标的选择中心放在直线 3 的右端点处），再选择直线 1，然后选择圆 3，最后单击【应用】按钮；选择直线 2（选择时，鼠标的选择中心放在直线 2 的上端点处），再选择圆 2，然后选择圆 3，最后单击【确定】按钮，结果如图 4-50 所示。

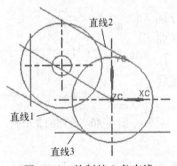

图 4-48 绘制的 3 条直线

图 4-49 【修剪曲线】对话框

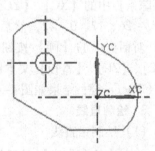

图 4-50 修剪后的结果

6. 绘制圆弧

单击【基本曲线】对话框中的【圆弧】按钮⌒，【创建方法】选择【中心点，起点，终点】。在【跟踪条】中按图4-51所示在各个文本框中输入数据，按〈Enter〉键，绘制出圆弧1。

单击【基本曲线】对话框中的【圆弧】按钮⌒，【创建方法】选择【中心点，起点，终点】。在【跟踪条】中按图4-52所示在各个文本框中输入数据，按〈Enter〉键，绘制出圆弧2，如图4-53所示。

图4-51　【跟踪条】

图4-52　【跟踪条】

7. 绘制直线

单击【基本曲线】对话框中的【直线】按钮╱，取消选中【线串模式】复选框，【点方法】下拉列表中选择【端点】╱。选择圆弧1的左端点（选择时，鼠标的选择中心⊕放在圆弧1的左端），选择圆弧2的左端点（选择时，鼠标的选择中心⊕放在圆弧2的左端）；选择圆弧1的右端点（选择时，鼠标的选择中心⊕放在圆弧1的右端），选择圆弧2的右端点（选择时，鼠标的选择中心⊕放在圆弧2的右端），结果如图4-54所示。

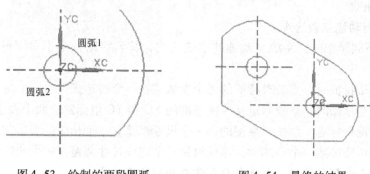

图4-53　绘制的两段圆弧　　　　图4-54　最终的结果

4.4　表达式

表达式是用于控制模型参数的数学表达式或条件语句，是NX参数化建模的重要工具，可以在多个模块下使用。表达式既可以用于控制模型内部的尺寸，以及尺寸与尺寸之间的关系，也可以控制装配件中零件之间的位置关系。表达式是参数化设计的基础，因此对于想成为具有较高水平的技术人员来说，熟练使用表达式是必要的。

4.4.1　表达式简介

1. 表达式的概念

表达式由两部分组成，等号左边为变量名，右边为表达式的字符串，与C语言类似，表达式字符串经计算后将值赋给左边的变量。表达式的变量名由字母、数字和下划线"_"组成的，以字母开头的字符串，其长度小于或等于 32 个字符。

表达式中可以使用的基本运算有 + （加）、- （减）、* （乘）、/ （除），其中"-"可以表示负号，这些基本运算符的意义与数学中相应符号的意义是一致的，它们之间的相对优先级关系与数学中的也完全一致。

在表达式中还可以使用注解，以说明该表达式的用途与意义等信息。使用方法是在注解内容前面加两条斜线符号"//"。

在创建表达式时必须注意以下几点：

1）表达式左侧必须是一个简单变量，等式右侧是一个数学语句或一条件语句。

2）所有表达式均有一个值（实数或整数），该值被赋给表达式的左侧变量。

3）表达式等式的右侧可能是含有变量、数字、运算符和符号的组合或常数。

4）用于表达式等式右侧的每一个变量，必须作为一个表达式名字出现在某处。

2. 创建表达式的方法

（1）手工创建表达式

方法如下：

1）选择菜单【工具】|【表达式】命令，或按快捷键〈Ctrl + E〉。

2）改变一个已存在的表达式的名字，可选择菜单【工具】|【表达式】命令，选取已存在的表达式，然后在【名称】文本框中输入新的名称，按〈Enter〉键。

3）将文本文件中存在的表达式引入到 NX 中，单击【表达式】对话框中的【从文件导入表达式】按钮。

（2）系统自动建立表达式

当用户作下列操作时，系统自动地建立表达式，其名字用一个小写字母 p 开始。方法如下：

1）建立一个特征时，系统对特征的每个参数建立一个表达式。

2）建立一个草图时，系统对定义草图基准的 XC 和 YC 坐标建立两个表达式。

3）标注草图尺寸后，系统对草图的每一个尺寸都建立一个相应的表达式。

4）定位一个特征或一个草图时，系统对每一个定位尺寸都建立一个相应的表达式。

5）生成一个匹配条件时，系统会自动建立相应的表达式。

表达式可应用于多个方面，它可以用来控制草图和特征尺寸和约束；可用来定义一个常量，如 pi = 3.1415926；也可被其他表达式调用，如 expression1 = expression2 + expression3，这对于缩短一个很长的数字表达式十分有效，并且能表达它们之间的关系。

3. 表达式的功用

表达式是一个功能强大的工具，可以使 NX 实现参数化设计。运用表达式，可十分简便地对模型进行编辑；同时，通过更改控制某一特定参数的表达式，可以改变一实体模型的特征尺寸或对其重新定位。

使用表达式也可产生一个零件族。通过改变表达式值，可将一个零件转为一个带有同样拓扑关系的新零件。

4. 表达式的分类

表达式可分为三种类型：数学表达式、条件表达式、几何表达式。

1）数学表达式：可用数学方法对表达式等式左端进行定义。表4-6列出一些数学表达式：

表4-6　数学表达式

符　　号	数 学 含 义	例　　子
+	加法	p1 = p2 + p3
-	减法	p1 = p2 - p3
*	乘法	p1 = p2 * p3
/	除法	p1 = p2/p3
%	系数	p1 = p2%p3
^	指数	p1 = p2^2
=	赋值	p1 = p2

2）条件表达式：通过对表达式指定不同的条件来定义变量。利用 if/else 结构建立表达式，其句法为：

$$VAR = if(exp1)(exp2)else(exp3)$$

例 width = if(length < 8)(2)else(3)

其含义为：如果 length 小于8，则 width 为2，否则为3。

3）几何表达式：几何表达式是通过定义几何约束特性来实现对特征参数的控制。几何表达式有以下三种类型：

距离：指定两物体之间、一点到一个物体之间或两点之间的最小距离。

长度：指定一条曲线或一条边的长度。

角度：指定两条线、平面、直边、基准面之间的角度。

例如：p2 = length(20)

　　　p3 = distance(22)

　　　p4 = angle(25)

4.4.2　创建和编辑表达式

选择菜单【工具】|【表达式】命令或按快捷键〈Ctrl + E〉后，系统弹出如图4-55所示的【表达式】对话框，对话框的上部为控制表达式列表框中列出哪些表达式的相关选项，对话框的下部为对表达式的操作功能选项。利用该对话框可建立和编辑表达式。

1. 创建表达式

表达式除在 NX 10.0 功能模块使用中，由系统自动建立外，也可利用下列方法手工建立：

1）直接输入表达式：在图4-55对话框中的【名称】文本框输入表达式的名称，再在【公式】文本框中输入表达式的公式，然后按〈Enter〉键或单击【确定】、【应用】按钮即可。

2）从表达式文件中引入表达式：单击【表达式】对话框中的圖按钮，系统弹出如图4-56所示【引入表达式文件】对话框，从文件列表框中选择欲读入的表达式文件

（∗.exp），或在文件名文本框中输入表达式文件名（不带扩展名.exp），单击【OK】按钮或双击文件列表框中对应的表达式文件名即可。对于当前部件文件与引入表达式文件中的同名表达式，其处理方式可以通过设置图4-56中的【导入选项】选项组来选择。【导入选项】选项组包含如下3个单选按钮：

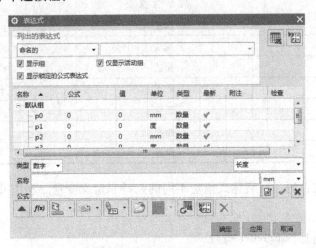

图4-55 【表达式】对话框

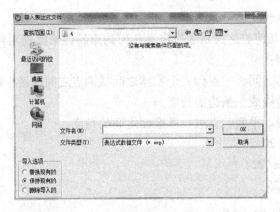

图4-56 【引入表达式文件】对话框

【替换现有的】：选择该单选按钮，则以表达式文件中的表达式替代与当前部件文件中同名的表达式。

【保持现有的】：选择该单选按钮，则保持当前部件文件中同名表达式不变。

【删除导入的】：选择该单选按钮，则在当前部件文件中删除与读入表达式文件中同名的表达式。

2. 编辑表达式

在编辑表达式过程中，几何表达式与其他类型表达式的编辑方法不同，现分别介绍：

（1）修改表达式

在如图4-55所示的【表达式】对话框中的表达式列表框中选择需要编辑的表达式，然后在【公式】文本框中作相应修改，再按〈Enter〉键或单击【确定】或【应用】按钮即可。

（2）表达式重命名

在如图 4-55 所示的【表达式】对话框中的表达式列表框中选择需要编辑的表达式，再在【名称】中输入表达式的新名字，然后按〈Enter〉键或单击【确定】或【应用】按钮即可。

（3）删除表达式

在如图 4-55 所示的【表达式】对话框中的表达式列表框中选择需要删除的表达式后，单击【拒绝编辑】按钮✖即可。

4.5 派生曲线

在很多情况下，曲线创建完后并不能满足用户需求，还需要进一步的处理工作，如曲线操作，本节还将简单介绍一些曲线操作功能，如偏置、桥接、在面上的偏置曲线、在曲面上偏置、投影曲线、组合曲线、相交曲线和连结曲线等。

4.5.1 偏置曲线

偏置曲线能够通过从原先对象偏置的方法，生成直线、圆弧、二次曲线、样条和边。

偏置曲线是通过垂直于选中曲线计算的点来构造的。可以选择是否使偏置曲线与其输入数据相关联。曲线可以在选中几何体所确定的平面内偏置，也可以使用拔模角和拔模高度选项偏置到一个平行的平面上。只有当多条曲线共面且为连续的线串（即端端相连）时，才能对其进行偏置。结果曲线的对象类型与它们的输入曲线相同（除了二次曲线，它偏置为样条）。

单击【曲线】工具条中的【偏置曲线】按钮🖉，或选择菜单【插入】|【派生曲线】|【偏置】命令，系统弹出如图 4-57 所示的【偏置曲线】对话框，从而进入曲线偏移操作功能，用于生成原曲线的偏移曲线，当前对话框状态下需要用户选取偏移曲线。

图 4-57 【偏置曲线】对话框

选定了曲线后，所选择的曲线上出现一箭头，该箭头方向为偏移的方向，如果向相反的方向偏移，则单击对话框中的【反向】按钮🗙，设置完各选项单击【确定】或【应用】按钮。

【偏置曲线】对话框中各主要功能设置说明如下：

1. 偏置类型

本选项用于设置曲线的偏置类型。系统提供了 4 种偏置类型。

（1）距离

该类型是按给定的偏置距离来偏移曲线。选择该方式后，其下方的【距离】文本框被激活，在【距离】和【副本数】文本框中分别输入偏置距离和产生偏置曲线的数量。

（2）拔模

该类型是将曲线按指定的拔模角度偏置到与曲线所在平面相距拔模高度的平面上。拔模高度为原曲线所在平面和偏置后所在平面间的距离，拔模角度为偏置方向与原曲线所在平面的法线的夹角。选择该方式后，【高度】和【角度】文本框被激活，在【高度】和【角度】文本框中分别输入拔模高度和拔模角度。

（3）规律控制

该类型是按规律控制偏置距离来偏置曲线，即用规律子功能定义的距离偏置曲线。

（4）3D 轴向

该类型通过使用标准矢量功能选择一轴矢量规定的方向，用 3D Offset Value 偏置 3D 曲线。

2. 修剪方式

本选项用于设置偏置曲线的修剪方式。系统提供了 3 种修剪方式。

（1）无

即不修剪，选择该方式则偏置后曲线既不延长相交也不彼此修剪或倒圆角，如图 4-58a 所示。

（2）相切延伸

选择该方式则偏置曲线将延长相交或彼此修剪，如图 4-58b 所示。

（3）圆角

选择该方式后，若偏置曲线的各组成曲线彼此不相连，则系统以半径值为偏置距离的圆弧，将各组成曲线彼此相邻者的端点两两相连；若偏置曲线的各组成曲线彼此相交，则系统在其交点处修剪多余部分，如图 4-58c 所示。

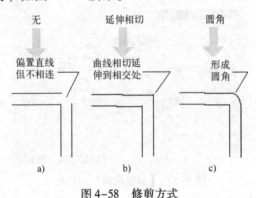

图 4-58　修剪方式

4.5.2　在面上偏置曲线

在面上的偏置曲线用于在一表面上由一存在曲线按一指定距离生成一条沿面的偏移曲线。

单击【曲线】工具条中的【在面上偏置曲线】按钮，或选择菜单【插入】|【派生曲

线】|【在面上偏置】命令，系统弹出如图4-59所示的【在面上偏置曲线】对话框。首先选择欲生成偏置曲线的表面，再选择原曲线，则在所选表面上会出现一临时箭头，以指示偏置操作的正方向，同时弹出距离对话框，输入偏置距离后单击【确定】或【应用】按钮，系统会在所选表面上生成一条原曲线的偏置曲线。如图4-60所示的就是沿面偏置的图例。

图4-59 【在面上偏置曲线】对话框

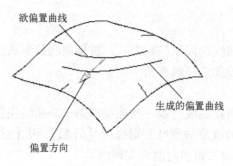

图4-60 在面上的偏置曲线

4.5.3 桥接曲线

单击【曲线】工具条中的【桥接曲线】按钮，或选择菜单【插入】|【派生曲线】|【桥接】命令，系统弹出如图4-61所示的【桥接曲线】对话框，它用于融合或桥接两条不同位置的曲线。首先选择第一条曲线，再选择第二条曲线，设置有关选项，最后单击【确定】或【应用】按钮。

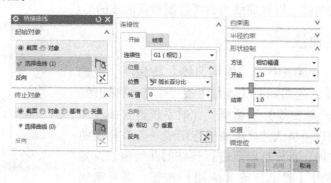

图4-61 【桥接曲线】对话框

【桥接曲线】对话框中其他功能选项用来设定桥接过程中，桥接曲线的形式，现说明如下：

1. 连续性

本选项用于设置桥接曲线和欲桥接的第一条曲线、第二条曲线的连接点间的连续方式。主要采用以下两种方式：

（1）G1（相切）

选择该方式，则生成的桥接曲线与第一条曲线、第二条曲线在连接点处切线连续，且为三阶样条曲线。

（2）G2（曲率）

选择该方式，则生成的桥接曲线与第一条曲线、第二条曲线在连接点处曲率连续，且为五阶或七阶样条曲线。

2. 起/止点位置

本功能用于设定桥接曲线的起、止点位置。首先应选择起、止点所在的曲线，即要桥接的第一条曲线或第二条曲线。

3. 形状控制

本选项用于设定桥接曲线的形状控制方式。桥接曲线的形状控制方式有以下 3 种，选择不同的方式其下方的参数设置选项也有所不同。

（1）相切副值

该方式允许通过改变桥接曲线与第一条曲线或第二条曲线连接点的相切副值，来控制桥接曲线的形状。相切副值的改变是通过分别拖拽【开始】和【结束】滑尺，或直接在【开始】和【结束】文本框中输入相切副值来实现的。

（2）深度和歪斜度

当选择该形状控制方式时，允许通过改变桥接曲线的深度和歪斜值来控制桥接曲线的形状。

深度和歪斜值是桥接曲线峰值点的深度，即影响桥接曲线形状的曲率的百分比，其值可通过拖拽【深度】和【歪斜】滑尺或直接在【深度】和【歪斜】文本框中输入百分比来实现。

（3）模版曲线

选择已存在的曲线，以该曲线为参考控制桥接曲线的形状。

4.5.4 连结曲线

单击【曲线】工具条中的【连结曲线】按钮，或选择菜单【插入】|【派生曲线】|【连结】命令，系统弹出如图 4-62 所示的【连结曲线】对话框。此时系统进入曲线连结操作功能，它可以将所选的多条曲线连结成一条 B 样条曲线。进行连结操作时，首先选取要进行连结的曲线组，设置好相关参数后，单击【确定】或【应用】按钮，即可完成曲线的连结操作。

图 4-62 【连结曲线】对话框

4.5.5 投影曲线

投影曲线用于将曲线或点沿某一方向投影到现有曲面、平面或参考平面上。但是如果投影曲线与面上的孔或面上的边缘相交，则投影曲线会被面上的孔和边缘所修剪。投影方向可以设置成某一角度、某一矢量方向、向某一点方向或沿面的法向。

单击【曲线】工具条中的【投影曲线】按钮 ，或选择菜单【插入】|【派生曲线】|【投影】命令，系统弹出如图 4-63 所示的【投影曲线】对话框。选择要投影的曲线，再选择投影面，选定后，在【方向】下拉列表中选择投影方向，再在【设置】选项组中的【输入曲线】下拉列表中选择投影曲线的复制方式，单击【确定】或【应用】按钮。对话框中投影方向说明如下：

本选项用于设置投影方向的方式，其中提供了 5 种方式，分别介绍如下：

（1）沿面的法向

该方式是沿所选投影面的法向向投影面投影曲线，图 4-64 为这种方式的示例。

图 4-63 【投影曲线】对话框 　图 4-64 沿面的法向投影

（2）朝向点

该方式用于从原定义曲线朝着一个点向选取的投影面投影曲线，图 4-65 为这种方式的示例。

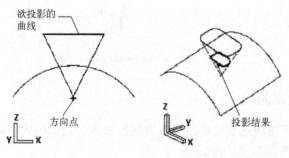

图 4-65 朝向点投影

（3）朝向直线

该方式用于沿垂直于选定直线或参考轴的方向向选取的投影面投影曲线，图 4-67 为这种方式的示例。

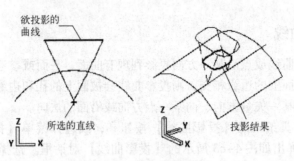

图 4-66 朝向直线投影

（4）沿矢量

该方式用于沿设定向量方向向选取的投影面投影曲线。选择该方式后，系统会提示要选择矢量方向，如果单击【矢量对话框】按钮，系统弹出【矢量】对话框，让用户设置一个投影向量方向。选择此选项时，其下方的【反向】选项被激活。

（5）与矢量成角度

该方式用于沿与设定向量方向成一定角度的方向向选取的投影面投影曲线。选择该方式后，系统会提示要选择矢量方向，如果单击【矢量对话框】按钮，系统弹出【矢量】对话框，让用户设定一个投影向量方向。这时对话框中的【与矢量成角度】文本框被激活，用户可以输入投影角度值。角度值的正负是以选定曲线的几何形心为参考点来设定的。曲线投影后，投影曲线向参考点方向收缩，则角度为负值；反之，角度为正值。图 4-67 为这种方式的示例。

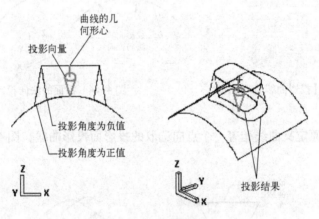

图 4-67 沿矢量投影

4.5.6 组合投影曲线

组合投影曲线用于将两选定的曲线沿各自的投影方向投影生成一条新曲线，但是要注意的是所选两条曲线的投影必须是相交的。

单击【曲线】工具条中的【组合投影】按钮，或选择菜单【插入】|【派生曲线】|【组合投影】命令，系统弹出如图 4-68 所示的【组合投影】对话框。

在对话框状态下，先选择第一条曲线，然后选择第二条曲线，再选择第一条曲线和第二条曲线的投影方向，最后只要单击【确定】或【应用】按钮即可完成组合投影。

图 4-68 【组合投影】对话框

4.5.7 镜像曲线

使用镜像曲线工具，可以根据用户选定的平面对曲线进行镜像操作。可镜像的曲线包括任何封闭或非封闭的曲线，选定的平面可以是基准平面、平的曲面或实体的表面等类型。单击【曲线】工具条中的【镜像曲线】按钮 ，或选择菜单【插入】|【派生曲线】|【镜像曲线】命令，系统弹出如图 4-69 所示的【镜像曲线】对话框。选取需要镜像的曲线，然后选取镜像平面，最后单击【确定】或【应用】按钮即可。

此外，系统提供了 3 种镜像复制方式：【关联】是指镜像之后曲线与原曲线完全相关，原曲线改变，镜像曲线也相应改变；【复制】是指镜像之后曲线是原曲线的完全复制，原曲线改变，镜像曲线不会变化；【移动】是指将原曲线移动到对称的位置。

图 4-69 【镜像曲线】
对话框

4.5.8 缠绕/展开曲线

缠绕曲线是将曲线从平面缠绕至圆锥或圆柱面，而展开曲线是将圆锥或圆柱面展开至平面，因此缠绕或展开操作是两种互为反方向的操作。它主要应用于建筑或工程行业的升举设备。单击【曲线】工具条中的【缠绕/展开曲线】按钮 ，或选择菜单【插入】|【派生曲线】|【缠绕/展开】命令，系统弹出如图 4-70 所示的【缠绕/展开曲线】对话框。要进行缠绕操作，在对话框中的【切割线角度】文本框中设置起始角度，并按照顺序，依次选取缠绕面、缠绕平面和缠绕曲线，最后单击【确定】或【应用】按钮即可。

提示：选取缠绕平面时，缠绕平面必须与被缠绕表面相切，否则，系统不进行缠绕操作。

展开曲线的操作与缠绕曲线的操作类似，在对话框中设置角度参数，并选择【展开】单选框，然后按照上述顺序操作即可。

图 4-70 【缠绕/展开
曲线】对话框

4.5.9 相交曲线

相交曲线用于创建两个对象集相交的曲线，各组对象可分别为一个表面（若为多个表面、则必须属于同一实体）、一个参考面、一个片体或一个实体等。单击【曲线】工具条中的【相交曲线】按钮，或选择菜单【插入】|【派生曲线】|【相交】命令，系统弹出如图4-71所示的【相交曲线】对话框。

选择第一组对象后，再选择第二组对象，选定以后并设定好对话框中其他选项后，单击【确定】或【应用】按钮，即可生成两组对象的交线。

图4-71 【相交曲线】对话框

4.5.10 截面曲线

截面曲线用来将设定的平面与选定的曲线、平面、表面或者实体等对象相交，生成相交的几何对象。一个表面与曲线相交会建立一个点；一个平面与一表面、平面或者实体相交会建立一截面曲线。单击【曲线】工具条中的【截面曲线】按钮，或选择菜单【插入】|【派生曲线】|【截面】命令，系统弹出如图4-72所示的【截面曲线】对话框。在对话框状态下，选择要做轮廓线的实体或者平面等，然后再选择截面。选定以后单击【确定】或【应用】按钮，就可以完成截面操作。如图4-73和图4-74所示为截面操作示意图。

在【截面曲线】对话框的截面类型下拉列表中共有4种设置方式供选择，现在分别说明如下：

图4-72 【截面曲线】对话框

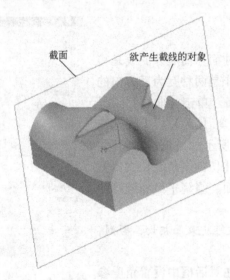

图4-73 截面和轮廓

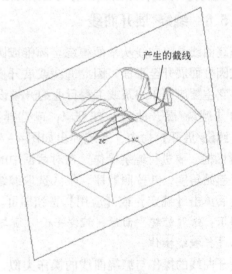

图4-74 截面曲线的曲线

（1）选定的平面

该方式让用户在绘图工作区中，用鼠标直接点取选择某平面作为截面。

（2）平行平面

该方式用于设置一组等间距的平行平面作为截面。选定该方式后，如图 4-73 的对话框中的待显示区出现如图 4-75 所示的文本框。这时只要在【起点】、【终点】和【步长】文本框中输入与参考平面平行的一组平面的间距、起始距离和终止距离（与参考平面之间的距离），并选定参考平面后即可完成操作。

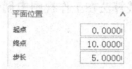

图 4-75 【截面曲线】对话框中的【平面位置】选项组

（3）径向平面

该方式用于设定一组等角度扇形展开的放射平面作为截面。

（4）垂直于曲线的平面

该方式用于设定一个或一组与选定曲线垂直的平面作为截面。

4.5.11 抽取曲线

抽取曲线用于通过一个或多个选择对象的边缘和表面生成曲线（直线、弧、二次曲线和样条曲线等），抽取的曲线与原对象无相关性。

单击【曲线】工具条中的【抽取曲线】按钮，或选择菜单【插入】|【派生曲线】|【抽取】命令，系统弹出如图 4-76 所示的【抽取曲线】对话框。在【抽取曲线】对话框中提供了 6 种抽取曲线类型。从中选取欲抽取的曲线类型后，再选择欲从中抽取曲线的对象即可完成操作。下面分别介绍这六种抽取曲线类型的用法。

1. 边曲线

本功能用于由指定表面或实体的边缘抽取曲线。图 4-77 所示就是该方式的示例。

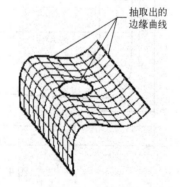

图 4-76 【抽取曲线】对话框　　　　图 4-77 抽取边缘

2. 轮廓线

该选项用于从轮廓被设置为不可见的视图中抽取曲线。

3. 完全在工作视图中的

该选项用于对视图中的所有边缘抽取曲线，此时产生的曲线将与工作视图的设置有关。

4. 等斜度曲线

该选项用于利用定义的角度产生等斜线。

5. 阴影轮廓

该选项用于对选定对象的可见轮廓线产生抽取曲线。

6. 精确轮廓

使用可产生精确效果的 3D 曲线算法在工作视图中创建显示体轮廓的曲线。

4.6 本章总结

本章首先讲解了曲线的基本功能和作用，然后讲解了基本曲线、直线、圆角、矩形和多边形、表达式、高级建模曲线、曲线操作和派生曲线。并通过两个比较典型的实例讲解了曲线的应用及技巧。

4.7 思考与练习题

1. 简述绘制各种基本曲线的操作方法。

2. 如何定制【曲线】工具条？

3. 【直线】命令与【直线和圆弧工具条】的区别是什么？

4. 应用曲线功能，绘制如图 4-78 和图 4-79 所示的图形。

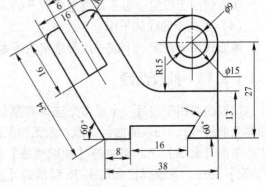

图 4-78　练习题 1

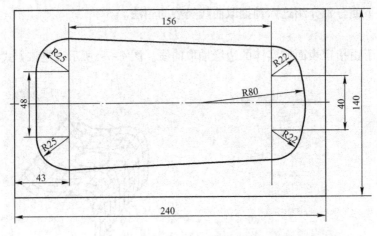

图 4-79　练习题 2

116

第5章 零件设计

5.1 建模的方法与步骤

现代设计与制造技术发展至今，这一领域的技术人员与专家一直在致力于探索更好的设计方法来缩短产品设计与制造的周期，提高生产效率。计算机诞生后，人们开始利用计算机来进行产品的辅助设计。计算机辅助设计技术的发展经过了多个发展阶段，从最初的二维设计技术发展到今天功能强大的三维技术，而三维设计技术在设计方法上发生了革命性的变化。

二维设计技术还不能算是一种辅助设计技术，只能说是一种辅助绘图技术，将工程设计人员从繁重的手工绘图工作中解放出来，并且大大提高了绘图质量。对于复杂的投影线生成、设计模型修改和图纸的更新、构件与产品的质量分析、机构的运动分析、产品的受力与受热分析等这些工作，二维设计技术是无法做到的，更谈不上从设计到制造的无图纸化产生过程全部利用计算机辅助技术来完成。

最初的三维设计技术是利用线框表示的曲面设计系统来设计产品的三维模型。这种系统只能表达零件的基本几何信息，如点、线、面的数据，不能表达零件几何形状之间的拓扑关系，也没有三维形体方面的信息，几何数据的修改比较困难，几何数据之间缺乏相关性，也不能描述质量方面的特性。近几十年来，三维设计技术得到了飞速的发展，从实体造型技术，到特征造型技术，到参数化技术，到变量化技术，到 NX 的复合建模技术和直接建模技术，使以计算机辅助设计、辅助分析、辅助制造为主的一体化集成辅助设计系统得到了广泛的应用。

5.1.1 三维建模基础

一般来说，基本的三维模型是具有长、宽（或直径、半径等）、高的三维几何体。如图 5-1 所示简单的三维模型，它是由三维空间的几个面拼成的实体模型，这些面形成的基础是线，线构成的基础是点，要注意三维几何图形中的点是三维概念点，也就是说，点需要由三维坐标中的 X、Y、Z 三个坐标来定义。

图 5-1　三维模型

5.1.2 产品三维建模方法

零件的三维建模方法目前主要是基于实体特征。从技术基础上看，有参数化技术和变量化技术两种。产品的建模方法基于装配建模。

1. 显式建模

显式建模是非参数化建模，对象是相对于模型空间而不是相对于彼此建立。对一个或多个对象所做的改变不影响其他对象或最终模型。

2. 参数化建模

一个参数化模型为了进一步编辑，将用于模型定义的参数值随模型存储。参数可以彼此引用以建立在模型的各个特征间的关系。例如设计者的意图可以是孔的深度总是等于凸垫的高度。

3. 基于约束的建模

模型的几何体是定义模型几何体的一组设计规则——称之为约束中来驱动或求解的。这些约束可以是尺寸约束（如草图尺寸或定位尺寸）或几何约束（如平行或相切）。例如一条线相切到一个弧。设计者的意图是线的角度改变时仍维持相切，或当角度修改时仍维持正交条件。

4. 复合建模

复合建模是上述三种建模技术的发展与选择性组合。NX 复合建模支持传统的显式几何建模及基于约束的草绘和参数化特征建模。所有工具集成在单一的建模环境内。

5. 直接建模

NX 10.0 增强的直接建模可以直接修改遗留的和基于历史的模型。添加新的特征和在表面上进行智能化操作，进一步扩展了复合建模功能。

5.1.3 用 NX 10.0 建模的过程

1. 用 NX 10.0 完成产品生产的全过程

用 NX 10.0 完成产品生产的全过程如下：

1）用草图（Sketch）或曲线（Curve）工具建立模型的二维轮廓；

2）建立三维模型（零件模型和装配模型）；

3）对模型进行有关分析（如结构分析、运动分析）；

4）建立产品模型的渲染图，进行广告宣传；

5）建立相关的平面工程图；

6）建立相关的刀具路径；

7）如果产品设计有问题或者产品需要修改，则可修改并更新模型，图纸与刀路等自动更新；

8）保存数据；

9）将刀轨数据送数控机床进行加工，完成产品的生产。

2. 使用 NX 10.0 建模的步骤

1）启动 NX 10.0；

2）通过【文件】菜单或工具条中【新建】按钮建立部件文件；

3）进入建模模块；

4）通过草图或曲线工具建立模型的二维轮廓；

5）通过建模工具建立三维模型；

6）保存文件并退出。

3. 基于特征的建模过程

在 NX 10.0 中，模型是由各种特征通过一定的组合关系和位置关系组合在一起的实体。

尽管对模型中各种特征的建立顺序与组合方法没有限制，但为了建立一个好的零件或产品模型，减少模型编辑过程中相关更新时出现错误的几率，一般将零件或产品的加工顺序作为建立模型中各特征的顺序，采用的特征一般也尽可能采用与加工形状相一致的特征。

当然，CAD/CAM 系统建模过程不可能与实际加工过程完全一致，所采用的建模特征也与加工时的形状不同。具体建模时，可大致遵循以下过程，简单地说就是从粗到细的过程。由于模型的最终结果是实体，以下过程中只包含了直接进行实体建模的一些操作。对于一些比较复杂的模型，不能直接采用实体建模的操作建立时，可采用自由曲面操作逐个建立实体的表面，再缝合成实体或采用其他方法形成实体。

5.2 体素特征及多实体合成

体素特征是一个基本解析形状的实体对象，是本质上可分析的。它可以用来作为实体建模的初期形状，即可看作一块"毛坯"，再通过其他的特征操作或布尔运算得到最后的"加工"形状。当然，基本体素特征也可用于建立简单的实体建模。因此，在零件建模时，通常在初期建立一个体素特征作为基本形状，这样可以大大减少实体建模中曲线创建的数量。在创建体素特征时，必须先确定体素特征的类型、尺寸、空间方向与位置。基本体素特征包括长方体、圆柱体、圆锥体和球体。

5.2.1 长方体

利用该功能可通过多种方法，直接在绘图区中创建长方体或正方体等一些具有规则形状特征的三维实体。

单击【特征】工具条中的【块】按钮■，或选择菜单【插入】|【设计特征】|【长方体】命令，系统弹出如图 5-2 所示的【块】对话框。该对话框中提供了 3 种创建长方体的方法。

1. 原点和边长

利用该方法创建长方体时，只需先指定一点作为长方体的原点，然后分别指定长方体的长、宽、高，即可完成该类长方体的创建。

2. 两点和高度

该方式是按指定高度和底面两个对角点的方式创建块体。按选择步骤可以先指定点 1 和点 2，然后在【高度】文本框中输入方向高度值，使用布尔运算选择目标实体，单击【确定】按钮，即完成块创建工作。其中点 1 是块的定位点，定义块的对角点时两点的连线不能与坐标轴平行。

3. 两个对角点

该方式是按指定块的两个对角点位置方式创建块体。按选择步骤可以指定点 1 和点 2，使用布尔运算选择目标实体，单击【确定】按钮，即完成块创建工作。两角点必须为三维空间对角线角点。

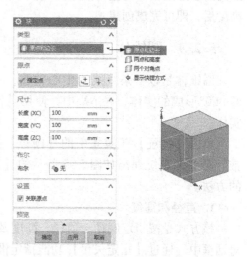

图 5-2 【块】对话框及实例

当系统弹出【长方体】对话框时，绘图区的下面会弹出如图 5-3 所示的【捕捉点方式】工具条，该工具条提供了以上指定点的方法。

图 5-3 【捕捉点方式】工具条

5.2.2 圆柱体

圆柱体可以看作是一长方形的一条边为旋转中心线，并绕其旋转 360° 所形成的三维实体。此类实体比较常见，如机械传动中常用的轴类、销类等零件。

单击【特征】工具条中的【圆柱】按钮，或选择菜单【插入】|【设计特征】|【圆柱体】命令，系统弹出如图 5-4 所示的【圆柱】对话框。该对话框中提供了 2 种创建圆柱体的方法。

1. 轴、直径和高度

该方式是按指定直径和高度方式创建圆柱体。需要先指定圆柱体的矢量方向和底面的中点位置，然后在【直径】和【高度】文本框中设置圆柱体的直径和高度。

2. 圆弧和高度

该方式是按指定高度和选择的圆弧创建圆柱体。需要先在绘图中创建一条圆弧曲线，然后以该圆弧曲线为所创建圆柱体的直径参照曲线，并设置圆柱体的高度后，即可完成创建。

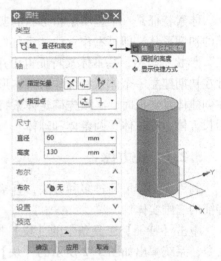

图 5-4 【圆柱】对话框及实例

5.2.3 圆锥体

圆锥体是以一条直线为中心轴线，一条与其成一角度的线段为母线，并绕该轴线旋转 360° 形成的实体。在 NX 中，使用【圆锥】工具可以创建出圆锥体和圆台体两种三维实体。

单击【特征】工具条中的【圆锥】按钮，或选择菜单【插入】|【设计特征】|【圆锥】命令，系统弹出如图 5-5 所示的【圆锥】对话框。该对话框中提供了 5 种创建圆锥的方法。

1. 直径和高度

该方式是按指定底径、顶径、高度及生成方向创建锥体。在如图 5-5 所示的【圆锥】对话框中，通过【指定矢量】功能指定锥体的轴线方向和【指定点】功能指定锥体底部中心的位置，在对应文本框中分别输入底部直径、顶部直径和高度的值，单击【确定】按钮完成创建锥体的操作。

2. 直径和半角

该方式是按指定的底径、顶径、半角及生成方向创建锥体。当【类型】下拉列表中选择【直径和半角】时，【圆锥】对话框如图 5-6 所示。采用相同的方法指定锥体的轴线方向和锥体底部中心的位置，在文本框中输入底部直径、顶部直径和半角值，单击【确定】按钮完成创建锥体的操作。

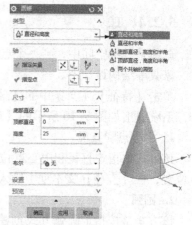

3. 底部直径，高度和半角

此方式是按指定底部直径、高度、半角及生成方向创建锥体。当【类型】下拉列表中选择【底部直径，高度和半角】时，【圆锥】对话框如图 5-7 所示。采用相同的方法指定锥体的轴线方向和锥体底部中心的位置，在文本框中输入底部直径、高度和半角，其中半角的值可正可负，单击【确定】按钮完成创建锥体的操作。

图 5-5 【圆锥】对话框及实例

图 5-6 【圆锥】对话框　　　　图 5-7 【圆锥】对话框

4. 顶部直径，高度和半角

该选项按指定顶部直径、高度、半角及生成方向创建锥体。当【类型】下拉列表中选择【顶部直径，高度和半角】时，【圆锥】对话框如图 5-8 所示。采用相同的方法指定锥体的轴线方向和锥体底部中心的位置，在文本框中输入顶部直径、高度和半角，其中半角的值可正可负，单击【确定】按钮完成创建锥体的操作。

5. 两个共轴的圆弧

该方式按指定两同轴圆弧的方式创建锥体。当【类型】下拉列表中选择【两个共轴的圆弧】时，【圆锥】对话框如图 5-9 所示。选择已存在的圆弧，则该圆弧的半径和中心点分别作为锥体的底圆半径和中心，然后再选择另一条圆弧，完成圆弧选择后即完成创建锥体的操作。第二段圆弧必须与前面所选底圆弧同轴线。

图 5-8 【圆锥】对话框　　　　图 5-9 【圆锥】对话框

5.2.4 球

球体是三维空间中，到一个点距离相同的所有点的集合所形成的实体，它广泛应用于机械、家具等结构设计中。

单击【特征】工具条中的【球】按钮○，或选择菜单【插入】|【设计特征】|【球】命令，系统弹出如图 5-10 所示的【球】对话框。该对话框中提供了 2 种创建球的方法。

1. 中心点和直径

该方式按指定直径和中心点位置方式创建球。通过【指定点】功能指定创建球的中心点位置，在【直径】文本框中输入球的直径，单击【确定】按钮完成创建球的操作。

2. 圆弧

该方式是按指定圆弧方式创建球体。当【类型】下拉列表中选择【圆弧】时，【球】对话框如图 5-11 所示。选择一条圆弧，则该圆弧的半径和中心点分别作为创建球体的球半径和球心，单击【确定】按钮完成创建球的操作。

图 5-10 【球】对话框及实例   图 5-11 【球】对话框

5.2.5 多实体合成——布尔运算

布尔运算是对已经存在的两个或多个实体进行合并、求差或求交的一种操作手段，它经常用于需要修剪实体、合并实体，或者获取实体交叉部分的情况。

布尔运算的一般使用方法为：首先选取目标体，目标体是被执行布尔运算的实体，目标体只有一个；然后，系统要求选取工具体，工具体是在目标体上执行的操作实体，工具体可以有多个；最后，应用并显示操作结果为目标体。如果目标体和工具体有不同的层、颜色、线型等特性，操作结果具有和目标体相同的特性。

1. 合并

合并操作是将两个或多个实体组合成一个实体，它的使用方法与 AutoCAD 中的【并集】工具相似，同时还可以设置保留选取的工具体和目标体。

单击【特征】工具条中的【合并】按钮●，或选择菜单【插入】|【组合】|【合并】命令，系统弹出如图 5-12 所示的【合并】对话框。依次选取目标体和工具体，然后单击【确定】或【应用】按钮。对话框中有【保存目标】和【保存工具】两个复选框，【保存目标】复选框用于完成求和运算后目标体是否保留，【保存工具】复选框用于完成求和运算后工具体是否保留。

2. 求差

求差是将工具体从目标体中去除材料的一种操作方式，它适用于实体和片体两种类型，同样也可以设置是否保留选取的目标体和工具体。

单击【特征】工具条中的【求差】按钮，或选择菜单【插入】|【组合】|【求差】命令，系统弹出如图 5-13 所示的【求差】对话框。如果想保留原目标体或工具体，可以分别选中【保存目标】和【保存工具】复选框。求差的操作与合并的操作基本一致。

图 5-12 【合并】对话框　　　　图 5-13 【求差】对话框

提示：如果目标体通过求差操作分成单独的部分，则导致非参数化；如果用实体减去片体，结果形成非参数化的实体；如果用片体减去实体，结果是一片体，求出并且减去片体与实体的重合部分。

3. 求交

求交操作是使用目标体和所选工具体之间的公共部分，使之成为一个新的实体过程，其公共部分即是进行操作是两个体的相交部分。它与【求差】工具正好相反，得到的是去除材料的那一部分实体。

单击【特征】工具条中的【求交】按钮，或选择菜单【插入】|【组合】|【求交】命令，系统弹出如图 5-14 所示的【求交】对话框。依次选取目标体和工具体进行求交操作。

图 5-14 【求交】
对话框

5.2.6　应用实例

1. 打开文件

选择菜单【文件】|【打开】命令或者单击【标准】工具条中的【打开】按钮，系统弹出【打开】对话框。选择在本书的配套资源中根目录下的 5/5_1. prt 文件，单击【OK】按钮，即打开部件文件。

2. 创建长方体

单击【特征】工具条中的【块】按钮，系统弹出如图 5-2 所示的【块】对话框。【类型】下拉列表中选择【原点和边长】，再分别在【长度】、【宽度】、【高度】文本框中输入 30、20、8，然后单击【应用】按钮，结果如图 5-15 所示。

3. 添加长方体

创建长方体时，单击【应用】按钮，创建出长方体，这时系统并没有弹出【块】对话框。分别在【长度】、【宽度】、【高度】文本框中输入8、20、12；【布尔】下拉列表中选择 ，即【合并】；然后在【点方式】工具条中设置捕捉点的方式，这里采用【端点】 ╱，然后选取如图5-16所示实体边缘的端点，然后单击【确定】按钮，结果如图5-17所示。

图5-15 创建的长方体　　　图5-16 选择实体边缘的端点　　　图5-17 创建的长方体

4. 添加圆柱

单击【特征】工具条中的【圆柱】按钮 ⬛，系统弹出如图5-4所示的【圆柱】对话框。【类型】下拉列表中选择【轴、直径和高度】；以XC轴为圆柱体的矢量方向；【指定点】下拉列表中选择【控制点】 ⬛，然后选择如图5-18所示的实体边缘，选取时，鼠标放在边缘的中间；分别在【直径】和【高度】文本框中输入20和8；【布尔】下拉列表中选择 ⬛，即【合并】；然后单击【应用】按钮，结果如图5-19所示。

5. 添加孔

系统并没有推出【圆柱】对话框。以ZC轴为圆柱体的矢量方向；单击【点对话框】按钮 ⬛，系统弹出【点】对话框。输入坐标（20、10、0），单击【确定】按钮，系统返回到【圆柱】对话框。分别在【直径】和【高度】文本框中输入12和8；【布尔】下拉列表中选择 ⬛，即【求差】；然后单击【确定】按钮，结果如图5-20所示。

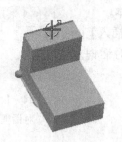

图5-18 选择实体的边缘　　　图5-19 创建圆柱后的结果　　　图5-20 最终的结果

5.3 实体扫掠特征

利用实体扫描特征工具可以将二维图形轮廓线作为截面轮廓，并沿所指定的引导路径曲线运动扫掠，从而得到所需的三维实体。此类工具是将草图特征创建实体，或利用建模环境中的曲线特征创建实体的主要工具，可分为拉伸、回转、扫掠和管道4种。

5.3.1 拉伸特征

拉伸特征是将拉伸对象沿所指定的矢量方向拉伸到某一指定位置所形成的实体。该拉伸对象可以是草图、曲线等二维元素。

单击【特征】工具条中的【拉伸】按钮💼，或选择菜单【插入】|【设计特征】|【拉伸】命令，系统弹出如图 5-21 所示的【拉伸】对话框。

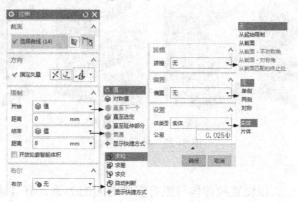

图 5-21 【拉伸】对话框

1. 【截面】选项组

【拉伸】对话框可以通过【截面】选项组中的【曲线】📷和【绘制截面】🔾两种方式进行拉伸操作，利用前一种方法进行实体拉伸时，需要先绘制出曲线，并且所生成的实体不是参数化的数字模型，在对其进行修改时只能修改拉伸参数，不能修改二维截面；利用后一种方法进行实体拉伸时，系统将进入草图工作界面，根据需要创建草图后切换至拉伸操作，此时即可进行相应的拉伸操作，利用该拉伸方法创建的实体模型是具有参数化的数字模型，不仅可以修改其拉伸参数，还可以修改二维截面参数。

如果选择的拉伸对象不封闭，拉伸操作将生成片体；如果拉伸对象是封闭曲线，将生成实体。

2. 【方向】选项组

【拉伸】对话框中的【方向】选项组用于指定拉伸的方向，默认方向是垂直于选择界面的方向。可以用曲线、边缘或任一标准矢量方法来指定拉伸方向。如可以在下拉式列表中选择拉伸方向，也可以单击【矢量对话框】按钮，系统弹出【矢量】对话框，然后指定拉伸方向。【反向】按钮✖用于改变拉伸方向，还可以通过右击，在弹出的快捷菜单中选择【方向】按钮来更改方向。

3. 【限制】选项组

【拉伸】对话框中的【限制】选项组用于定义拉伸特征的整体构造方法和拉伸范围，【开始】和【结束】选项的下拉列表均提供了以下选项。

1）值：指定拉伸起始或结束的值，值是数字类型的，在截面上方的值为正，在截面下方的值为负。

2）对称值：将开始限制距离转换为结束限制相同的值。

3）直至下一个：将拉伸特征沿方向路径延伸到下一个体，如图 5-22 所示。

4）直至选定：将拉伸特征延伸到选择的面、基准面或体，如图 5-22 所示。

5）直至延伸部分：当截面延伸超过所选择面上的边时，将拉伸特征修剪到该面，如图 5-22 所示。

6）贯通：沿指定方向的路径，延伸拉伸特征，使其完全贯通所有的可选体，如图 5-22 所示。

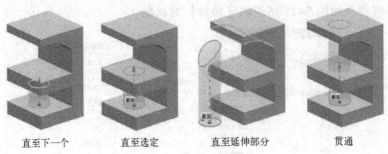

直至下一个　　　　直至选定　　　　直至延伸部分　　　　贯通

图 5-22　拉伸—限制

4.【布尔】选项组

选择布尔操作命令，以设置拉伸体与原有实体之间的关系，有【求和】、【求差】、【求交】和【自动判断】4 种方式。

5.【拔模】选项组

设置拉伸体的拔模角度，其绝对值小于 90°，【拔模】下拉列表中提供了以下选项。

1）无：不创建任何拔模。

2）从起始限制：从起始面开始拉伸向一个方向拔模，起始面尺寸保持不变，如图 5-23a 所示。

3）从截面：从截面开始向正、反两个方向拔模，拔模方向一致，如图 5-23b 所示。

4）从截面—不对称角：从截面开始向正、反两个方向拔模，拔模方向相反，并且截面的两侧采用不同的拔模角，截面尺寸保存不变，如图 5-23c 所示。仅当从截面的两侧同时拉伸时可用。

5）从截面—对称角：从截面开始向正、反两个方向拔模，拔模方向相反，并且截面的两侧采用相同的拔模角，截面尺寸保存不变，如图 5-23d 所示。仅当从截面的两侧同时拉伸时可用。

6）从截面匹配的终止处：从截面开始向正、反两个方向拔模，拔模方向相反，截面尺寸保存不变，所得实体的上、下端面匹配，正向角度由用户定义，反向角度由系统自动计算设定，如图 5-23e 所示。仅当从截面的两侧同时拉伸时可用。

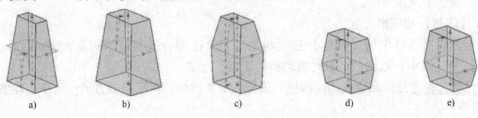

a)　　　　　b)　　　　　c)　　　　　d)　　　　　e)

图 5-23　拉伸—拔模

a）从起始限制　b）从截面　c）从截面—不对称角　d）从截面—对称角　e）从截面匹配至终止处

6.【偏置】选项组

设置拉伸对象在垂直于拉伸方向上的延伸。不选择偏置选项，如果拉伸截面是非封闭曲线，则拉伸所得为曲面；如果拉伸截面为封闭曲线，则拉伸所得为实心实体。如果选择偏置选项，无论拉伸截面是非封闭曲线还是封闭曲线，则拉伸所得为具有一定截面厚度的实体。偏置方式有 3 种：【单侧】、【两侧】和【对称】，如图 5-24 所示。

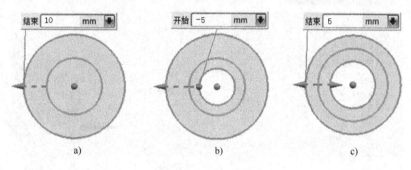

图 5-24 拉伸—偏置
a) 单侧 b) 两侧 c) 对称

5.3.2 旋转特征

旋转特征是将草图截面或曲线等二维对象，绕所指定的旋转轴线旋转一定的角度而形成的实体模型。

单击【特征】工具条中的【旋转】按钮🌂，或选择菜单【插入】|【设计特征】|【旋转】命令，系统弹出如图 5-25 所示的【旋转】对话框。该对话框与【拉伸】对话框非常相似，功能也基本一样。不同之处在于，当利用【旋转】工具进行实体操作时，所指定的矢量是该对象的旋转中心，所设置的旋转参数是旋转的开始角和结束角。

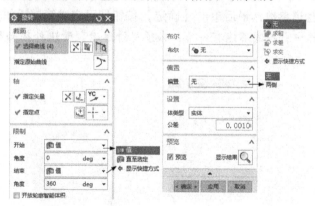

图 5-25 【旋转】对话框

5.3.3 沿引导线扫掠特征

沿引导线扫掠特征是将一个截面图形沿指定的引导线运动，从而创建出三维实体或片体。

单击【建模】工具条中的【沿引导线扫掠】按钮，或选择菜单【插入】|【扫掠】|【沿引导线扫掠】命令，系统弹出如图5-26所示的【沿引导线扫掠】对话框。依次旋转截面线和引导线，单击【确定】按钮即可完成沿引导线扫掠操作，实例如图5-27所示。

注意：引导线多段连接时不能出现锐角，否则扫掠时有可能会出现错误。

图5-26 【沿引导线扫掠】对话框

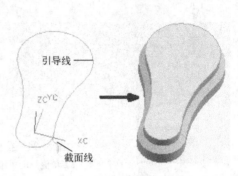

图5-27 沿引导线扫掠实例

5.3.4 管道特征

管道特征是圆形截面线圈（含内外两个圆）沿引导线扫描所形成的实体特征。圆形截面线圈不是预先绘制好的，而是通过【管道】对话框中选项输入内外直径参数确定。截面线圈是以引导线为圆心的同心圆，因此，管道特征类似于沿引导线扫掠特征。

单击【建模】工具条中的【管道】按钮，或选择菜单【插入】|【扫掠】|【管道】命令，系统弹出如图5-28所示的【管道】对话框。先选取路径曲线，再在【外径】和【内径】文本框中输入管道参数，最后单击【确定】按钮即可完成管道操作。

注意：管道操作中引导线不能有尖角，必须光滑过渡。管道外径必须大于0，内径可以为0。

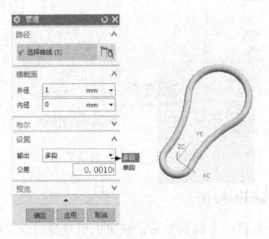

图5-28 【管道】对话框和实例

5.3.5 应用实例

1. 打开文件

选择【文件】|【打开】命令或者单击【标准】工具条中的【打开】按钮 ，系统弹出【打开】对话框。选择在本书的配套资源中根目录下的 5/5_2.prt 文件，单击【OK】按钮，即打开部件文件。

2. 拉伸

通过图层设置，设置第 11 层为工作图层，第 1 层为可选图层，其他层为不可见图层。

单击【特征】工具条中的【拉伸】按钮 ，系统弹出如图 5-29 所示的【拉伸】对话框。选取如图 5-29 所示的草图，在【结束】下的【距离】文本框中输入 8，单击【确定】按钮，结果如图 5-30 所示。

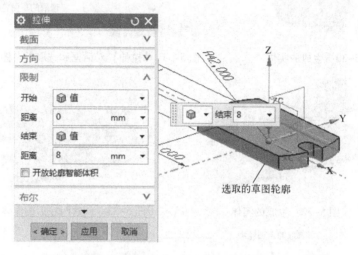

图 5-29 【拉伸】对话框和选取的草图

设置第 11 层为工作图层，第 2 层为可选图层，其他层为不可见图层。

单击【特征】工具条中的【拉伸】按钮 ，系统弹出如图 5-31 所示的【拉伸】对话框。选取如图 5-31 所示的草图，在【结束】下的【距离】文本框中输入 21，【布尔】下拉列表中选择【求和】，如图 5-31 所示，单击【确定】按钮，结果如图 5-32 所示。

3. 添加圆柱

单击【特征】工具条中的【圆柱】按钮 ，系统弹出【圆柱】对话框。【类型】下拉列表中选择【轴、直径和高度】；分别在【直径】和【高度】文本框中输入 38 和 31；【布尔操作】下拉列表中选择【求和】；然后单击【应用】按钮，结果如图 5-33 所示。

系统并没有退出【圆柱】对话框，分别在【直径】和【高度】文本框中输入 15 和 16；【布尔操作】下拉列表中选择【求差】；然后单击【确定】按钮。

4. 拉伸

设置第 11 层为工作图层，第 3 层为可选图层，其他层为不可见图层。

单击【特征】工具条中的【拉伸】按钮 ，系统弹出【拉伸】对话框。选取如图 5-34 所示的草图；在【开始】下的【距离】文本框中输入 16，在【结束】下的【距离】文本框中输入 31；【布尔】下拉列表中选择【求差】，单击【确定】按钮，结果如图 5-35 所示。

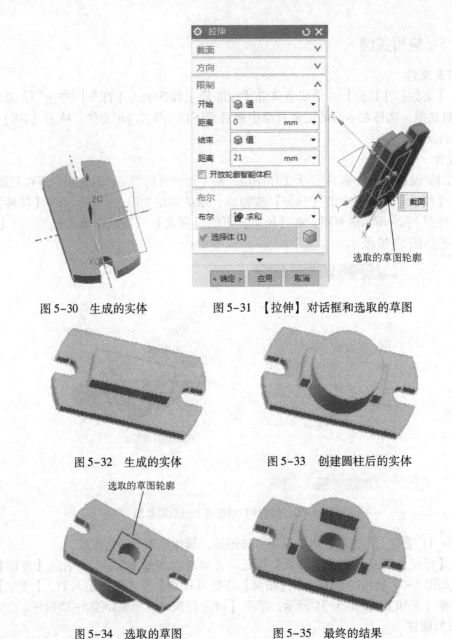

图 5-30　生成的实体　　　图 5-31　【拉伸】对话框和选取的草图

选取的草图轮廓

图 5-32　生成的实体　　　图 5-33　创建圆柱后的实体

选取的草图轮廓

图 5-34　选取的草图　　　图 5-35　最终的结果

5.4　成形特征

在实体建模过程中，成形特征是用于模型的细节添加。成形特征的添加过程可以看成是模拟零件的加工过程，它包括孔、凸台、腔体、垫块、键槽、沟槽等。应该注意的是，只能在实体上创建成形特征。成形特征与构建它时所使用的几何图形和参数值完全相关。

所有成形特征都需要一个安放平面，对于键槽来说，其安放平面必须为圆柱或圆锥面，而对于其他形式的大多数成形特征，其安放面必须是平面。特征是在安放平面的法线方向上被创建的，与安放表面相关。当然，安放平面通常选择已有实体的表面，如果没有平面作为安放面，可以创建基准面作为安放面。

NX 10.0 规定特征坐标系的 XC 轴为水平参考，可以将可投影到安放表面的线性边、平表面、基准轴和基准平面定义为水平参考。

5.4.1 成形特征的定位

定位是指相对于安放平面的位置，用定位尺寸来控制。定位尺寸是沿着安放面测量的距离尺寸。这些尺寸可以看作是约束或是特征体必须遵守的规则，对于圆形或锥形特征体在【定位】对话框中有 6 种定位方式，如图 5-36 所示；对于方形特征，在【定位】对话框中有 9 种定位方式，如图 5-37 所示。

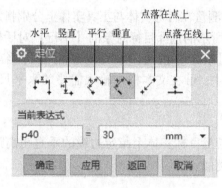

图 5-36 【定位】对话框

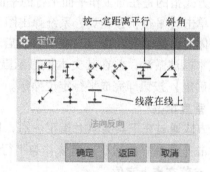

图 5-37 【定位】对话框

1. 水平定位

该方式通过在目标实体与工具实体上分别指定一点，再以这两点沿水平参考方向的距离进行定位。单击【水平】按钮，系统弹出的对话框取决于当前特征是否已定义了水平参考方向或垂直参考方向。

如果没有定义水平参考方向，则系统弹出如图 5-38 所示的【水平参考】对话框。此时选择实体边缘、面、基准轴和基准平面作为水平参考方向。定义水平参考方向后，系统弹出图 5-39 所示的选择目标对象的【水平】对话框。先在目标实体上选择对象，作为基准点；再在实体上选择对象，作为参考点。指定两个位置后，如图 5-36 中的【当前表达式】文本框被激活，并在其文本框显示默认尺寸，可在文本框中输入需要的水平尺寸值，单击【确定】按钮，即完成水平定位操作。

如果已定义过水平参考方向，则不再出现如图 5-39 指定水平参考方向对话框，而直接弹出如图 5-39 所示的选择目标对象的【水平】对话框。可按以上相同方法进行水平定位。

选择目标对象与工具边，实际上是选择其上的一点，即存在的点、实体边缘上的点，圆弧中心点或圆弧的切点。当选择的目标对象或工具边为圆弧时，系统会弹出如图 5-40 所示的【设置圆弧的位置】对话框，则可以直接选择圆弧的端点、圆弧中心或相切点。

2. 竖直定位

该方式通过在目标实体与工具实体上分别指定一点，以这两点沿垂直参考方向的距离进行定位。单击【竖直】按钮，弹出的对话框与操作步骤与水平定位时类似。

图5-38 【水平参考】对话框　　图5-39 【水平】对话框　　图5-40 【设置圆弧的位置】对话框

3. 平行定位

该方式指的是在与工作平面平行的平面中，测量在目标实体与工具实体上分别指定点的距离。单击【平行】按钮，系统弹出图5-41所示的选择目标对象的【平行】对话框。在目标实体上选择对象，作为基准点，然后单击【确定】按钮，如图5-36中的【当前表达式】文本框被激活，并在其文本框显示默认尺寸，可在文本框中输入需要的水平尺寸值，单击【确定】按钮即完成平行定位操作。

4. 垂直定位

该方式通过在工具实体上指定一点，以该点至目标实体上指定边缘的垂直距离进行定位。单击【垂直】按钮，其操作与平行定位类似。

5. 点落在点上定位

该方式通过在工具实体与目标实体上分别指定一点，使两点重合进行定位。可以认为两点重合定位，是平行定位的特例，即在平行定位中的距离为零时，就是两点重合，其操作步骤，与平行定位类似。

6. 点落在线上定位

该方式通过在工具实体上指定一点，使该点位于目标实体的一指定边缘上进行定位。可以认为点到线上定位，是正交定位的特例，即在正交定位中的距离为零时，就是点到线上的定位。单击【点落在线上】按钮，在弹出的对话框中可以选择曲线、实体的边缘和片体的边缘。

7. 按一定距离平行定位

该方式是成形特征体一边与目标实体的边平行且间隔一定距离的定位方式。单击【按一定距离平行】按钮，弹出如图5-42所示的选择目标边的【按给定距离平行】对话框。这时选择目标边，系统弹出图5-43所示的选择工具边的【按给定距离平行】对话框。这时选择工具边，系统弹出图5-44所示的【创建表达式】对话框。在文本框中输入距离，单击【确定】按钮即可完成定位。

图5-41 【平行】对话框　　图5-42 【按给定距离平行】对话框　　图5-43 【按给定距离平行】对话框

8. 斜角定位△

该方式是成形特征体一边与目标实体的边成一定夹角的定位方式。单击【斜角】按钮△，系统弹出图 5-45 所示的选择目标边的【角度】对话框。这时选择目标边，再选择工具边，系统弹出图 5-46 所示的选择工具边的【创建表达式】对话框。在文本框中输入角度，单击【确定】按钮即可完成定位。

图 5-44 【创建表达式】
对话框

图 5-45 【角度】
对话框图

图 5-46 【创建表达式】
对话框

9. 线落在线上定位工

该方式是成形特征体一边与一目标体边重合的定位方式。单击【线落在线上】按钮工，系统弹出如图 5-47 所示的选择目标边的【线落在线上】对话框。这时选择目标边，再选择工具边即可完成定位。

图 5-47 【线落在线上】
对话框

5.4.2 孔特征

孔特征是指在模型中去圆柱、圆锥或同时存在两种特征的实体而形成的实体特征，孔特征包括简单孔、沉头孔和埋头孔。

1. NX 5 版本之前的孔

通过此命令可以在实体上创建一个【简单孔】、【沉头孔】或【埋头孔】。对于所有创建孔的选项，深度值必须是正的。

单击【特征】工具条中的【NX 5 版本之前的孔】按钮，或选择菜单【插入】|【设计特征】|【NX 5 版本之前的孔】命令，系统弹出如图 5-48 所示的【孔】对话框。该对话框提供了【简单孔】、【沉头孔】和【埋头孔】3 种类型孔的创建方法，每种类型的孔都可以通过是否指定穿通面来控制是否在实体上形成通孔，它们的操作方法基本一致。首先指定孔的类型，然后选择实体表面或基准平面作为孔放置平面和通孔平面，再设置孔的参数及打通方向，最后确定孔在实体上的位置，这样就可以创建所需要的孔。

（1）简单孔

在如图 5-48 所示的【孔】对话框中选择该选项，按照选择步骤选择孔放置平面，孔放置平面可以是实

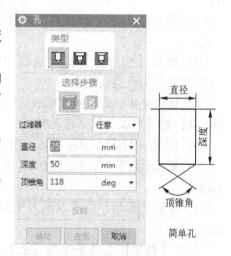

图 5-48 【孔】对话框

体表面也可以是基准平面，然后在孔参数文本框中输入相应参数。确定打孔方向，单击【确定】按钮，系统弹出如图 5-36 所示【定位】对话框。定义孔的位置即可完成孔特征操作。

（2）沉头孔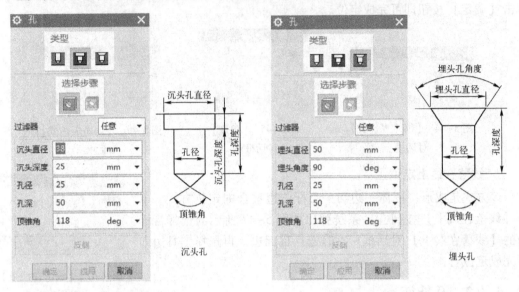

沉头孔对话框类似于简单孔，只是参数不同，参数如图5-49所示。

（3）埋头孔

埋头孔的对话框同简单孔的类似，但参数不相同，参数如图5-50所示。

图5-49 【孔】对话框   图5-50 【孔】对话框

2. 孔

通过此命令可以在部件或装配中添加【常规孔】、【钻形孔】、【螺钉间隙孔】、【螺纹孔】及【孔系列】。该命令与【NX 5 版本之前的孔】的区别主要有以下几点。

1）可以在非平面上创建孔，可以不指定孔的放置面。

2）通过指定多个放置点，在单个特征中创建多个孔。

3）通过【指定点】对孔进行定位，而不是利用【定位方式】对孔进行定位。

4）通过使用格式化的数据表为【钻形孔】、【螺钉间隙孔】和【螺纹孔】创建孔特征。

5）使用如 ANSI、ISO、DIN、JIS 等标准。

6）创建孔特征时，可以使用【无】和【求差】布尔运算。

7）可以将起始、结束或退刀槽倒斜角添加到孔特征上。

单击【特征】工具条中的【孔】按钮，或选择菜单【插入】|【设计特征】|【孔】命令，系统弹出如图5-51所示的【孔】对话框，该对话框中主要选项的含义如下。

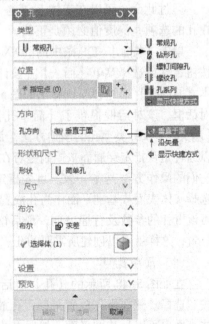

图5-51 【孔】对话框

（1）【类型】选项组

【类型】选项组用以设置孔特征的类型，包括【常规孔】（简单、沉头、埋头或锥形状）、【钻形孔】、【螺钉间隙孔】（简单、沉头或埋头形状）、【螺纹孔】、【孔系列】（部件或装配中一系列多形状、多目标体、对齐的孔）选项。完成孔的类型设置后，一般还要定义孔的放置位置、孔的方向、形状和尺寸（或规格）等以完成孔的创建。

（2）【位置】选项组

【位置】选项组用以设置孔特征的放置位置，系统提供【绘制截面】和【点】两种方法确定孔的中心点位置。

1）【绘制截面】：单击【绘制截面】按钮，系统弹出【创建草图】对话框，提示用户选择草图平面，用户选择放置平面创建内部草图，在草图环境下绘制点以创建孔的中心点。

2）【点】：单击【点】按钮，通过选择已存在的点作为孔的中心点。单击【选择条】工具条中的【启用捕捉点】按钮，激活【捕捉点】设置并激活适当的捕捉点规则，如图 5-52 所示，可以更快捷地拾取存在点作为孔中心点。此外，激活【孔】操作后，选择工具栏上会自动出现【选择规则】工具条，该工具条可以用于辅助孔中心点的选择，如图 5-53 所示。

图 5-52 【选择条】工具条

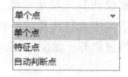

图 5-53 【选择规则】工具条

（3）【方向】选项组

【方向】选项组用以设置创建孔特征的方向，系统提供【垂直于面】和【沿矢量】两种方法确定孔的方向。

1）【垂直于面】：该选项为系统默认的创建孔方向的方式，其矢量方向与孔所在平面的法向反向。

2）【沿矢量】：当选择【沿矢量】时，【方向】选项变为如图 5-54 所示，可以通过多种方式构建矢量来改变方向，也可在【方向】选项组中选择【指定矢量】下拉列表进行拉伸矢量的选择或创建。

（4）【形状和尺寸】选项组

根据所选择的孔【类型】不同，【形状和尺寸】选项组的具体设置内容有所区别。在 5 种孔的类型中，【常规孔】最为常用。

从【类型】下拉列表框选择【常规孔】选项时，【孔】特征的【形状】方式包括【简单孔】、【沉头孔】、【埋头孔】和【锥孔】4 种。

从【类型】下拉列表框选择【钻形孔】选项时，需要分别定义位置、方向、形状和尺寸、布尔、标准和公差创建孔特征，如图 5-55 所示。

从【类型】下拉列表框选择【螺钉间隙孔】选项时，需要定义的内容和钻形孔类似，但存在细节差异，如螺纹间隙孔有自己的【形状和尺寸】及【标准】。螺纹间隙孔的成形方式有【简单孔】、【沉头孔】、【埋头孔】，如图5-56所示。

图5-54 【孔】对话框【方向】选项组　　图5-55 【孔】对话框【形状和尺寸】选项组

螺纹孔是机械设计中的一种常见的连接结构，要创建螺纹孔，在【类型】下拉列表框选择【螺纹孔】选项后，除了需要设置位置、方向之外，还要在【设置】选项组的【标准】列表框中选择所需的一种适用标准。在【形状和尺寸】中设置螺纹尺寸、起始倒斜角和结束倒斜角等，如图5-57所示。

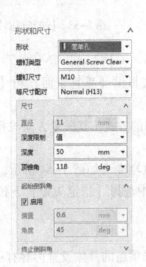 

图5-56 【孔】对话框【形状和尺寸】　　图5-57 【孔】对话框【形状和尺寸】
选项组　　　　　　　　　　　　　选项组

从【类型】下拉列表框选择【孔系列】选项时，除了需要设置位置和方向之外，还要利用【规格】选项组来分别设置【开始】、【中间】和【端点】3个选项卡上的内容，如图5-58所示。

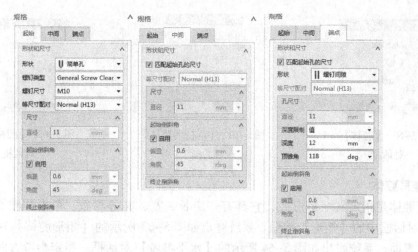

图 5-58 【孔】对话框【规格】选项组

5.4.3 凸台

凸台是指增加一个按指定高度、直径或有拔模锥度的侧面的圆柱形物体。其参数有高度、直径和拔模锥度。

单击【特征】工具条中的【凸台】按钮，或选择菜单【插入】|【设计特征】|【凸台】命令，系统弹出如图 5-59 所示的【凸台】对话框。按选择步骤选择放置面，在各个文本框中输入凸台相关参数，确定构造方向，单击【确定】按钮，系统弹出如前所述的【定位】对话框。按前面介绍的定位方式，确定凸台位置，便可在实体指定位置按输入参数创建凸台。使用此方法生成的圆形凸台与原实体成为一个整体。

图 5-59 【凸台】对话框

5.4.4 腔体

腔体工具可以在实体表面上去除圆柱、矩形或常规形状特征的实体，所指定的放置表面必须是平面。

单击【特征】工具条中的【腔体】按钮，或选择菜单【插入】|【设计特征】|【腔体】命令，系统弹出如图 5-60 所示的【腔体】对话框。该对话框中包含 3 种类型：圆柱形腔体、矩形腔体和常规腔体。对于圆柱形、矩形腔体，选择实体表面或基准平面作为型腔放置平面来构造型腔。

1. 圆柱形腔体

圆柱形的腔体是指定义一圆柱形的腔并指定深度。单击如图 5-60 所示的【腔体】对话框中的【圆柱坐标系】按钮，系统弹出如图 5-61 所示的【圆柱形腔体】对话框。选择腔体的放置面，系统弹出如图 5-62 所示的【圆柱形腔体】对话框。该对话框中需要设置 4 个参数，当设置完 4 个参数后，单击【确定】按钮，弹出如图 5-36 所示的【定位】对话框。按前面介绍的定位方式，确定腔体的位置。

图 5-60 【腔体】
对话框

图 5-61 【圆柱形腔体】
对话框 1

图 5-62 【圆柱形腔体】
对话框 2

2. 矩形腔体

矩形腔体是指定义一矩形腔，它具有一定长、宽、高等参数。单击如图 5-60 所示的【腔体】对话框中的【矩形】按钮，系统弹出如图 5-63 所示的【矩形腔体】对话框。选择腔体的放置面，系统弹出如图 5-64 所示的【水平参考】对话框。指定参考方向，系统弹出如图 5-65 所示的【矩形腔体】对话框，在各个文本框中输入相应参数，单击【确定】按钮。系统弹出【定位】对话框，按前面介绍的定位方式，确定矩形腔体的位置，则可在实体上指定位置按输入参数创建需要的矩形腔体。

图 5-63 【矩形腔体】
对话框 1

图 5-64 【水平参考】
对话框

图 5-65 【矩形腔体】
对话框

3. 常规腔体

常规腔体与圆柱形腔体和矩形腔体相比更具有通用性，在形状和控制方面非常灵活。常规腔体的放置面可以选择曲面，可以自己定义底部面，也可选择曲面作底部面，放置面与底部面的形状可由指定的链接曲线来定义，还可以指定放置面或底部面与其侧面的圆角半径。

单击如图 5-60 所示的【腔体】对话框中的【常规】按钮，系统弹出如图 5-66 所示的【常规腔体】对话框。该对话框上部的图标，用于指定创建常规腔体的相关对象，创建某个具体的常规腔体时，并不必使用每个步骤图标，大多数情况下，只要用到几个常用图标。中部可变显示区，用于指定各相应步骤的控制方式；下部相关选项区，用于设置创建常规腔体的参数。

图 5-66 【常规腔体】对话框

5.4.5 垫块

可以在实体表面创建矩形和常规两种类型的垫块特征。单击【特征】工具条中的【垫块】按钮 ，或选择菜单【插入】|【设计特征】|【垫块】命令，系统弹出如图 5-67 所示的【垫块】对话框。

1. 矩形垫块

单击如图 5-67 所示的【垫块】对话框中的【矩形】按钮，系统弹出如图 5-68 所示的【矩形垫块】对话框。选择垫块的放置面，系统弹出如图 5-64 所示的【水平参考】对话框。指定参考方向，系统弹出如图 5-69 所示的【矩形垫块】对话框，在各个文本框中输入相应参数，单击【确定】按钮。系统弹出【定位】对话框，按前面介绍的定位方式，确定矩形垫块的位置，则可在实体上指定位置按输入参数创建需要的矩形垫块。

图 5-67　【垫块】对话框　　　　图 5-68　【矩形垫块】对话框

2. 常规垫块

常规垫块与矩形垫块相比更具有通用性，在形状和控制方面非常灵活。常规垫块的放置面可以选择曲面，可以自己定义顶面，也可选择曲面作顶面，放置面与顶面的形状可由指定的链接曲线来定义，还可以指定放置面或顶面与其侧面的圆角半径。

单击如图 5-67 所示的【垫块】对话框中的【常规】按钮，系统弹出如图 5-70 所示的【常规垫块】对话框。具体创建操作与常规腔体基本相同。

图 5-69　【矩形垫块】对话框

图 5-70　【常规垫块】对话框

5.4.6　键槽

键槽可以在模型中创建具有矩形、球形、U 形、T 型和燕尾 5 种形状特征的实体，从而形成所需的键槽特征。单击【特征】工具条中的【键槽】按钮，或选择菜单【插入】|【设计特征】|【键槽】命令，系统弹出如图 5-71 所示的【键槽】对话框。

在实体上创建键槽，首先指定键槽类型，再选择平面，即键槽放置平面和通孔平面，并指定水平参考方向，然后在对话框中输入槽的参数，再选择定位方式，确定槽在实体上的位置，同时各类槽都可以设置为通槽，这样就可以创建所需的键槽了。

1. 矩形键槽

矩形键槽的基本参数如图 5-72 所示的【矩形键槽】对话框。

2. 球形键槽

球形键槽的基本参数如图 5-73 所示的【球形键槽】对话框。创建过程与矩形键槽相类似，只是输入球形键槽参数对话框有所不同。

图 5-71　【键槽】对话框　　图 5-72　【矩形键槽】对话框　　图 5-73　【球形键槽】对话框

3. U 形键槽

U 形键槽的基本参数如图 5-74 所示的【U 形键槽】对话框。创建过程与矩形键槽相类似，只是输入 U 形键槽参数对话框有所不同。

4. T 形键槽

T 形键槽的基本参数如图 5-75 所示的【T 形键槽】对话框。创建过程与矩形键槽相类似，只是输入 T 形键槽参数对话框有所不同。

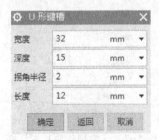

图 5-74　【U 形键槽】对话框　　　　图 5-75　【T 形键槽】对话框

5. 燕尾槽

燕尾槽的基本参数如图5-76所示的【燕尾槽】对话框。创建过程与矩形键槽相类似，只是输入燕尾槽参数对话框有所不同。

图5-76 【燕尾槽】
对话框

5.4.7 沟槽

沟槽在各类机械零件中，也是很常见的，沟槽的类型包括矩形沟槽、球形端沟槽和U形沟槽，下面介绍一下沟槽的创建方法。

单击【特征】工具条中的【槽】按钮 ，或选择菜单【插入】|【设计特征】|【槽】命令，系统弹出如图5-77所示的【槽】对话框。在实体上创建沟槽一般先在【槽】对话框中选择沟槽类型，然后指定沟槽放置面，设置沟槽参数，最后用定位方式中的平行定位方式，确定沟槽在实体上的位置，即可创建所需要的沟槽。

1. 矩形沟槽

单击【槽】对话框中的【矩形】按钮，系统弹出如图5-78所示的选择放置面的【矩形槽】对话框。选择矩形沟槽放置面，系统弹出如图5-79所示的【矩形槽】对话框。在文本框中输入相应参数，单击【确定】按钮。选择定位方式后，单击【确定】按钮，则可在实体上按指定参数创建矩形沟槽。

图5-77 【槽】对话框

图5-78 【矩形槽】对话框

2. 球形端沟槽

在实体上创建球形端沟槽的操作与创建矩形沟槽相类似，只是输入球形端沟槽参数对话框不同，【球形端槽】对话框如图5-80所示。

3. U形沟槽

在实体上创建U形沟槽的操作与创建矩形沟槽相类似，只是输入U形沟槽参数对话框不同，【U形槽】对话框如图5-81所示。

图5-79 【矩形槽】对话框

图5-80 【球形端槽】对话框

图5-81 【U形槽】对话框

5.4.8 三角形加强筋

利用三角形加强筋工具可以完成机械设计中的加强筋的创建，它是通过在两个相交的面

141

组内添加三角形实体而形成的。

单击【特征】工具条中的【三角形加强筋】按钮 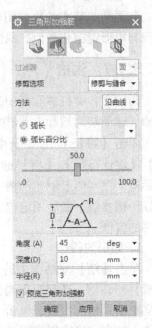，或选择菜单【插入】|【设计特征】|【三角形加强筋】命令，系统弹出如图5-82所示的【三角形加强筋】对话框。对话框中的【方法】下拉列表中包括【沿曲线】和【位置】两个选项。当选择【沿曲线】选项时，可以按圆弧长度或百分比，确定加强筋位于平面相交曲线的位置；当选择【位置】选项时，可以通过指定加强筋的绝对坐标值确定其位置；一般来说，第一种选项比较常用。

图5-82 【三角形加强筋】对话框

5.4.9 综合应用实例——阀体造型

1. 打开文件

选择【文件】|【打开】命令或者选择【标准】工具条中的【打开】按钮 ，系统弹出【打开】对话框。选择在本书的配套资源中根目录下的5/5_3.prt文件，单击【OK】按钮，即打开部件文件。

2. 创建腔体

单击【特征】工具条中的【腔体】按钮 ，系统弹出如图5-60所示的【腔体】对话框。单击【矩形】按钮，选取如图5-83所示的实体表面，系统弹出如图5-64所示的【水平参考】对话框。选取如图5-84所示的实体边缘为水平参考方向，系统弹出如图5-85所示的【矩形腔体】对话框。分别在【长度】、【宽度】和【深度】文本框中输入28、30和6，单击【确定】按钮，系统弹出【定位】对话框。单击【线落在线上】按钮 ，系统弹出【线落在线上】对话框。选取如图5-84所示的实体边缘，再选取如图5-86所示的边缘为工具边，系统返回到【定位】对话框。单击【按一定距离平行】按钮 ，系统弹出【按给定距离平行】对话框。选取如图5-87所示的边缘为目标边，再选取如图5-88所示的腔体的中心线为工具边，系统弹出如图5-89所示的【创建表达式】对话框。在文本框中输入30，单击【确定】按钮，系统返回到【矩形腔体】对话框，结果如图5-90所示。

图5-83 选取的实体表面

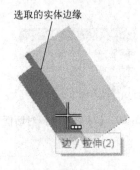

图5-84 选取的实体边缘

图5-85 【矩形腔体】对话框

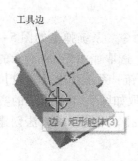

图 5-86　选取的目标边

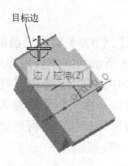

图 5-87　选取的目标边

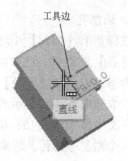

图 5-88　选取的工具边

图 5-89　【创建表达式】对话框

图 5-90　添加腔体后的结果

这时系统并没有退出【矩形腔体】对话框。选取如图 5-91 所示的实体表面，系统弹出【水平参考】对话框。选取如图 5-92 所示的实体边缘为水平参考方向，系统弹出如图 5-85 所示的【矩形腔体】对话框。分别在【长度】、【宽度】和【深度】文本框中输入 28、16 和 8，单击【确定】按钮，系统弹出【定位】对话框。单击【按一定距离平行】按钮 ，系统弹出【按给定距离平行】对话框。选取如图 5-93 所示的边缘为目标边，再选取如图 5-94 所示的腔体的中心线为工具边，系统弹出如图 5-89 所示的【创建表达式】对话框。在文本框中输入 23，单击【确定】按钮，系统返回到【定位】对话框。单击【按一定距离平行】按钮 ，系统弹出【按给定距离平行】对话框。选取如图 5-95 所示的边缘为目标边，再选取如图 5-96 所示的腔体的中心线为工具边，系统弹出如图 5-89 所示的【创建表达式】对话框。在文本框中输入 15，单击【确定】按钮，系统返回到【矩形腔体】对话框，结果如图 5-97 所示。

图 5-91　选取实体的表面

图 5-92　选取的实体边缘

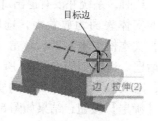

图 5-93　选取的目标边

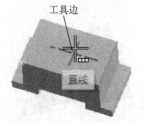

图 5-94　选取的工具边

图 5-95　选取的目标边

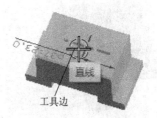

图 5-96　选取的工具边

3. 添加孔

选择菜单【插入】|【设计特征】|【NX 5 版本之前的孔】命令，系统弹出如图 5-48 所示的【孔】对话框。选取如图 5-98 所示的实体表面为放置面，选取如图 5-99 所示的实体表面为通过面，在【直径】文本框中输入 10，单击【确定】按钮，系统弹出【定位】对话框。选取如图 5-100 所示的实体边缘，在文本框中输入 0；选取如图 5-101 所示的实体边缘，在文本框中输入 15；单击【应用】按钮，即可创建出一个孔。用同样的方法创建另一侧的一个同尺寸的孔，结果如图 5-102 所示。

图 5-97　添加腔体后的结果

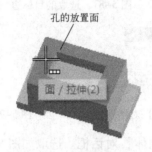

图 5-98　选取的放置面

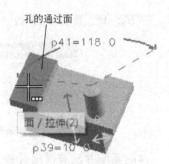

图 5-99　选取的通过面

图 5-100　选取的边缘

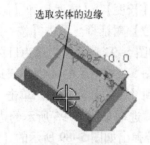

图 5-101　选取的边缘

图 5-102　添加两个孔后的结果

这时，系统并没有退出【孔】对话框。选取如图 5-103 所示的实体表面为放置面，选取对面的表面为通过面，在【直径】文本框中输入 22，单击【确定】按钮，系统弹出【定位】对话框。选取如图 5-104 所示的实体边缘，在文本框中输入 23；选取如图 5-105 所示的实体边缘，在文本框中输入 0；单击【确定】按钮，结果如图 5-106 所示。

图 5-103　选取的放置面

图 5-104　选取的边缘

图 5-105　选取的边缘

图 5-106　添加孔后的结果

5.5　特征操作

细节特征是在特征建模的基础上增加一些细节的表现，是在毛坯的基础上进行详细设计的操作手段。可以通过倒圆和倒斜角操作，为基础实体添加一些修饰特征，从而满足工艺的需要；也可以通过拔模、抽壳、修剪以及拆分操作对特征进行实质编辑，从而符合生产的要求。

5.5.1　拔模

拔模主要是对实体的某个面沿一定方向的角度创建特征，拔模特征在一定方向上有一定的斜度。此外，单一平面、圆柱面以及曲面都可以建立拔模特征。

单击【特征】工具条中的【拔模】按钮，或选择菜单【插入】|【细节特征】|【拔模】命令，系统弹出如图 5-107 所示的【拔模】对话框。在拔模实体时，先选择拔模类型，再按步骤选择对象，并设置拔模参数，单击【确定】按钮即可完成。

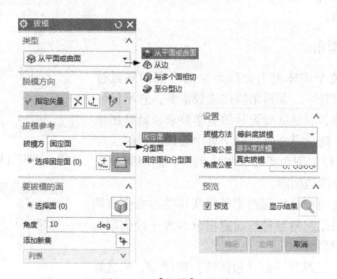

图 5-107　【拔模】对话框

对于各种拔模类型：

（1）从平面或曲面

在【类型】下拉列表中选择【从平面或曲面】，该类型用于从参考点所在平面开始，与拔模方向成拔模角度，对指定的实体表进行拔模。操作过程需要设置拔模方向、固定平面和要拔模的面。

（2）从边

该拔模类型用于从一系列实体边缘开始，与拔模方向成拔模角度，对指定的实体进行拔模，适用于所选实体边缘不共面。操作过程需要设置拔模方向和拔模边。

（3）与多个面相切

该类型用于与拔模方向成拔模角度，对实体进行拔模，使拔模面相切于指定的实体表面。该类型适用于对相切表面拔模后要求仍然保持相切的情况。操作过程需要设置拔模方向和相切面。

（4）至分型边

该类型用于从参考点所在平面开始，与拔模方向成拔模角度，沿指定的分割边缘对实体进行拔模，适用于实体中部具有特殊形状的情况。操作过程需要设置拔模方向、固定平面和分型边。

5.5.2　拔模体

利用拔模体功能可以构建支持成型和铸造部件，也可以在分模面两侧建立和匹配拔模，并自动添加材料到欠切削区域。

单击【特征】工具条中的【拔模体】按钮，或选择菜单【插入】|【细节特征】|【拔模体】命令，系统弹出如图 5-108 所示的【拔模体】对话框。操作过程与拔模的操作过程基本相似。

5.5.3　倒圆角

倒圆角是在两个实体表面之间产生的平滑的圆弧过渡。在零件设计过程中，倒圆角操作比较重要，它不仅可以去除模型的棱角，满足造型设计的美学要求，而且还可以通过变换造型，防止模型应力过于集中造成的裂纹。在 NX 中可以创建 3 种倒圆角类型，如边倒圆、面倒圆和软倒圆，本节主要介绍边倒圆。

边倒圆特征是用指定的倒圆半径将实体的边缘变成圆柱面或圆锥面。根据圆角半径的设置可分为等半径倒圆和变半径倒圆两种类型。

单击【特征】工具条中的【边倒圆】按钮，或选择菜单【插入】|【细节特征】|【边倒圆】命令，系统弹出如图 5-109 所示的【边倒圆】对话框。该对话框包括了倒圆角的 4 种方式，如下所述。

（1）固定半径倒圆角

这种方式的边倒圆最为简单，通过在系统默认的面板上设置固定的圆角半径，然后选取棱边线直接创建圆角，比较常用，预览形式如图 5-110 所示。

（2）可变半径点

该方式是指沿指定边缘，按可变半径对实体或片体进行倒圆操作，所创建的倒圆面通过指定的陡峭边缘，并与倒圆边缘邻接的一个面相切。在变半径倒圆中，需要在多

图 5-108　【拔模体】对话框

图 5-109　【边倒圆】对话框

个点处指定半径，预览形式如图 5-111 所示。

（3）拐角倒角

该方式是相邻三个面上的三条棱边线的交点处产生的倒圆角，它是零件的拐角处去除材料创建而成，预览形式如图 5-112 所示。

（4）拐角突然停止

利用该功能可通过指定点或距离的方式将之前创建的圆角截断，依次选取棱边线之后，选取拐角的终点位置，然后通过输入一定距离确定停止的位置，预览形式如图 5-113 所示。

提示：对于由几块片体组成的模型进行边倒圆需对其进行缝合。

 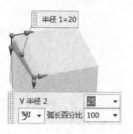  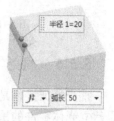

图 5-110　固定半径　　　图 5-111　可变半　　　图 5-112　拐角倒角　　　图 5-113　拐角突
　　　倒圆角　　　　　　　　径点　　　　　　　　　　　　　　　　　　　　然停止

5.5.4　倒斜角

倒斜角也是工程种经常出现的倒角方式，是对实体边缘指定尺寸进行倒角。根据倒角的方式可以分为对称、非对称以及偏置和角度 3 种类型。

单击【特征】工具条中的【倒斜角】按钮，或选择菜单【插入】|【细节特征】|【倒斜角】命令，系统弹出如图 5-114 所示的【倒斜角】对话框。

1. 对称倒斜角

对称倒斜角是在相邻两个面上对称偏置一定距离，从而去除棱角的一种方式。它的斜角值是固定的 45°，并且是系统默认的倒角方式。在【倒斜角】对话框中的【横截面】下拉列表中选择【对称】，然后选取需要倒角的边缘并在【距离】文本框中输入倒角参数，单击【确定】按钮即可。

偏置方式包括【沿面偏置边】和【偏置面并修剪】两种，前者是指沿着表面进行偏置，后者是指定一表面并修剪该面。

图 5-114　【倒斜角】对话框

2. 非对称倒斜角

非对称倒斜角是对两个相邻面分别设置不同的偏置距离所创建的倒角特征。在【横截面】下拉列表中选择【非对称】，然后在如图 5-115 所示的对话框中输入倒斜角参数，单击【确定】按钮即可。其中【反向】按钮的作用是更改倒斜角的方向。

3. 偏置和角度

偏置和角度是通过偏置距离和旋转角度两个参数来定义的倒角特征。其中偏置距离是沿偏置面偏置的距离，旋转角度是指在偏置面成的角度。在【横截面】下拉列表中选择【偏置和角度】，然后在如图 5-116 所示的对话框中输入倒斜角参数，单击【确定】按钮即可。

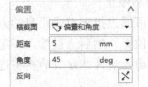

图 5-115 非对称倒斜角   图 5-116 偏置和角度倒斜角

5.5.5 抽壳

抽壳特征操作是把一实体零件按规定的厚度变成外壳，沿某一表面挖空。抽壳特征操作是建立壳体零件的重要特征操作。

单击【特征操作】工具条中的【抽壳】按钮，或选择菜单【插入】|【偏置/缩放】|【抽壳】命令，系统弹出如图 5-117 所示的【抽壳】对话框。该对话框提供了两种抽壳方式：【移除面，然后抽壳】和【对所有面抽壳】。

1. 移除面后抽壳

移除面后抽壳是指选取一个面为穿透面，则以所选取的面为开口面，和内部实体一起被抽掉，剩余的面以默认的厚度或替换厚度形成腔体的薄壁。要创建该类型抽壳特征，可首先指定抽壳厚度，然后选取实体中某个表面为移除面，即可获得抽壳特征，如图 5-118a 所示。在【备选厚度】选项组中可以设置所选表面指定不同壁厚，如图 5-118b 所示。

图 5-117 【抽壳】对话框   图 5-118 抽壳实例
a）等壁厚   b）不等壁厚

2. 抽壳所有面

抽壳所有面是指按某个指定的厚度，在不穿透实体表面的情况下挖空实体，即可创建中空的实体。该抽壳方式与移除面抽壳的不同之处在于：移除面抽壳是选取移除面进行抽壳操作，而该方式是选取实体进行抽壳操作，如图5-119所示。

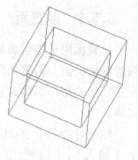

提示：在设置抽壳厚度时，输入的厚度值可正可负，但其绝对值必须大于抽壳的公差值，否则将出错。

图5-119 抽壳实例

5.5.6 螺纹

螺纹是指在圆柱或圆锥表面上，沿螺旋线所形成的具有相同剖面的连续凸起和沟槽。在圆柱表面上形成的螺纹称为外螺纹；在圆柱内表面上形成的螺纹称为内螺纹。

单击【特征操作】工具条中的【螺纹】按钮 ▤，或选择菜单【插入】|【设计特征】|【螺纹】命令，系统弹出如图5-120所示的【螺纹】对话框。在NX中，提供了两种创建螺纹的方式。

1. 符号螺纹

符号螺纹指的是用虚线圆表示，而不显示螺纹实体，在工程图中用于表示螺纹和标注螺纹。这种螺纹生成螺纹的速度快，计算量小。如图5-120所示对话框为符号螺纹的参数设置对话框。

2. 详细螺纹

详细螺纹选项用于创建详细螺纹。详细螺纹看起来更真实，可是由于螺纹几何形状的复杂性，计算量大，创建和更新的速度减慢。选择该选项，详细螺纹对话框如图5-121所示，在该对话框中即可设置详细螺纹的有关参数。

图5-120 【螺纹】对话框

图5-121 【螺纹】对话框

5.5.7　偏置面

偏置面用于沿着面法向偏置实体的一个或多个面，也可以偏置特征的面。偏置的距离可以使用正或负值，偏置结构不能改变实体的拓扑结构，正的偏置距离沿着所选表面的法向离开实体。

单击【特征】工具条中的【偏置面】按钮，或选择菜单【插入】|【偏置/缩放】|【偏置面】命令，系统弹出如图 5-122 所示的【偏置面】对话框。选取偏置表面，输入偏置距离，单击【确定】按钮即可完成偏置面操作。

图 5-122　【偏置面】对话框

5.5.8　比例缩放

比例缩放用来缩放实体的大小，可用于改变对象的尺寸及相对位置等。不论缩放点在何位置，实体特征都会以该点为基准，在形状尺寸和相对位置上进行相应的缩放。一般包括均匀、轴对称和常规 3 种缩放方式。

单击【特征】工具条中的【缩放体】按钮，或选择菜单【插入】|【偏置/缩放】|【缩放体】命令，系统弹出如图 5-123 所示的【缩放体】对话框。首先在对话框中选择比例缩放的类型，设置比例缩放的参数，按指定的步骤进行即可对实体或片体进行比例缩放。

1. 均匀缩放

该类型是以指定的参考点作为缩放中心，用相同的比例沿 X，Y、Z 方向对实体或者片体进行缩放。选择该类型，比例因子如图 5-123 所示。

2. 轴对称缩放

该类型是以指定的参考点作为缩放中心，在对称轴方向和其他方向采用不同的缩放因子对所选择的实体或片体进行缩放。选择该类型，比例因子如图 5-124 所示。指定矢量用来指定轴对称比例缩放类型的参考轴，默认值为 Z 轴。

图 5-123　【缩放体】对话框

图 5-124　【缩放体】对话框

3. 常规缩放

该类型是对实体或片体沿指定参考坐标系的 X、Y、Z 轴方向，以不同的比例因子进行缩放。选择该类型，比例因子如图 5-125 所示。指定 CSYS 用于指定缩放的一般形式类型的参考坐标系，默认坐标系为工作坐标系。

5.5.9 应用实例

1. 打开文件

选择【文件】|【打开】命令或者选择【标准】工具条中的【打开】按钮🗁，系统弹出【打开】对话框。选择在本书的配套资源中根目录下的 5/5_4. prt 文件，单击【OK】按钮，即打开部件文件。

2. 拔模

单击【特征】工具条中的【拔模】按钮🍋，系统弹出如图 5-107 所示的【拔模】对话框。在【类型】下拉列表中选择【从平面或曲面】，单击鼠标中键，即采用默认的 + ZC 轴方向为拔模方向；选择如图 5-126 所示的表面为固定平面，选择如图 5-127 所示圆台的侧面为要拔模的面；在【角度】文本框中输入 4，单击【确定】按钮，结果如图 5-128 所示。

图 5-125 【缩放体】对话框

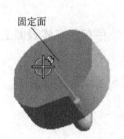

图 5-126 选取的固定平面　　图 5-127 要拔模的面　　图 5-128 拔模后的结果

3. 边倒圆

单击【特征】工具条中的【边倒圆】按钮🗒，系统弹出如图 5-109 所示的【边倒圆】对话框。选择如图 5-129 所示的边缘，【半径 1】文本框输入 8，单击【应用】按钮；选择如图 5-130 所示的边缘，【半径 1】文本框输入 8，单击【应用】按钮；选择如图 5-131 所示的边缘，【半径 1】文本框输入 3，单击【确定】按钮，结果如图 5-132 所示。

图 5-129 选取的实体边缘　　图 5-130 选取的实体边缘　　图 5-131 选取的实体边缘

4. 抽壳

单击【特征操作】工具条中的【抽壳】按钮，系统弹出如图 5-117 所示的【抽壳】对话框。【厚度】文本框中输入 2，选择如图 5-133 所示的表面，单击【确定】按钮或者鼠标中键，结果如图 5-134 所示。

图 5-132　倒圆后的结果　　　图 5-133　选取的实体表面　　　图 5-134　抽壳后的结果

5.6　特征修剪

特征修剪操作主要包括分割面、连结面、修剪体和分割体，这些操作主要对实体模型进行修改，在特征建模中有很大作用

5.6.1　分割面

分割面可在保留分割线的情况下，用已存在的曲线在一个已经存在的实体表面上产生新的边缘以及新的表面。

单击【特征】工具条中的【分割面】按钮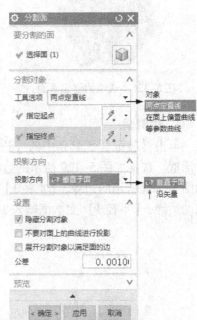，或选择菜单【插入】|【修剪】|【分割面】命令，系统弹出如图 5-135 所示的【分割面】对话框。选取需要分割面表面，单击鼠标中键，再选取分割曲线，单击【确定】或【应用】按钮即可创建分割面。

注意：分割线不一定要在被分割的实体表面上。一个表面在一次分割操作中，只能分割成两个表面，若需要把一个表面分成多个表面，则必须进行多次分割。对于圆柱面、圆锥面，如果要沿轴线进行分割，则应选择两条分割线。

5.6.2　连结面

连结面可以将实体上的两个或多个表面连接起来。

单击【特征】工具条中的【连结面】按钮，或选择菜单【插入】|【组合】|【连结面】命令，系统弹出如图 5-136 所示的【连结面】对话框。该对话框中提供了两种表面连结方式：在同一个曲面上和转换为 B 曲面，选取一种需要的表面连结方式。

图 5-135　【分割面】对话框

1. 在同一个曲面上

该连结方式是将多个分割的表面连结成一个表面。单击如图 5-136 所示的【连结面】对话框中的【在同一个曲面上】按钮，系统弹出如图 5-137 所示的【连结面】对话框。选择一个包含分割表面的实体或片体，即完成该实体或片体上所有分割表面的连结。

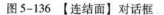

图 5-136 【连结面】对话框　　　　图 5-137 【连结面】对话框

2. 转换为 B 曲面

该连结方式是将实体的多个分割表面连结成一个表面，并转换为 B 表面类型。单击如图 5-136 所示的【连结面】对话框中的【转换为 B 曲面】按钮，系统弹出如图 5-137 所示的【连结面】对话框。选择多个分割的表面，单击【确定】按钮即可。

5.6.3　修剪体

修剪体是通过实体表面或者基准面对目标实体进行必要的修剪，修剪后的实体仍保持参数化，并保留实体创建时的所有参数。裁剪面可以是平面，也可以是其他形式的曲面。

单击【特征】工具条中的【修剪体】按钮，或选择菜单【插入】|【修剪】|【修剪体】命令，系统弹出如图 5-138 所示的【修剪体】对话框。要对实体进行修剪，关键是选取用来修剪实体的平面，可以是创建的新基准平面或曲面，也可以是系统默认的基准平面。单击【反向】按钮，可以切换修剪实体的方向。

图 5-138 【修剪体】对话框

5.6.4　拆分体

拆分体跟修剪体特征操作方法相似，只是它把实体分割成两个或多个部分。拆分体是将目标实体通过实体表面、基准平面、片体或者定义的平面进行分割，删除实体原有的全部参数，得到的实体为非参数实体。分割实体后实体中的参数全部移去，同时工程图中剖视图中的信息也会丢失，因此应谨慎使用。

单击【特征】工具条中的【拆分体】按钮，或选择菜单【插入】|【修剪】|【拆分体】命令，系统弹出如图 5-139 所示的【拆分体】对话框。选择拆分实体，然后选择拆分平面，其操作与修剪实体修剪面的选择相类似，确定拆分面后，便可完成分割实体的操作，最后单击【确定】按钮即可。

图 5-139 【拆分体】对话框

5.7 特征的关联复制

特征的关联复制主要包括抽取、镜像特征、复合曲线、镜像体和阵列特征，其中阵列特征包括矩形阵列、环形阵列和阵列面。特征的关联复制操作可以方便快捷地完成特征建立。

5.7.1 抽取几何特征

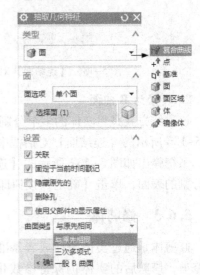

可以从实体上抽取面、面区域和体 3 种类型特征。抽取特征可以充分利用现有实体来完成设计工作，并且通过抽取生成的特征同原特征具有相关性。

单击【特征】工具条中的【抽取几何特征】按钮，或选择菜单【插入】|【关联复制】|【抽取几何特征】命令，系统弹出如图 5-140 所示的【抽取几何特征】对话框。在该对话框中提供了多种类型的抽取工具，如下所述。

1. 面

图 5-140 【抽取几何特征】对话框

【类型】下拉列表中选择【面】后，可以将选取的实体或片体表面提取为片体。此时，在对话框中选择对象类型和最终的表面类型后即可生成相应的片体。操作过程：选择需要抽取的一个或多个实体面或片体面，选择相关设置，单击【确定】按钮即可完成抽取工作。曲面类型有以下 3 种。

（1）与原先相同

用于抽取与原表面类型相同的表面。

（2）三次多项式

用此方式抽取的表面将转化为三次多项式类型。其特点是与原表面很接近但并不是原表面的完全复制，这种抽取表面还能够转换到其他 CAD、CAM 和 CAE 应用中。

（3）一般 B 曲面

用此方式抽取的表面将转化为一般 B 曲面类型。这种抽取面是原表面的精确复制，不过这种抽取表面很难转换到其他系统中。

2. 面区域

【类型】下拉列表中选择【面区域】后，【抽取】对话框如图 5-141 所示。可以将模型中在边界表面内，与种子表面有关的所有表面提取为片体。种子面是区域中的起始面，边界面是用来对选择的区域进行界定

图 5-141 【抽取几何特征】对话框

的一个或多个表面，即终止面。

（1）种子面

用于指定抽取区域的种子面。作为抽取区域时收集其他面的起始面。

（2）边界面

用于指定抽取区域的边界面。作为抽取区域时收集其他面的边界，将经过从种子面到边界面的所有面形成抽取区域。

3. 体

【类型】下拉列表中选择【体】后，【抽取几何特征】对话框如图5-142所示。可以对选取的实体或片体进行复制操作，复制的对象和原对象是关联的。此类型的操作比较简单，选取抽取的实体，单击【确定】按钮即可。

4. 复合曲线

复合曲线是通过复制方式复制其他曲线和实体边界来创建曲线。【类型】下拉列表中选择【复合曲线】后，【抽取几何特征】对话框如图5-143所示。选取曲线、实体的边缘或片体的边缘，单击【确定】按钮即可。

图5-142　【抽取几何特征】对话框　　　　图5-143　【抽取几何特征】对话框

5.7.2　阵列特征

阵列特征可以看作是一种特殊的复制方法，如果将创建好的特征模型进行阵列操作，可以快速建立同样形状的多个呈一定规律分布的特征。在NX建模过程中，利用阵列特征操作可以对实体进行多个成组的镜像或者复制，避免对单一实体的重复操作。

单击【特征】工具条中的【阵列特征】按钮💧，或选择菜单【插入】|【关联复制】|【阵列特征】命令，系统弹出如图5-144所示的【阵列特征】对话框。常用的特征有线性、圆形、多边形、螺旋式、沿、常规和参考等多种，如图5-145所示。线性、圆形、常规这3种是经常使用的，其他的3个应用不是很广泛，只是在一些特定的环境下才能使用，多边形和螺旋式从名字就可以看出是按照螺旋式和多边形形式阵列，只要设置好相应的参数即可，在此不作为重点讲解。

图 5-144 【阵列特征】对话框

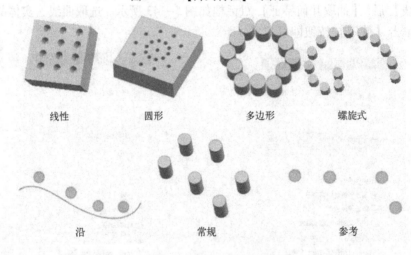

图 5-145 阵列形式实例

【要形成阵列的特征】选项用于选择一个或多个要形成阵列的特征。【参考点】是通过点对话框或点下拉列表中选择点为输入特征指定位置参考点。

1. 线性阵列

线性阵列功能可以将所有阵列实例成直线或矩形排列。线性阵列既可以是二维的（在XC和YC方向上，即多行特征），也可以是一维的（在 XC 或 YC 方向上，即一行特征）。【阵列定义】选项组下的【布局】下拉列表中选择【线性】后，【阵列特征】对话框如图 5-144 所示。对话框中部分选项功能说明如下。

（1）【方向1】选项组

用于设置阵列第一方向的参数。线性阵列可以沿两个方向进行阵列，根据实际情况，勾选【使用方向2】复选框，默认只启用【方向1】。【指定矢量】选项用于设置第一方向的矢量方向。

【方向2】用于设置阵列第二方向的参数。

（2）【间距】下拉列表

【间距】选项用于指定间距方式。【间距】下拉列表中有【数量和节距】、【数量和跨距】、【节距和跨距】和【列表】等几个选项。【数量和节距】用于指个数以及每两个对象之间距离；【数量和跨距】用于指个数以及第一个对象和最后一个对象时间的距离；【节距和跨距】用于两个对象之间距离以及第一个和最后一个之间距离；【列表】用于指控制每两个对象之间距离，通过添加集的形式来完成。

（3）【边界定义】选项组

【边界】下拉列表中有【无】、【面】、【曲线】和【排除】4 个选项。其中【无】表示不定义边界；【面】用于选择面的边、片体边或区域边界曲线来定义阵列边界；【曲线】用于通过选择一组曲线或创建草图来定义阵列边界；【排除】用于通过选择曲线或创建草图来定义从阵列中排除的区域。

（4）【对称】复选框

选中【对称】复选框的效果是以选择对象为边界进行两个方向阵列，这个功能对于一些图纸中有一些标注都是给定基准位置，这样需要做对称标注，对称阵列对这种图形十分有效。

图 5-146 【阵列特征】对话框中的【阵列定义】选项

2. 圆形阵列

圆形阵列常用于环体、盘类零件上重复性特征的创建，该操作用于以环形阵列的形式来复制所选的实体特征，阵列后的特征成圆周排列。

【阵列定义】选项组下的【布局】下拉列表中选择【圆形】后，【阵列特征】对话框如图 5-146 所示。【数量】文本框用于输入阵列中成员特征的总数目，【节距角】文本框用于输入相邻两成员特征之间的环绕间隔角度。

3. 其他阵列方式

【多边形】选项将一个或多个选定特征按照绘制好的多边形生成图样的阵列；【螺旋式】选项从一个或多个选定特征按照绘制好的螺旋线生成图样的阵列；【沿】选项从一个或多个选定特征按照绘制好的曲线生成图样的阵列；【常规】选项从一个或多个选定特征在指定点处生成图样。

5.7.3 阵列面

阵列面可以复制矩形阵列、圆形阵列中的一组面，或镜像一组面，并将其添加到体。单击【特征】工具条中的【阵列面】按钮 ，或选择菜单【插入】|【关联复制】|【阵列面】命令，系统弹出如图 5-147 所示的【阵列面】对话框。【阵列面】对话框与【阵列特征】对话框基本相似，这里不再讲解。

5.7.4 镜像特征

镜像特征操作是指定需要镜像的特征和基准面或平面

图 5-147 【阵列面】对话框

建立对称特征，镜像特征能够建立在一实体内部。单击【特征】工具条中的【镜像特征】按钮，或选择菜单【插入】|【关联复制】|【镜像特征】命令，系统弹出如图5-148所示的【镜像特征】对话框。选取需要镜像的特征，单击鼠标中键，再选取镜像面，单击【确定】按钮即可。

【要镜像的特征】选项用于选择想要进行镜像的部件中的特征；【参考点】选项通过点对话框或点下拉列表中选择点为输入特征指定位置参考点；【镜像平面】选项用于指定镜像选定特征所用的平面或基准平面。【源特征的可重用引用】选项用于已经选择的特征可在列表框中选择以重复使用。

图5-148 【镜像特征】对话框

5.7.5 镜像几何体

镜像几何体操作是指定需要镜像的特征和基准面建立对称体。单击【特征】工具条中的【镜像几何体】按钮，或选择菜单【插入】|【关联复制】|【镜像几何体】命令，系统弹出如图5-149所示的【镜像几何体】对话框。

【要镜像的几何体】选项用于选择想要进行镜像的几何体；【镜像平面】选项用于指定镜像选定几何体所用的平面或基准平面；【复制螺纹】复选框用于复制符号螺纹，不需要重新创建与源体相同外观的其他符号螺纹。选取需要镜像的实体，单击鼠标中键，再选取镜像面，单击【确定】按钮即可。

注意：镜像体不具有自己的参数，它随源实体特征参数改变而改变。对称平面只能是基准平面。

图5-149 【镜像几何体】对话框

5.8 特征编辑

特征编辑是指为了在特征建立后能快速对其进行修改而采用的操作命令。当然，不同的特征有不同的编辑对话框。特征编辑的种类有编辑特征参数、编辑位置、移动特征、特征重排序、替换特征等。【编辑特征】工具条如图5-150所示。

图5-150 【编辑特征】工具条

5.8.1 编辑特征参数

编辑特征参数允许重新定义任何参数化特征的参数值，并通过模型更新以显示所做的修改。此外，该工具还允许改变特征放置面和修改特征类型。编辑特征参数的操作方法很多，最简单的是直接双击目标体。当模型中有多个特征时，单击【编辑特征】工具条中的【编辑特征参数】按钮，或选择菜单【编辑】|【特征】|【编辑参数】命令，系统弹出如图 5-151 所示的【编辑参数】对话框。该对话框包括了当前各种特征的名称，既可以直接选择要编辑参数的特征，也可以在对话框的特征列表框中选择要编辑参数的特征名称，单击【确定】按钮，即可弹出相应的对话框进行特征编辑，随选择特征的不同，弹出的编辑参数对话框形式也不一样。

1. 修改特征参数

通过在特征对话框中重新定义特征的参数，可以生成新特征。选取需要编辑的特征，单击【确定】按钮，系统会弹出特征相应的对话框，然后重新设置特征参数即可。

2. 重新附着

重新附着操作是通过重新指定所需特征的附着平面，从而改变特征生成的位置方向，包括绘制平面、特征放置面、特征位置参照的附着元素。

在如图 5-151 所示的【编辑参数】对话框中选择要编辑的特征，单击【确定】按钮，系统弹出如图 5-152 所示的【编辑参数】对话框。单击【重新附着】按钮，系统弹出如图 5-153 所示的【重新附着】对话框。要进行重新附着操作，单击【指定目标放置面】按钮，选取放置面，然后单击【重新定义定位尺寸】按钮，并依次选取位置参照定义新的尺寸，最后连续单击【确定】按钮即可。

注意：如果编辑的特征之间存在父子关系，改变一个父特征，其子特征也会随之相应改变。

图 5-151 【编辑参数】
对话框

图 5-152 【编辑参数】
对话框

图 5-153 【重新附着】
对话框

3. 更改类型

更改类型操作主要用来改变所选特征的类型，它可以将孔或槽特征改变成其他类型的孔和槽特征。

在如图 5-151 所示的【编辑参数】对话框中选择【简单孔(5)】特征，单击【确定】按钮，系统弹出如图 5-152 所示的【编辑参数】对话框。单击【更改类型】按钮，系统弹出如图 5-154 所示的【编辑参数】对话框。选择所需要的类型，则所选特征的类型改变为新的类型。

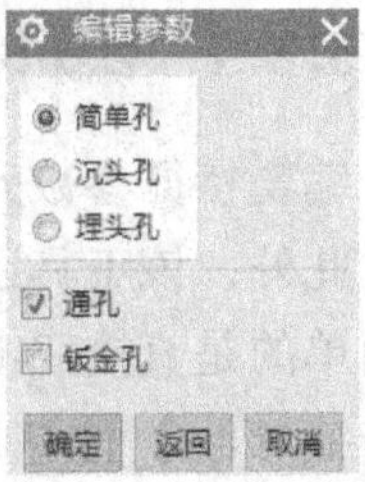

图 5-154 【编辑参数】
对话框

4. 圆角和倒角编辑

圆角和倒角编辑操作用于添加未倒角的边缘、移除或替换已倒角的边缘，它仅适用于边倒角形成的特征。在【编辑参数】对话框中选择圆角和倒角的特征，单击【确定】按钮，系统弹出【边倒圆】对话框。输入新的半径，单击【确定】按钮即可创建新的倒圆角。

5. 编辑阵列特征

阵列特征编辑主要用于编辑阵列或者镜像的实例特征，选择不同的阵列方式，系统将弹出相应的对话框。修改阵列和镜像参数与阵列和镜像操作相似。

5.8.2 可回滚编辑

可回滚编辑是指临时退回到特征之前的模型状态，以编辑该特征。单击【编辑特征】工具条中的【可回滚编辑】按钮，或选择菜单【编辑】|【特征】|【可回滚编辑】命令，系统弹出如图 5-155 所示的【可回滚编辑】对话框。选择要编辑的特征，单击【确定】按钮，系统将会弹出相应的【编辑参数】对话框，同时，模型退回到特征之前的模型状态。

图 5-155 【可回滚编辑】
对话框

5.8.3 编辑位置

编辑位置可以通过编辑定位尺寸值来移动特征，也可以为那些在创建特征时没有指定定位尺寸或定位尺寸不全的特征添加定位尺寸，此外，还可以直接删除定位尺寸。单击【编辑特征】工具条中的【编辑位置】按钮，或选择菜单【编辑】|【特征】|【编辑位置】命令，系统弹出如图 5-156 所示的【编辑位置】对话框。选取需要编辑位置的特征，单击【确定】按钮，系统弹出如图 5-157 所示的【编辑位置】对话框。在该对话框中有 3 种位置编辑方式，如下所述。

图 5-156 【编辑位置】
对话框

1. 添加尺寸

该方式可以在所选择的特征和相关实体之间添加定位尺寸，主要用于未定位的特征和定位尺寸不全的特征。单击【添加尺寸】按钮，系统弹出【定位】对话框，这时可以添加相应的定位尺寸。

2. 编辑尺寸值

该方式主要用来修改已经存在的尺寸参数。单击【编辑尺寸值】按钮，系统弹出如图 5-158 所示的【编辑位置】对话框，并在绘图区中显示特征定位尺寸值。选取需要修改的定位尺寸，系统弹出如图 5-159 所示的【编辑表达式】对话框。在文本框中输入新的定位尺寸，单击【确定】按钮即可。

图 5-157 【编辑位置】
对话框

图 5-158 【编辑位置】
对话框

图 5-159 【编辑表达式】
对话框

3. 删除尺寸

该方式用于删除所选特征指定的定位尺寸。单击【删除尺寸】按钮，系统弹出如图 5-160 所示的【移除定位】对话框，并在绘图区中显示特征定位尺寸值。选取需要删除的定位尺寸，连续单击【确定】按钮即可。

图 5-160 【移除定位】
对话框

5.8.4 移动特征

移动特征是将非关联的特征移动到所需位置，它的应用主要包括两个方面：第一，可以将没有任何定位的特征移动到指定位置；第二，对于有定位尺寸的特征，可以利用编辑位置尺寸的方法移动特征。

单击【编辑特征】工具条中的【移动特征】按钮🖱，或选择菜单【编辑】|【特征】|【移动特征】命令，系统弹出如图 5-161 所示的【移动特征】对话框。选取需要移动的特征，单击【确定】按钮，系统弹出如图 5-162 所示的【移动特征】对话框。在该对话框中包括了 4 种移动特征的方式，如下所述。

图 5-161 【移动特征】对话框

图 5-162 【移动特征】对话框

1. 【DXC】、【DYC】与【DZC】

【DXC】、【DYC】和【DZC】文本框用于设置所选特征的沿 X、Y、Z 方向移动的增量值。

2.【至一点】

用于将所选取的特征从原位置移动到目标点，单击【至一点】按钮，系统弹出【点】对话框，首先指定参考点的位置，再指定目标点的位置，即可完成移动。

3.【在两轴间旋转】

用于将所选取的实体以一定角度绕指定点从参考轴旋转到目标轴，单击【在两轴间旋转】按钮，系统弹出【点】对话框。指定一点后，系统弹出【矢量】对话框，构造一矢量作为参考轴，再构造另一矢量作为目标轴即可。

4.【CSYS 到 CSYS】

用于将所选取的特征从参考坐标系中的相对位置转到目标坐标系中的同一位置。单击【CSYS 到 CSYS】按钮，系统弹出【CSYS】对话框，构造一坐标系作为参考坐标系，再构造另一坐标系作为目标坐标系即可。

5.8.5 特征重排序

特征重排序是指通过更改模型上特征创建的顺序来编辑模型。由于各个特征的创建顺序不同，重排序后的特征会显示不同的效果。一个特征可以排序在所选的特征之前或之后。值得注意的是，有父子关系和依赖关系的特征不允许进行特征重排序操作。

单击【编辑特征】工具条中的【特征重排序】按钮，或选择菜单【编辑】|【特征】|【特征重排序】命令，系统弹出如图 5-163 所示的【特征重排序】对话框。该对话框中包括 3 部分：特征列表框、选择方法和重定位特征。特征列表框显示所有的特征，可以选择重排序的特征。选择方式有两种：【之前】和【之后】。重定位特征列表框显示要重排序的特征。

特征重新排序时，首先在基准特征列表框中选择需要排序的特征，同时在重新排序特征列表框中，列出可调整顺序的特征。选择排序方式，然后从重新排序特征列表框中选择一个要重新排序特征，单击【确定】或【应用】按钮，则将所选重新排到基准特征之前或之后。

图 5-163 【特征重排序】
对话框

5.8.6 抑制和取消抑制特征

抑制特征是从实体模型上临时移除一个或多个特征，即取消它们显示。此时，被抑制特征及其子特征前面的绿勾消失。

单击【编辑特征】工具条中的【抑制特征】按钮，或选择菜单【编辑】|【特征】|【抑制】命令，系统弹出如图 5-164 所示的【抑制特征】对话框。在【过滤器】列表框中选择要抑制的特征，【选定的特征】列表框中将显示该抑制的特征，单击【确定】或【应用】按钮即可。

如果欲取消特征的抑制，可单击【编辑特征】工具条中的【取消抑制特征】按钮，系统弹出如图 5-165 所示的【取消抑制特征】对话框。取消抑制特征操作与抑制特征操作基本一致。

图 5-164 【抑制特征】对话框   图 5-165 【取消抑制特征】对话框

5.8.7 移除特征参数

移除特征参数用于移去特征的一个或者所有参数。单击【编辑特征】工具条中的【移除参数】按钮，或选择菜单【编辑】|【特征】|【移除参数】命令，系统弹出如图 5-166 所示的【移除参数】对话框。选择要移除参数的对象，单击【确定】按钮，系统弹出如图 5-167 所示的警告信息框，提示该操作将移除所选实体的所有特征参数。若单击【确定】按钮，则移除全部特征参数；若单击【否】按钮，则取消移除操作。

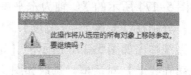

图 5-166 【移除参数】对话框   图 5-167 警告信息框

5.9 综合应用实例——三通管造型

1. 打开文件

选择【文件】|【打开】命令或者单击【标准】工具条中的【打开】按钮，系统弹出【打开】对话框。选择在本书的配套资源中根目录下的 5/5_5.prt 文件，单击【OK】按钮，即打开部件文件。

2. 创建圆柱

单击【特征】工具条中的【圆柱】按钮，系统弹出如图 5-168 所示的【圆柱】对话框。【类型】下拉列表中选择【轴、直径和高度】；以 XC 轴为圆柱体的矢量方向；分别在【直径】和【高度】文本框中输入 50 和 124；单击【应用】按钮，结果如图 5-168 所示。

这时系统并没有退出【圆柱】对话框，以在 ZC 轴为圆柱体的矢量方向；单击【指定点】后的【点对话框】按钮，系统弹出【点】对话框，输入坐标（62、0、0）；单击

【确定】按钮，系统返回到【圆柱】对话框。分别在【直径】和【高度】文本框中输入30和60；【布尔】下拉列表中选择【求和】；然后单击【确定】按钮，结果如图5-169所示。

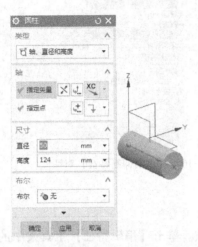

图5-168 【圆柱】对话框和创建的圆柱　　　　图5-169 【圆柱】对话框和创建的圆柱

3. 添加垫块

单击【特征】工具条中的【垫块】按钮，系统弹出如图5-170所示的【垫块】对话框。单击【矩形】按钮，系统弹出如图5-171所示的【矩形垫块】对话框。选取如图5-172所示的实体表面为垫块的放置面，系统弹出如图5-173所示的【水平参考】对话框。选取如图5-174所示的XC轴为水平参考方向，系统弹出如图5-175所示的【矩形垫块】对话框。分别在【长度】、【宽度】和【高度】文本框中输入60、60和7，单击【确定】按钮，系统弹出如图5-176所示的【定位】对话框。单击【线落在线上】按钮，系统弹出【线落在线上】对话框。选取如图5-174所示的XC轴为目标边，选取如图5-177所示垫块中心线的为工具边，系统返回到【定位】对话框。单击【按一定距离平行】按钮，系统弹出【平行距离】对话框。选取如图5-178所示的YC轴为目标边，选取如图5-179所示的垫块中心线为工具边，系统弹出如图5-180所示的【创建表达式】对话框。在文本框中输入62，单击【确定】按钮，结果如图5-181所示。

图5-170 【垫块】对话框　　　　图5-171 【矩形垫块】对话框　　　　图5-172 垫块的放置面

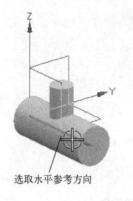

选取水平参考方向

图 5-173 【水平参考】对话框　　　图 5-174 水平参考方向　　　图 5-175 【矩形垫块】对话框

选取的工具边

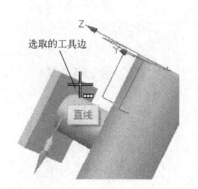

选取的目标边

图 5-176 【定位】对话框　　　图 5-177 选取的工具边　　　图 5-178 选取的目标边

选取的工具边

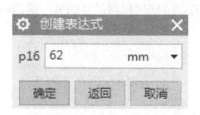

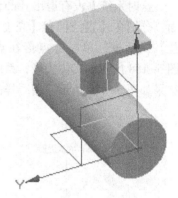

图 5-179 选取的工具边　　　图 5-180 【创建表达式】对话框　　　图 5-181 添加凸台后的结果

4. 添加凸台

单击【特征】工具条中的【凸台】按钮，系统弹出如图 5-182 所示的【凸台】对话框。选取如图 5-183 所示的实体表面为凸台的放置面，分别在【直径】和【高度】文本框中输入 35 和 3，单击【应用】按钮，系统弹出【定位】对话框，单击【点落在点上】按钮，系统弹出【点落在点上】对话框。选取如图 5-184 所示的实体边缘，系统弹出如图 5-185 所示的【设置圆弧的位置】对话框。单击【圆弧中心】按钮，结果如图 5-186 所示。

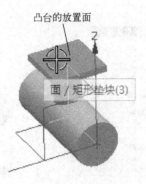

图 5-182 【凸台】对话框   图 5-183 凸台的放置面

图 5-184 选取的实体边缘   图 5-185 【设置圆弧的位置】对话框   图 5-186 添加凸台后的结果

这时系统并没有退出【凸台】对话框，选取如图 5-187 所示的实体表面为凸台的放置面，分别在【直径】和【高度】文本框中输入 85 和 8，单击【应用】按钮，系统弹出【定位】对话框，单击【点落在点上】按钮，系统弹出【点落在点上】对话框。选取如图 5-188 所示的实体边缘，系统弹出【设置圆弧的位置】对话框。单击【圆弧中心】按钮，结果如图 5-189 所示。用同样的方法创建相同尺寸的另一端的凸台，结果如图 5-190 所示。

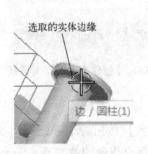

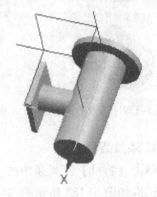

图 5-187 凸台的放置面   图 5-188 选取的实体边缘   图 5-189 添加凸台后的结果

5. 添加孔

(1) 创建 $\phi40$ 的孔

单击【特征】工具条中的【NX 5 版本之前的孔】按钮，系统弹出如图 5-191 所示的

166

【孔】对话框。选取如图 5-192 所示的实体表面为孔的放置面，选取如图 5-193 所示的实体表面为孔的通过面；在【直径】文本框中输入 40；单击【应用】按钮，系统弹出【定位】对话框。单击【点落在点上】按钮，系统弹出【点落在点上】对话框。选取如图 5-194 所示的实体边缘，系统弹出【设置圆弧的位置】对话框。单击【圆弧中心】按钮，结果如图 5-195 所示。

图 5-190　添加凸台后的结果

图 5-191　【孔】对话框

图 5-192　孔的放置面

图 5-193　孔的通过面

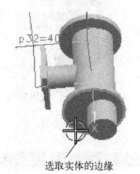

图 5-194　选取实体的边缘

图 5-195　创建孔后的结果

（2）创建沉头孔

这时系统并没有退出【孔】对话框，【类型】选择【沉头孔】图标；选取如图 5-196 所示的实体表面为孔的放置面，选取如图 5-197 所示的实体表面为孔的通过面；分别在【沉头孔直径】、【沉头孔深度】和【孔径】文本框中输入 25、3.2 和 20；单击【应用】按钮，系统弹出【定位】对话框。单击【点落在点上】按钮，系统弹出【点落在点上】对话框。选取如图 5-198 所示的实体边缘，系统弹出【设置圆弧的位置】对话框。单击【圆弧中心】按钮，结果如图 5-199 所示。

（3）创建 $\phi 7$ 的孔

这时系统并没有退出【孔】对话框，【类型】选择【简单孔】图标；选取如图 5-200 所示的实体表面为孔的放置面，选取如图 5-201 所示的实体表面为孔的通过面；在【直径】文本框中输入 7；单击【应用】按钮，系统弹出【定位】对话框。选取如图 5-202 所示的实体边缘，【定位】对话框中的【当前表达式】激活，如图 5-203 所示，在文本框中输入

7；选取如图 5-204 所示的实体边缘，在文本框中输入 7；单击【确定】按钮，结果如图 5-205 所示。

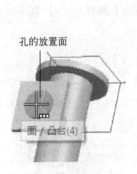
图 5-196　孔的放置面

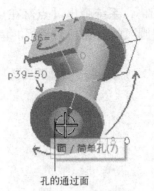
图 5-197　孔的通过面

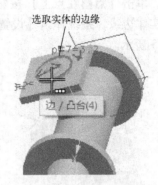
图 5-198　选取实体的边缘

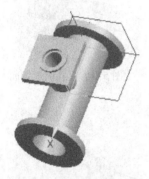
图 5-199　创建孔后的结果

图 5-200　孔的放置面

图 5-201　孔的通过面

图 5-202　选取实体的边缘

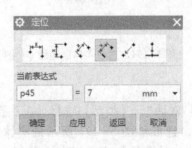
图 5-203　【定位】对话框

图 5-204　选取实体的边缘

（4）创建 φ7 的孔

这时系统并没有退出【孔】对话框，选取如图 5-206 所示的实体表面为孔的放置面，选取如图 5-207 所示的实体表面为孔的通过面；在【直径】文本框中输入 7；单击【应用】按钮，系统弹出【定位】对话框。单击【水平】按钮，系统弹出【水平参考】对话框。选取如图 5-208 所示的 ZC 轴为水平参考方向，系统弹出【水平】对话框。选取如图 5-209 所示的实体边缘，系统弹出【设置圆弧的位置】对话框，单击【圆弧中心】按钮，在文本框中输入 "$35 * \sin(45)$"；单击【竖直】按钮，选取如图 5-209 所示的实体边缘，系统

168

弹出【设置圆弧的位置】对话框，单击【圆弧中心】按钮，在文本框中输入"35 * cos (45)"；单击【确定】按钮，结果如图5-210所示。

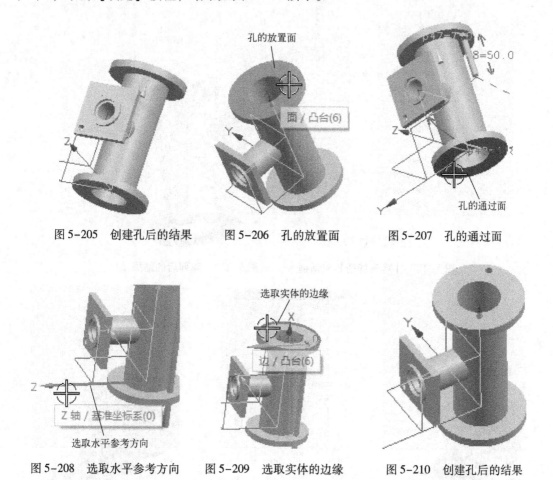

图5-205　创建孔后的结果　　　图5-206　孔的放置面　　　图5-207　孔的通过面

图5-208　选取水平参考方向　　图5-209　选取实体的边缘　　图5-210　创建孔后的结果

6. 阵列孔

单击【特征】工具条中的【阵列特征】按钮，系统弹出如图5-211所示的【阵列特征】对话框。选取方凸台上的φ7孔为【要形成阵列的特征】；【布局】下拉列表中选择【线性】；【方向1】选项组中的【指定矢量】选项选择【-YC】，在【数量】和【节距】文本框中分别输入2和46；【方向2】选项组中的【指定矢量】选项选择【XC】，【数量】和【节距】文本框中分别输入2和46；如图5-211所示，单击【应用】按钮，结果如图5-212所示。

这时系统并没有退出【阵列特征】对话框，选取方圆台上的φ7孔为【要形成阵列的特征】；【布局】下拉列表中选择【圆形】；【旋转轴】选项组中的【指定矢量】选项选择【XC】，【指定点】选项选择【圆弧中心】，然后选择如图5-213所示的实体边缘；在【数量】和【节距】文本框中分别输入4和90，如图5-214所示；单击【确定】按钮，结果如图5-215所示。

图 5-211 【阵列特征】对话框　　　　图 5-212 阵列后的结果

选取的实体边缘

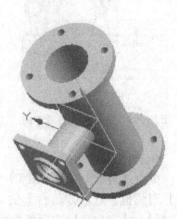

图 5-213 选取实体的边缘　　图 5-214 【阵列特征】对话框　　图 5-215 阵列后的结果

7. 倒斜角

单击【特征】工具条中的【倒斜角】按钮，系统弹出如图 5-216 所示的【倒斜角】对话框。在【距离】文本框中输入 0.5，选择如图 5-217 所示的实体边缘，单击【确定】按钮，结果如图 5-218 所示。

8. 边倒圆

单击【特征】工具条中的【边倒圆】按钮，系统弹出如图 5-219 所示的【边倒圆】对话框。选择如图 5-220 所示的实体边缘，在【半径 1】文本框中输入 2，单击【应用】按

图 5-216 【倒斜角】对话框

钮；选择如图 5-221 所示的实体边缘，在【半径 1】文本框中输入 1，单击【确定】按钮，结果如图 5-222 所示。

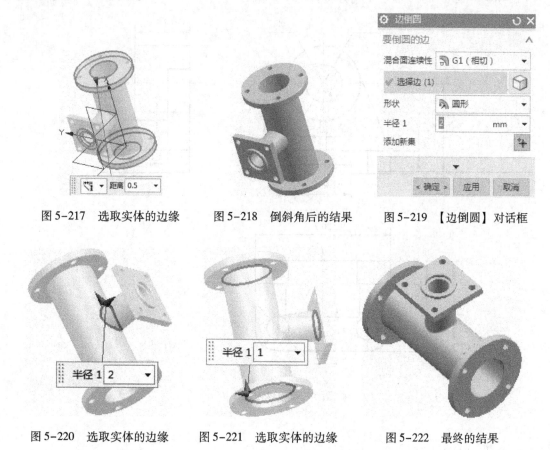

图 5-217　选取实体的边缘　　图 5-218　倒斜角后的结果　　图 5-219　【边倒圆】对话框

图 5-220　选取实体的边缘　　图 5-221　选取实体的边缘　　图 5-222　最终的结果

5.10　本章总结

　　本章首先介绍了建模的方法、步骤、NX 建模的基本过程及常见的功能（如体素特征、多实体合成、实体扫掠特征等），并通过两个常见的实例讲解了这些功能的应用和技巧。然后介绍了特征建模的命令，包括成形特征、细节特征、特征修剪、特征的关联复制和特征编辑。其中先介绍了成形特征的定位和几种常用的成形特征；再介绍了细节特征，细节特征包括拔模、边倒圆、倒斜角、抽壳、螺纹、偏置面和比例缩放等；最后介绍了特征修剪、特征的关联复制和特征编辑。在讲解这些功能时，还通过几个典型的实例讲解了这些功能的应用和技巧。

5.11　思考和练习题

　　1. NX 的特征建模有什么特点？

　　2. NX 中共有哪几种倒圆操作？有何区别？

　　3. 成形特征有哪些？

4. 列举几种特征定位时的定位方法。

5. 创建如图 5-223 ~ 图 5-226 所示的三维模型。

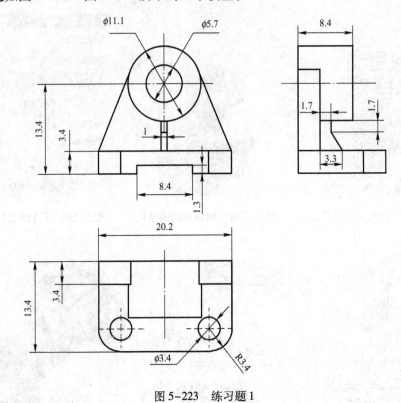

图 5-223　练习题 1

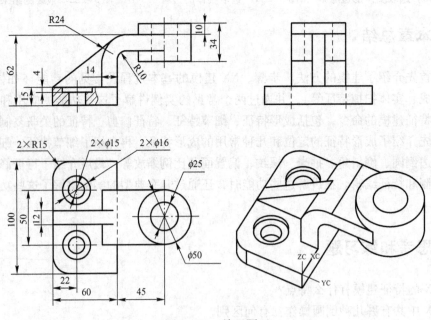

图 5-224　练习题 2

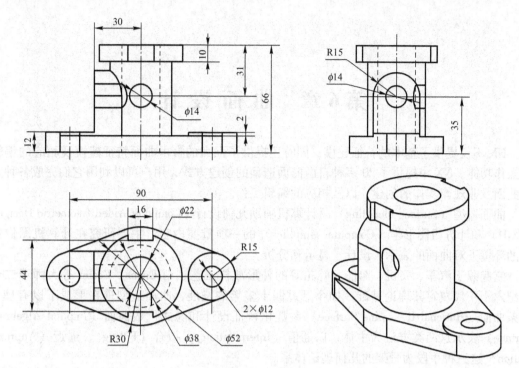

图 5-225 练习题 3

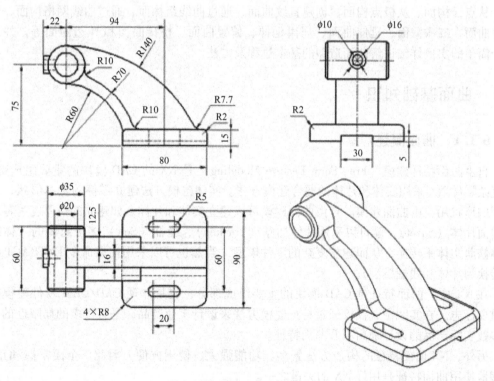

图 5-226 练习题 4

第6章 曲面设计

NX 不仅提供了基本的特征建模，同时还提供了强大的自由曲面特征建模及相应的编辑和操作功能。NX 中提供了 20 多种自由曲面造型的创建方式，用户可以利用它们完成各种复杂曲面及非规律实体的创建，以及相应的编辑工作。

曲面造型（Surface Modeling）是计算机辅助几何设计（Computer Aided Geometric Design，CAGD）和计算机图形学（Computer Graphics）的一项重要内容，主要研究在计算机图像系统的环境下对曲面的表示、设计、显示和分析。

它起源于汽车、飞机、船舶、叶轮等的外形放样工艺，由 Coons、Bezier 等大师于二十世纪六十年代奠定其理论基础。如今经过四十多年的发展，曲面造型现在形成了以有理 B 样条曲面（Rational B – spline Surface）参数化特征设计和隐式代数曲面（Implicit Algebraic Surface）表示这两类方法为主体，以插值（Interpolation）、拟合（Fitting）、逼近（Approximation）这三种手段为骨架的几何理论体系。

本章主要讲解曲面的基本概念和常用的曲面造型功能，常用的曲面造型功能有通过点构面、从点云构面、从极点构面、创建直纹曲面、通过曲线组构面、通过曲线网格构面、创建扫掠曲面、二次截面、延伸曲面、规律延伸、偏置曲面、桥接曲面和 N 边曲面等，并通过几个简单的实例详细讲解曲面造型的基本过程及方法。

6.1 曲面基础知识

6.1.1 曲面概述

自由曲面特征建模（Free Form Feature Modeling）是 NX 的 CAD 模块的重要组成部分。对复杂零件 NX 采用实体和片体的混合建模方法。实体建模方法建立零件的基本形状，难以实现的形状用自由曲面建模。自由曲面建模可以建立实体和片体。如建立的是厚度为零的自由曲面片体（Sheet），就可以采用片体加厚（Thicken）、缝补（Sew）多个封闭的片体或用片体修剪实体来转换，从而建立复杂的零件模型（当然也可以采用抽取命令 EXTRACT 将实体转换为片体和线框模型）。

在 NX 中，曲面特征是 CAD 模块的重要组成部分，也是体现 CAD/CAM 软件建模能力的重要标志。在实践中，仅仅通过特征建模方法来设计工业产品，是有很多的局限性的，绝大多数实际产品的设计都离不开曲面特征。

另外，NX 曲面特征的构造方法繁多、功能强大、使用方便，因此，全面掌握和正确、合理地使用曲面特征是用好 NX 的关键之一。

6.1.2 曲面的基本概念及分类

曲面的概念是相对于实体而言的，它同实体有着本质的区别。曲面本身没有厚度和质量，它是一种面和面的组合特征；而实体却是具有一定质量和体积的实体性几何特征。在 NX 中的曲面特征模块，主要用于构造标准特征建模方法所无法创建的复杂形状，它可以生成曲面，也可以生成实体。

通常，定义曲面特征可以采用点、线、片体或实体的边界和表面。根据其创建方法的不同，曲面可以分为多种类型。两种最常见的曲面类型如下所示。

1）基于曲线的曲面：可以分为直纹面、通过曲线、通过曲线网格、扫描和截面体。

2）基于片体的曲面：可以分为延伸片体、桥接片体、增厚片体、面圆角、软圆角、偏置面。

曲面还可以分为参数化的曲面和非参数化的曲面。

1）参数化的曲面：全相关、全参数化，这类曲面的特征是都由曲线生成，曲面与曲线相关。建议在特征树中进行编辑。

2）非参数化的曲面：用【编辑】|【曲面】和【变换】等命令生成的曲面和点生成的曲面大多为非参数化的曲面，但是也可以用自由曲面特征的编辑命令来修改曲面的形状等。

6.1.3 NX 的曲面常见的术语

在创建曲面的过程中，会出现许多专业性概念及术语，为了准确地创建自由曲面，很有必要了解这些术语的定义及功能。

1. 曲面和片体

片体是相对实体而言，它只有表，没有体积。并且每一个片体都是独立的几何体，可以包含一个特征，也可以包含多个特征；一个曲面可以包含一个或多个片体。在 NX 中任何片体、片体的组合以及实体的大多数表面都是曲面。

（1）曲面的 U、V 向

作为平面有 XY 坐标，作为曲面，为了更好地表达曲面的形状，用行和列来表示，行（Row）为 U 向，列（Column）为 V 向，其组成的 U、V 方向的曲线可以称为等参数线或栅格曲线，可以通过主菜单的【首选项】来设置。

（2）曲面的阶次

单一样条曲线有阶数（Degree），曲面阶数就有 U 向和 V 向阶数之分。每个方向可以为 1～24 阶。通常曲线阶数小于或等于 3，当曲面曲率连续时，可以考虑使用五阶曲线。

（3）补片类型

片体是由补片构成的，根据补片的数量可分为单补片和多补片两种类型。单补片是指建立的片体包含一个单一的补片；而多补片是一系列单补片的阵列。补片越多，越能在更小的范围内控制片体的曲率半径，一般情况下，尽量减少补片的数量，这样可以使所创建的曲面更光滑。

2. 公差

构建曲面是一种逼近方法，误差是不可避免的。公差分为距离公差（Distance Tolerances）和角度公差（Angle Tolerances）。公差是理论曲面与实际曲面的最大偏差。当发现做成的曲面数据太大或时间过长，一般来说就是误差太小的缘故。可在【首选项】|【建模】命令中设置。

3. 曲面的构造结果

在创建自由曲面时，通过参数设置，可以产生不同的曲面构造结构。选择菜单【首选项】|【建模】命令，系统弹出如图 6-1 所示的【建模首选项】对话框。单击【自由曲面】选项卡，在对话框中设置生成曲面的参数。

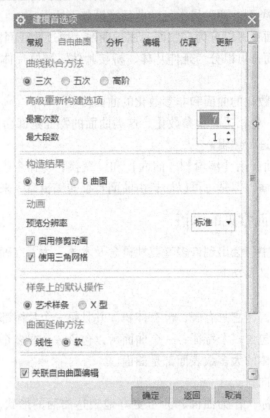

图 6-1 【建模首选项】对话框

6.1.4 自由曲面建模的基本原则

构造曲面的边界曲线尽可能简单并要保证光滑连续，避免产生尖角、交叉和重叠；曲率半径尽可能大些，否则会造成加工困难和复杂形状；构造的自由曲面的阶数小于或等于3，最好不要使用高阶的自由曲面；避免构造非参数化的曲面；如果是测量的数据点，则应先由点生成曲线，再用曲线构造曲面。

NX 不仅提供了基本的特征建模模块，同时提供了自由曲面的特征建模模块、自由曲面编辑模块及自由曲面变换模块。通过自由曲面的特征建模模块可以方便地生成曲面片体或实体模型；通过自由曲面编辑模块和自由曲面变换自由曲面变换模块可以实现对自由曲面的各种编辑修改操作。

6.1.5 曲面工具

曲面造型特征包括多种特征创建方式，可以完成各种复杂曲面、片体、非规则实体的创建。

选择菜单命令【插入】|【曲面】、【网格曲面】、【扫掠】和【弯边曲面】等如图6-2所示的下拉菜单。这些命令大部分能在如图6-3所示的【曲面】工具条中找到。

图6-2 【曲面】菜单

图6-3 【曲面】工具条

6.2 由曲线构造曲面

在NX中，除了由草图中的曲线通过拉伸、旋转等操作构造曲面外，还可以将曲线轮廓通过直纹面、曲线组、曲线网格、扫描以及截面体等工具构造曲面。此类曲面至少需要两条曲线构造，并且生成的曲面与曲线之间具有关联性，即对曲线进行编辑后曲面也将随之改变。

6.2.1 有界平面

有界平面是由实体的边界或封闭的曲线生成片体。单击【曲面】工具条中的【有界平面】按钮，或选择菜单【插入】|【曲面】|【有界平面】命令，系统弹出如图6-4所示的【有界平面】对话框。根据需要先选择共面的封闭曲线、实体边缘或实体面，再单击对话框中的【确定】按钮即可。

为了创建平面片体，必须建立边界（如果需要也可以建立内边界），选择的边界几何体可包含一个或多个对象，对象可以是曲线、实体边缘、曲面的边缘或实体面。

图6-4 【有界平面】对话框

6.2.2 曲线成片体

由曲线成片体的操作可以实现将曲线转化为片体的功能，结果如图6-5所示。单击【曲面】工具条中的【曲线成片体】按钮，或选择菜单【插入】|【曲面】|【曲线成片体】命令，系统弹出如图6-6所示的【从曲线获得面】对话框。在该对话框中，有两个需要设置的选项，下面分别对这两个选项加以说明：

两条圆弧产生一个圆柱面

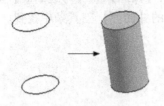

图6-5　曲线成片体　　　图6-6　【从曲线获得面】对话框

【按图层循环】复选框：每次在一个层上处理所有可选的曲线。要加速处理，可以选中此选项。这样，系统会通过每次处理一个层上的所有可选的曲线来生成体。所有用来定义体的曲线必须在一个层上。

【警告】复选框：在生成体以后，如果存在警告的话，会导致系统停止处理并显示警告信息。会警告用户有曲线的非封闭平面环和非平面的边界。如果不选中此复选框，则不会警告用户，也不会停止处理。

提示：使用【按图层循环】选项可以显著地改善处理性能。此选项还可以显著地减少虚拟内存的使用。如果收到以下信息：虚拟内存用完，可能会想要把线框几何体展开到几个层上。但一定要把一个体的所有定义曲线放在一个层上。

设计时根据实际需要确定要不要选中上述的两个复选框，单击对话框中的【确定】按钮，系统弹出【类选择】对话框，然后选择曲线，单击【确定】按钮即可生成片体。

6.2.3　直纹面

单击【曲面】工具条中的【直纹】按钮，或选择菜单【插入】|【网格曲面】|【直纹】命令，系统弹出如图6-7所示的【直纹】对话框，通过两条曲线轮廓生成片体或实体。

1. 操作步骤

1）选择一条截面线串；

2）选择对齐方式；

3）输入距离公差；

4）输入临时网格显示u和v数量值；

5）依次单击【确定】按钮，生成直纹曲面。

2. 对齐方式

该下拉列表用于调整创建的薄体，当依次选取曲线与法线方向后，再依选项设置，其对齐的方式可分为【参数】、【弧长】、【根据点】、【距离】、【角度】、【脊线】和【可扩展】，当产生片体后，若改变其定义的曲线位置，其片体会随着曲线的变更而适当调整。

其中【参数】表示空间中的点将会沿着所指定的曲线以相等参数的间距穿过曲线产生片体。所选取曲线的全部长度将完全被等分；【弧长】表示空间中的点将会沿着所指定的曲线以相等弧长的间距穿过曲线，产生片体，所选取曲线的全部长

图6-7　【直纹】对话框

178

度将完全被等分；【根据点】表示选择该选项，则可根据所选取的顺序在连接线上定义片体的路径走向，该选项用于连接线中。在所选取的形体中含有角点时使用该选项；【距离】表示选择该选项，则系统会将所选取的曲线在向量方向等间距切分。当产生片体后，若显示其U方向线，则U方向线以等分显示；【角度】表示系统会以所定义的角度转向，沿向量方向扫过，并将所选取的曲线沿一定角度均分。当产生片体后，若显示其U方向线，则U方向线会以等分角度方式显示；【脊线】表示系统会要求选取脊线，之后，所产生的片体范围会以所选取的脊线长度为准。但所选取的脊线平面必须与曲线的平面垂直。

3. 公差

【G0位置】文本框用于设置所产生的片体与所选取的断面曲线之间的误差值。若设置为零，则所产生片体将会完全沿着所选取的断面曲线创建。

注意：每个截面线串的起始位置点对齐在一起，没有必要选择这些点将它们对齐。如果选定的截面线串包含任何尖锐的拐角，则建议在尖锐的拐角处使用【根据点】对齐来保留它们。系统生成分开的面，它们在由尖锐的拐角组成的边上连接。也可以为自由形式特征到尖锐拐角的精确拟合定义一个值为0.00的拟合公差，这对于相似外形的截面线串来说很方便。否则，生成一个高曲率、有光顺拐角的体去逼近这些尖锐的拐角。任何接下来在这些拐角或面上执行的特征操作可能会因为曲率而失败。

6.2.4　通过曲线组

单击【曲面】工具条中的【通过曲线组】按钮，或选择菜单【插入】|【网格曲面】|【通过曲线组】命令，系统弹出如图6-8所示的【通过曲线组】对话框。

1. 操作步骤

1）选择截面线串，单击鼠标的中键完成一条截面线串的选择，单击【添加新集】按钮；添加新的截面线串；

2）选择【补片类型】，可以是单个或者多个；

3）选择【对齐】方式；

4）对于多面片，指定该实体是否V向封闭；

5）根据需要设置其他选项；

6）单击【确定】按钮。

2. 补片类型

该选项用于设置所产生片体的偏移面类型，有两个选项：

单个：若选择单个选项，则指定的线段至少为两条。

图6-8　【通过曲线组】对话框

多个：若选择多个选项，则偏移面数为指定的V次方数减1。

3. 调整方式

该下拉列表框用于对齐所创建的片体，其对齐方式有【参数】、【弧长】、【根据点】、【距离】、【角度】、【脊线】和【根据分段】。

【参数】：选择此选项，则所选取的曲线将在相等参数区间等分，即所选取的曲线全长将完全被等分。

【弧长】：选择此选项，则所选的曲线将沿相等的弧长定义线段，即所选取的曲线全长将完全被等分。

【根据点】：选择此选项，则可在所选取的曲线上，定义依序点的位置，当定义依序点后，片体将据依序点的路径创建。其依序点在每个选取曲线上仅能定义一点。

【距离】：选取该选项，则系统会弹出【指定矢量】选项，并以【指定矢量】选项定义对齐的曲线或对齐轴向，其所创建的偏移面为一组均分的偏移面。

【角度】：选择此选项，则片体的构面会沿其所设置的轴向向外等分，扩到最后一条选取的曲线，其定义轴向的方式可分为下列 3 种：两点，以两点定义轴线方向及位置；现有的直线，选取已存在的线段为轴线；点和矢量，定义一点与向量方向。

【脊线】：选择此选项，则当定义完曲线后，系统会要求选取脊线，选取脊线后，所产生的片体范围会以所选取的脊线长度为准，但所选取的脊线平面必须与曲线的平面垂直，即所选取的脊线与曲线须为共面关系。

【根据分段】：若选取为样条定义点，则所产生的片体会以所选取曲线的相等切点为穿越点，但其所选取的样条则限定为 B – 曲线。

4. 连续性

G0（位置）：在第一和/或最后选择的截面线串处与另一个或者多个曲面相交。

G1（相切）：在第一和/或最后选择的截面线串处与另一个或者多个曲面相切。

G2（曲率）：在第一和/或最后选择的截面线串处与另一个或者多个曲面相切并曲率连续。

6.2.5 通过曲线网格

单击【曲面】工具条中的【通过网格曲面】按钮，或选择菜单【插入】|【网格曲面】|【通过曲线网格】命令，系统弹出如图 6-9 所示的【通过曲线网格】对话框。

通过曲线网格从运行在两个方向的已存线串组建立片体或实体。两组线串组近似正交、一组称为主曲线串，另一组称为交叉曲线串。建立的片体或实体与两组线串相关。

1. 曲线网格构面的基本步骤

1）选择主曲线串和交叉曲线串；

2）设置主曲线串和交叉去线串的连续性；

3）设置相交公差；

4）设置构造选项，如果指定简单选项，则必须指定主曲线模板或交叉曲线模板，或让系统选择它们；

5）单击【确定】或【应用】按钮。

注意：第一或最后主曲线串可以是一个点（已存点或曲线端点）。

提示：全部或部分垂直于定义曲线（交叉曲线串）的脊线曲线是无效的，因为截面平面和定义曲线之间的交叉会是不存在的或是不完全定义的。当生成曲线网格体时，相同类型的线串（如主曲线串）的端点不能重合。

2. 着重

用于设置系统在生成曲面时考虑主要曲线和横越曲线的方式。共有以下三个选项：

（1）两者皆是

选择此选项，则所产生的片体会沿主要曲线与横越曲线的中点创建。

（2）主线串

选择此选项，则所产生的片体会沿主要的曲线创建。

（3）交叉线串

选择此选项，所产生的片体会沿横越的曲线创建。

3. 公差

该选项有相交公差、位置公差和相切公差，其中相交公差用于设置曲线与主要弧之间的公差。当曲线与主要的弧不相交时，其曲线与主要弧之间的距离不得超过所设置的交叉公差值。若超过所设置的公差时，系统会显示错误信息，并无法生成曲面，提示重新操作。

4. 构造选项

用于设置生成的曲面符合各条曲线的程度，共有三个选项：

法向：选择该选项，系统将按照正常的过程创建实体或是曲面，该选项具有最高的精度，因此将生成较多的块，占据最多的存储空间。

样条点：该选项要求选择的曲线必须是具有与选择的点数目相同的单一 B 样条曲线。这时生成的实体和曲面将通过控制点并在该点处与选择的曲线相切。

简单孔：该选项可以对曲线的数学方程进行简化，以提高曲线的连续性。运用该选项生成的曲面或实体具有最好的光滑度，生成的块数也是最少的，因此占用最少的存储空间。

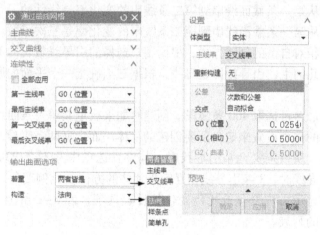

图 6-9 【通过曲线网格】对话框

6.2.6 扫掠

扫掠特征是将截面线沿引导线运动扫掠生成物体，它具有较大灵活性，可以控制比例方位的变化。引导线可以多于 1 条，截面线最多可以达到 150 条。

引导线在扫掠方向上用于控制扫掠的方位和比例，每条引导线可以是多段曲线合成的，但必须是光滑的。引导线的条数最多可有 3 条。

1 条引导线：由用户指定控制截面线的方位和比例。

2 条引导线：自动确定方位，比例则由用户指定。

3 条引导线：自动确定比例和方位。

单击【曲面】工具条中的【扫掠】按钮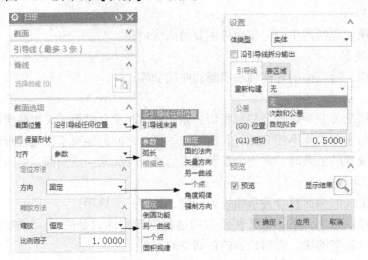，或选择菜单【插入】|【扫掠】|【扫掠】命令，系统弹出如图 6-10 所示的【扫掠】对话框。

图 6-10 【扫掠】对话框

如果为扫掠选择多于一个的截面线串，则必须指定用何种方式在它们之间插补，线性的或三次的。

线性的意味着从第一条截面线串到第二条线串的变化率是线性的。

三次的意味着从第一条截面线串到第二条线串的变化率是三次函数。

扫掠命令具有相对自由的创建方式，根据用户选择的引导线数目的不同需要用户给出不同的附加条件。在几何上，引导线即是母线，根据三点确定一个平面的原理，用户最多可以设置 3 条引导线。

而其断面连接最多可选取 400 条线段。创建时如果仅定义单一条曲线，由于限制条件较少，因此会有较多的选项设置来定义所要创建的片体。而定义两条引导线时，由于方位已为第二条引导线控制，所以定义两条引导线时，其设置选项中并不会出现定义方位变化的选项，而定义 3 条引导线时，3 条引导线相互定义片体的方位及比例变化，故当定义 3 条引导线时，系统并不会显示方位变化及比例变化的设置选项，表 6-1 所示为定义不同引导线、断面数与设置选项的列表。

表 6-1 不同引导线、断面数与设置选项表

	一条引导线		两条引导线		三条引导线	
	单一断面	多重断面	单一断面	多重断面	单一断面	多重断面
查补方式	·	☆		☆	☆	☆
对齐方式	☆	☆	☆	☆	☆	☆
方向变化	☆	☆				
比例变化	☆	☆		☆		
脊 线			☆	☆	☆	☆

创建扫掠曲面的基本操作步骤为：

1）选择【扫掠】功能；

2）选择引导线；

3）选择截面曲线；

4）指定对齐方式；

5）指定定位方法；

6）指定缩放方法，输入比例后，单击【确定】按钮生成曲面。

6.2.7　N边曲面

N边曲面是由闭合的任意数目的曲线构建曲面，可以指定它与外侧表面的连续性，形状控制选项可以在移动中心点改变在中心点处尖锐度的同时维持连续性约束。

单击【曲面】工具条中的【N边曲面】按钮🖼，或选择菜单【插入】|【网格曲面】|【N边曲面】命令，系统将弹出如图6-11所示的【N边曲面】对话框。

图6-11　【N边曲面】对话框

N边曲面的基本操作步骤如下：

1）确定N边曲面类型；

2）选择代表N边曲面的边界曲线（或者表面）；

3）选择与该曲面相切的边界约束面（可选项）；

4）如果建立修剪单片体类型，还可以定义UV方位（可选项）；

5）使用【形状控制】选项组动态拖动曲面；

6）单击【确定】或者【应用】按钮，生成临时曲面；

7）使用【形状控制】选项组调整曲面的形状（可选项）。

6.3　由曲面构造曲面

由曲面构造曲面包括桥接曲面、偏置曲面、延伸曲面、艺术曲面以及整体突变等类型，它是将已有的面作为基面，通过各种曲面操作再生出一个新的曲面。此类型曲面大部分都是参数化的，通过参数化关联，再生的曲面随着基面改变而变化。

6.3.1 桥接

单击【特征】工具条中的【桥接】按钮，或选择菜单【插入】|【细节特征】|【桥接】命令，系统弹出如图6-12所示的【桥接曲面】对话框。

图6-12 【桥接曲面】对话框

桥接曲面用于在两个曲面之间建立过渡曲面，过渡曲面与两个曲面的连接可以采用相切连续或曲率连续两种方法，其构造的曲面为B样条曲面。同时为了进一步精确控制桥接曲面的形状，可以选择另外两组曲面或两组曲线作为片体的侧面边界条件。此方法是曲面过渡连接的常用方法。

6.3.2 延伸曲面

单击【曲面】工具条中的【延伸曲面】按钮，或选择菜单【插入】|【弯边曲面】|【延伸曲面】命令，系统弹出如图6-13所示的【延伸曲面】对话框。

各个延伸生成选项之间有一些共同的基本步骤：

1）首先，选择一个现有的面作为基面。这是延伸体延伸的面。

2）还要选择一个现有的对象，如基曲线、边，或在拐角延伸时选择拐角。它指定基片体和延伸体的交叉处。当选择边或拐角时，必须在曲面上想要的对象附近指定一个点。此点用于决定延伸哪个边或拐角。

3）还会显示各种方向矢量，帮助用户决定诸如系统生成体时依照的方向或想为体指定的方向等。

注意：在选择延伸的边或线时，光标的选择球消失，出

图6-13 【延伸曲面】对话框

184

现十字交叉线，选择边线时，十字交叉线应该置于曲面边界内，靠近边界。若十字交叉线置于曲面边界外系统提示出错，重新选择。

相切延伸：在延伸方向的横截面上是一直线，与基面保持相切。延伸长度有两种方法：

1）按长度：需要输入长度数值。

2）按百分比：延伸长度根据原来的基面长度的百分比确定。只有该方法具有拐角延伸方法。百分比长度延伸用于延伸长度不重要的场合。另外，如需要拐角延伸，而拐角延伸的边需要与相邻边对齐时采用该法。拐角延伸时系统临时显示两个方向矢量，指定片体的 U 和 V 方向，可以分别指定不同的延长百分比。

注意：在某些情况下，很难用【百分比】选项精确指定延伸体的长度。此选项应该只用于延伸体的长度精度不重要时。

垂直于曲面延伸：此方法沿曲面的法向方向生成延伸片体。操作时需要选择曲面上的一条线，因此需要预先在曲面上建立曲线。若在曲面的边上延伸，不能直接选择边，必须预先使用抽取命令抽出曲面的边线。

有角度的延伸：生成一与基面成角度的延伸，系统临时显示两个方向矢量：一个方向矢量与基面相切，另一个方向矢量与基面垂直。方向矢量便于用户确定角度的大小与方向。与法向延伸相同，角度延伸需要预先在基面上建立曲线或抽取边线。

圆弧延伸：在延伸方向的横截面上是一圆弧，圆弧半径与所选择的曲面边界的曲率半径相等，并且与基面保持相切。延伸长度可以采用固定长度或百分比长度两种方法。

6.3.3　偏置曲面

单击【特征】工具条中的【偏置曲面】按钮，或选择菜单【插入】|【偏置/缩放】|【偏置曲面】命令，系统将弹出如图 6-14 所示的【偏置曲面】对话框。

此选项用于在实体或片体的表面上建立等距偏置面，或变距偏置面。变距偏置面需要在片体上定义 4 个点，并且分别输入不同的距离参数。系统通过法向偏置一定的距离来建立偏置面，输入的距离参数称为偏置距离，偏置所选择的面称为基础面。建立偏置面有一定条件，即输入的距离参数不能导致自相交。

图 6-14　【偏置曲面】对话框

注意：1）如果基面的法向定义不当（即从一边到另一边反转落下的法向或趋近于零的法向）或者偏置距离足够大以至于可以产生自相交偏置曲面，则可能得到意外的偏置曲面结果。

2）如果用户输入一个与基曲面的曲率半径相比很大的偏置距离，则系统会产生一个自相交偏置曲面。同理，这 4 个偏置距离也不能相差太大。

偏置曲面的基本操作步骤如下：

1）选择基础面；

2）输入偏置距离或选择变距偏置方式，偏置距离不能为 0。

6.3.4　规律延伸

单击【曲面】工具条中的【规律延伸】按钮，或选择菜单【插入】|【弯边曲面】|【规律延伸】命令，系统将弹出如图6-15所示的【规律延伸】对话框。

图6-15　【规律延伸】对话框

此功能用规律子功能来控制延伸的长度和角度。不同于其他延伸方法，规律延伸方法生成的曲面是非参数特征，同时还可以对修剪过的边界进行延伸。规律延伸方法可以选择一个基面或多个面，也可以选择一个平面作为角度测量的参考平面。

6.3.5　面倒圆

1. 概述

该选项用于在两组曲面之间建立相切圆角，可以选择是否修剪原始曲面。面倒圆可以在片体上倒圆角，也可以在实体上倒圆角，其功能比边倒圆角要强得多。面倒圆与边倒圆角的区别：

1）面倒圆可以在两组分离的实体或片体之间建立圆角。

2）墙面可以自动修剪，并可以与圆角连成一体。

3）圆角半径可以是常数，按规律变化，或相切控制。

2. 操作步骤

单击【特征】工具条中的【面倒圆】按钮，或选择菜单【插入】|【细节特征】|【面倒圆】命令，系统将弹出如图6-16所示的【面倒圆】对话框。

1）选择【类型】，选择不同的类型，【选择步骤】图标也有所不同；

2）选择需要倒圆的曲面；

3）在【面倒圆】对话框中设置各项选项；

4）单击【确定】或者【应用】按钮。

修剪圆角边界，但不使圆角面与两组被倒圆的表面连成一体。

修剪圆角面，但使其长度尽可能最短，圆角面两端边界是等参数线，它们是由两组被倒圆的表面边界按尽可能短的原则确定的。

修剪圆角面，但使其长度尽可能最长。圆面两端边界是等参数线，它们是由两组被倒圆的表面边界按尽可能长的原则确定的。

不修剪圆角面。

图 6-16 【面倒圆】对话框

6.4 曲面的修剪和编辑

曲面的修剪和编辑作为主要的曲面修改方式，在整个建模过程中起着决定性的作用，它可以通过重定义曲面特征参数来更改曲面形状，也可以通过修剪、延伸、扩大等非参数化操作实现曲面的编辑功能。它主要包括修剪片体、缝合及编辑曲面等类型。

6.4.1 修剪片体

单击【特征】工具条中的【修剪片体】按钮，或选择菜单【插入】|【修剪】|【修剪片体】命令，系统弹出如图 6-17 所示的【修剪片体】对话框。

该选项通过投影边界轮廓线修剪片体。系统根据指定的投影方向，将一边界（可以使用曲线、实体或片体的边界，实体或片体的表面，基准平面）投射到目标片体，修剪出相应的轮廓形状，结果是相关联的修剪片体，如图 6-18 所示。

修剪片体的基本操作步骤如下：

1）选择目标片体；

2）选择投射方式（投射矢量应该从边界指向目标片体）；

3）选择一个修剪边界，投射结果可以看到，选择下一图标；

4）指定需要剪去（或保留）的区域；

5）单击【确定】或者【应用】按钮。

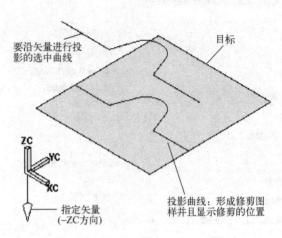

图 6-17 【修剪片体】对话框　　　　　　　图 6-18　修剪的片体

6.4.2　缝合

缝合用于将两个或多个以上的片体缝合成为单一的片体。如果被缝合的片体封闭，则缝合后形成实体。同时，缝合可用于缝合实体。

提示：片体间的间隙必须小于指定公差，否则仍是片体。

单击【特征】工具条中的【缝合】按钮📖，或选择菜单【插入】|【组合体】|【缝合】命令，系统将弹出如图 6-19 所示的【缝合】对话框。

注意：缝合不会自动对平面上进行求交运算。要提供求交运算，使用有界平面功能，可用于缝合特征的【编辑特征】操作有【删除特征】、【抑制特征】和【释放特征】。只要可能的话，缝合公差应该小于最短的边。否则，后面的一些操作，比如布尔运算，会产生无法估计的结果。

缝合片体操作步骤如下所述：

1）选择【片体】为缝合类型；

2）选择缝合的目标片体；

3）选择缝合的工具片体；

4）定义缝合公差；

5）单击【确定】或者【应用】按钮。

缝合实体操作步骤如下所述：

1）选择【实体】为缝合类型；

2）选择缝合的目标面；

3）选择缝合的工具面；

4）定义缝合【公差】；

5）单击【搜索公共面】按钮，用于观察缝合体的重合面。

6）单击【确定】或者【应用】按钮。

图 6-19　【缝合】对话框

6.4.3　编辑曲面

在 NX 10.0 中，使用【编辑曲面】工具条中的各个工具，如图 6-20 所示；或者选择菜单【编辑】|【曲面】命令，如图 6-21 所示；可以很方便对曲面的某一特征的参数进行编辑修改。但值得注意的是，除法向反向外，其他工具都属于非参数化编辑工具，即编辑后原对象的参数全部丢失，并且其关联性也将被破坏，因此在使用这些工具前要考虑清除。下面简单介绍【编辑曲面】工具条中的各个工具。

图 6-20　【编辑曲面】工具条

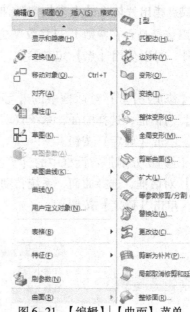

图 6-21　【编辑】|【曲面】菜单

1. 扩大

该选项可以改变片体的大小，方法是生成一个新的扩大特征，该特征和原始的片体相关联，用户可以根据百分率改变扩大特征的各个边缘曲线。

单击【编辑曲面】工具条中的【扩大】按钮，或选择菜单【编辑】|【曲面】|【扩大】命令，系统将弹出如图 6-22 所示的【扩大】对话框。【扩大】的【模式】有两种：【线性】和【自然】。其中【线性】选项可以在一个方向上线性地延伸扩大片体的边沿，【自然】选项可以沿着边沿的自然曲线延伸扩大片体的边沿。

2. 等参数修剪/分割

等参数修剪/分割是在曲面的 U 或 V 参数方向指定一个参数百分比值，作为对所选曲面作修剪或分割的位置对曲面进行修剪或者分割。U、V 修剪的参数百分比可以为正数也可以为负数，当参数的百分比介于 0 ~ 100% 之间时，对 B 曲面进行修剪或者分割，当参数百分比大于 100% 或者小于 0 时，则对已

图 6-22　【扩大】对话框

选的 B 曲面进行延伸。

选择菜单【编辑】|【曲面】|【等参数修剪/分割】命令，系统将弹出如图 6-23 所示的【修剪/分割】对话框。【等参数修剪/分割】有两种操作方式：【等参数修剪】和【等参数分割】。【等参数修剪】是通过为上下限参数百分比输入新值来定义等参数修剪/延伸。【等参数分割】的操作可以根据 U 或 V 方向的百分比参数分割 B-曲面，也可以通过使用视点或点指出片体上的点来指定延伸参数。等 U 或

图 6-23 【修剪/分割】对话框

等 V 选项可以选择是否在常数 U 或常数 V 方向分割片体。在【分割值】文本框中输入百分比。除此之外，可以使用【点】定义参数，系统将定义的点投影到曲面上已获得 U 或 V 方向参数值。

当单击【修剪/分割】对话框中的【等参数修剪】按钮时，系统弹出如图 6-24 示的【修剪/分割】对话框，选择曲面，系统自动弹出如图 6-25 所示的【等参数修剪】对话框，输入百分比，单击【确定】按钮。

当单击【修剪/分割】对话框中的【等参数分割】按钮时，系统弹出如图 6-24 所示的【修剪/分割】对话框，选择曲面，系统自动弹出如图 6-26 所示的【等参数分割】对话框，输入分割值，单击【确定】按钮。

图 6-24 【修剪/分割】对话框　　图 6-25 【等参数修剪】对话框　　图 6-26 【等参数分割】对话框

在修剪或分割片体时，其修剪或分割是根据曲面上的等参数曲线位置而定，而等参数曲线的分布是由构造曲面的对齐方式决定的，由于对齐方式不一致，等参数曲线的分布也不相同，因此在修剪和分割时相同百分比的修剪结果是不一致的。

3. 替换边

该选项可以修改或替换片体的已有边界，可以从片体上删除裁剪或单个孔，如果片体是单面片体，【片体边界】选项也可以延伸已有的边界。

单击【编辑曲面】工具条中的【替换边】按钮，或选择菜单【编辑】|【曲面】|【替换边】命令，系统将弹出如图 6-27 所示的【替换边】对话框。选择需要编辑的曲面，系统弹出如图 6-28 所示的【确认】对话框。单击【是】按钮，系统弹出【类选择】对话框。选择要被替换的边，单击【确定】按钮，系统将弹出如图 6-29 所示的【替换边】对话框。该对话框有 5 个选项。

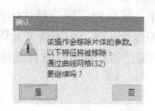

图6-27 【替换边】对话框　　　图6-28 【确认】对话框　　　图6-29 【替换边】对话框

4. 更改边（修改片体的边缘线）

修改片体的边缘线功能应用于编辑片体的边缘线，它可以是片体的边缘线与另一曲线（或者片体的边缘线）重合，也可以使片体的边缘位于一个平面内，还可以编辑片体边缘的法向、曲率和横向切线，使得目标片体和对齐片体的边缘位置连续、边缘切线连续甚至曲率连续。

要修改的目标片体的边缘线要小于对齐物体，否则系统会出现提示错误信息。另外该功能对于修剪产生的片体或者没有边缘的片体无法进行选择和编辑。

单击【编辑曲面】工具条中的【更改边】按钮 ，或选择菜单【编辑】|【曲面】|【更改边缘】命令，系统将弹出如图6-30所示的【更改边】对话框。选择需要编辑的片体，【更改边】对话框变为如图6-31所示。选中需要编辑的边缘，【更改边】对话框变为如图6-32所示。该对话框以下5个选项：

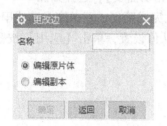

图6-30 【更改边】对话框　　　图6-31 【更改边】对话框　　　图6-32 【更改边】对话框

1)【仅边】：仅改变片体的边缘。

2)【边和法向】：改变片体的边缘和法向。

3)【边和交叉切线】：改变边缘和横向切线。

4)【边和曲率】：改变片体的边缘和曲率。

5)【检查偏差—否】：检查偏差与否。

当选择不同的选项，系统弹出的对话框也不相同。

当单击【仅边】按钮时，系统将弹出如图6-33所示的【更改边】对话框。该对话框有以下4个选项：

1)【匹配到曲线】：该功能将所选择的片体匹配到所选择的曲线，但是所选择的曲线需要比片体的边缘长。

图6-33 【更改边】对话框

191

2）【匹配到边】：匹配到片体的边缘，该功能通过改变目标片体的边缘的位置和形状将目标片体的边缘与对齐片体的边缘完全匹配。

3）【匹配到体】：匹配至实体，该功能将所选择片体的边缘匹配到实体边缘线的法向，改变所选片体的形状与对齐实体的边缘一致，但不改变片体边缘的位置。

4）【匹配到平面】：匹配至平面，该功能将所选择片体的边缘变形到一个定义的平面。

6.5 综合应用实例

6.5.1 实例1——花瓶造型

1. 打开文件

选择菜单【文件】|【打开】命令或者单击【标准】工具条中的【打开】按钮，系统弹出【打开】对话框。选择在本书的配套资源中根目录下的 6/6_1.prt 文件，单击【OK】按钮，即打开部件文件。

2. 通过曲线网格构面

设置工作图层为第 21 层，其他层为可选图层。

单击【曲面】工具条中的【通过曲线网格】按钮，系统弹出如图 6-34 所示的【通过曲线网格】对话框。【选择条】工具条设置【单条曲线】，如图 6-35 所示，选择如图 6-36 所示的曲线，单击鼠标中键，完成第一条主曲线串选择，这时注意主曲线串的箭头方向；依次完成第二、三、四条主曲线串的选择，如图 6-37 所示。选择完后，单击鼠标中键，完成主线串的选择，再选择交叉线串。【选择条】工具条设置【相切曲线】，选择如图 6-38 所示的曲线，单击鼠标中键，完成第一条交叉曲线串选择；依次完成第二、三条交叉曲线串的选择，如图 6-38 所示。【通过曲线网格】对话框各选项按默认值设置，单击【应用】按钮，结果如图 6-39 所示。

图 6-34 【通过曲线网格】对话框　　　图 6-35 【选择条】工具条　　　图 6-36 选取第一条主曲线串

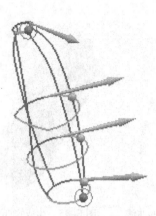

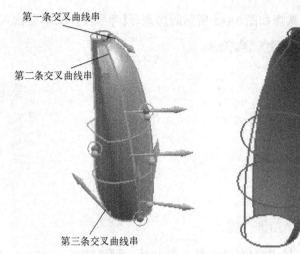
第一条交叉曲线串
第二条交叉曲线串
第三条交叉曲线串

图 6-37 选取的主曲线串　　　　图 6-38 选取的交叉曲线串　　　　图 6-39 创建的曲面

生成如图 6-39 所示的曲面后，系统并没有退出【通过曲线网格】对话框，用同样的方法依次选择主曲线串和交叉曲线串，如图 6-40 所示。创建的曲面必须与上面生成的曲面相切，表面相邻到交叉线串 1 和交叉线串 3，因此设置【第一交叉线串】和【最后交叉线串】选项中选择【G1 相切】，单击【第一交叉线串】后的【选择面】按钮，选择上面生成的曲面；再单击【最后交叉线串】后的【选择面】按钮，选择上面生成的曲面，单击【确定】按钮，结果如图 6-41 所示。

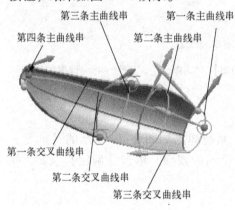
第三条主曲线串　　第一条主曲线串
第四条主曲线串　　第二条主曲线串
第一条交叉曲线串
第二条交叉曲线串
第三条交叉曲线串

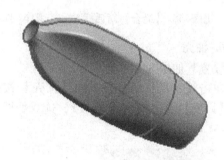

图 6-40 选取的曲线　　　　　　　图 6-41 生成的曲面

3. N 边曲面构面

单击【曲面】工具条中的【N 边曲面】按钮，系统将弹出如图 6-42 所示的【N 边曲面】对话框。【类型】下拉列表中选择【三角形】，选取如图 6-43 所示的曲线，单击【应用】按钮。选择如图 6-44 所示的曲线，单击【确定】按钮，结果如图 6-45 所示。

4. 缝合

单击【特征】工具条中的【缝合】按钮，系统将弹出如图 6-46 所示的【缝合】对话框。依次选择 4 个曲面，单击【确定】按钮。

5. 倒圆

单击【特征】工具条中的【边倒圆】按钮，系统弹出如图 6-47 所示的【边倒圆】

对话框。选择如图 6-48 所示的边缘，【半径 1】文本框输入 3，单击【确定】按钮。

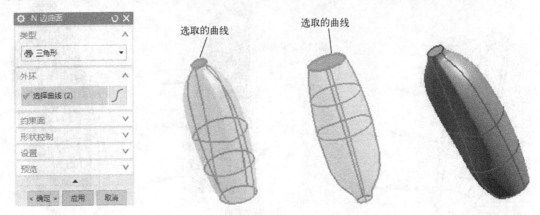

图 6-42 【N 边曲面】对话框　　图 6-43 选取的曲线　　图 6-44 选取的曲线　　图 6-45 生成的曲面

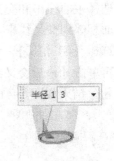

图 6-46 【缝合】对话框　　　图 6-47 【边倒圆】对话框　　　图 6-48 选取的边缘

6. 抽壳

设置其他层为不可见图层。

单击【特征】工具条中的【抽壳】按钮，系统弹出如图 6-49 所示的【抽壳】对话框。【厚度】文本框中输入 1.2，选择如图 6-50 所示的表面，单击【确定】按钮，结果如图 6-51 所示。

图 6-49 【抽壳】对话框　　图 6-50 选取的表面　　图 6-51 花瓶模型

194

6.5.2 实例2——沐浴露瓶造型

1. 打开文件

选择菜单【文件】|【打开】命令或者单击【标准】工具条中的【打开】按钮 ，系统弹出【打开】对话框。选择在本书的配套资源中根目录下的6/6_2.prt文件，单击【OK】按钮，即打开部件文件。

2. 通过曲线组创建实体

设置第21层为工作图层，第1层为可选图层，其他层为不可见图层。

选择【曲面】工具条中的【通过曲线组】按钮 ，系统弹出如图6-52所示的【通过曲线组】对话框。选择椭圆1，单击鼠标中键；选择椭圆2，单击鼠标中键；选择椭圆3，单击鼠标中键；选择椭圆4，单击鼠标中键；选择椭圆5，单击鼠标中键；选择圆，单击鼠标中键；如图6-53所示。【通过曲线组】对话框中的【补体类型】下拉列表中选择【多个】，【对齐】下拉列表中选择【参数】，【构造】下拉列表中选择【法向】；其他选项采用默认值，单击【确定】按钮，结果如图6-54所示。

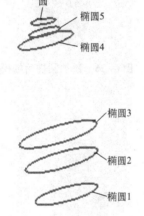

图6-52 【通过曲线组】对话框　　　图6-53 选取的椭圆和圆　　　图6-54 生成的模型

3. 添加圆台

设置第21层为工作图层，第1层为不可见图层。

单击【特征】工具条中的【圆柱】按钮 ，系统弹出如图6-55所示的【圆柱】对话框。【类型】下拉列表中选择【轴、直径和高度】；以YC轴为圆柱体的矢量方向；单击【指定点】选项后的【点对话框】按钮 ，系统弹出【点】对话框，输入坐标（0、195、0），单击【确定】按钮，系统返回到【圆柱】对话框；分别在【直径】和【高度】文本框中输入48和23；【布尔】下拉列表中选择【求和】 ；然后单击【应用】按钮，结果如图6-56所示。

单击【特征】工具条中的【凸台】按钮 ，系统弹出如图6-57所示的【凸台】对话框。选取如图6-56所示的模型上表面为凸台的放置面，分别在【直径】和【高度】文本框中输入 34 和 7，单击【应用】按钮，系统弹出【定位】对话框，单击【点落在点上】按钮，系统弹出【点落在点上】对话框。选取如图 6-58 所示的实体边缘，系统弹出【设置圆弧的位置】对话框。单击【圆弧中心】按钮，结果如图 6-59 所示。用同样的方式创建多个凸台，凸台的【直径】和【高度】分别为（12，18）、（18，13）和（38，13），结果如图 6-60 所示。

图 6-55 【圆柱】对话框

图 6-56 添加圆柱后的模型

图 6-57 【凸台】对话框

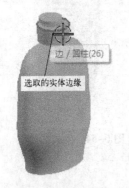

图 6-58 选取的实体边缘

图 6-59 添加凸台后的模型

图 6-60 添加多个凸台后的模型

4. 添加管道特征

设置工作图层为第 22 层，第 2 层为可选图层，其他层为不可见图层。

单击【曲面】工具条中的【管道】按钮，系统弹出如图 6-61 所示的【管道】对话框。选取如图 6-62 所示的曲线，【外径】文本框中输入 8，【内径】文本框中输入 0，【布尔】下拉列表中选择【求和】，单击【确定】按钮，结果如图 6-63 所示。

5. 扫掠

设置第 22 层为工作图层，第 3 层和第 4 层为可选图层，其他层为不可见图层。

图 6-61 【管道】对话框　　　图 6-62 选取的曲线　　　图 6-63 添加管道后的结果

单击【曲面】工具条中的【扫掠】按钮，系统弹出如图 6-64 所示的【扫掠】对话框。选择如图 6-65 所示的曲线 1，单击鼠标中键，再次单击鼠标的中键；选择如图 6-65 所示的曲线 2，单击鼠标中键，再次单击鼠标的中键；【方向】下拉列表中选择【固定】，其他采用默认值，单击【确定】按钮，结果如图 6-66 所示。

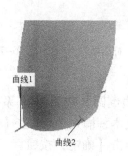

图 6-64 【扫掠】对话框　　　图 6-65 选取的曲线　　　图 6-66 创建的曲面

6. 修剪实体

设置第 21 层为工作图层，第 22 层为可选图层，其他层为不可见图层。

单击【特征】工具条中的【修剪体】按钮，系统弹出如图 6-67 所示的【修剪体】对话框。选择实体，单击鼠标中键，选择上面创建的曲面，单击对话框中的【反向】按钮，再单击【确定】按钮。

7. 通过曲线组创建实体

设置第 21 层为工作图层，第 5 层为可选图层，其他层为不可见图层。

选择【曲面】工具条中的【通过曲线组】按钮，系统弹出【通过曲线组】对话框。选择椭圆 1，单击鼠标中键；选择椭圆 2，单击鼠标中键，选择椭圆 3，单击鼠标中键如图 6-68 所示；【通过曲线组】对话框中的【对齐】下拉列表中选择【参数】，【构造】下拉列表中选择【法向】；其他选项采用默认值，单击【确定】按钮，结果如图 6-69 所示。

图 6-67 【修剪体】对话框　　图 6-68 选取的椭圆　　图 6-69 生成的实体模型

8. 修剪实体

单击【特征】工具条中的【减去】按钮 🗗，系统弹出如图 6-70 所示的【求差】对话框。选择总的实体，再选择上面创建的实体，单击【确定】按钮，结果如图 6-71 所示。

图 6-70 【求差】对话框　　　　图 6-71 【求差】后的模型

9. 倒圆

单击【特征】工具条中的【边倒圆】按钮 🗄，系统弹出【边倒圆】对话框。选择如图 6-72 所示的边缘，【半径 1】文本框输入 5，单击【应用】按钮；选择如图 6-73 所示的边缘，【半径 1】文本框输入 1，单击【确定】按钮。

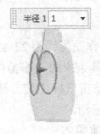

图 6-72 选取的实体边缘　　　　图 6-73 选取的实体边缘

10. 倒斜角

单击【特征】工具条中的【倒斜角】按钮 🗄，系统弹出如图 6-74 所示【倒斜角】对话框。【偏置】文本框中输入 1.5，选择如图 6-75 所示的实体的边缘，单击【确定】按钮。结果如图 6-76 所示。

图 6-74　【倒斜角】对话框

图 6-75　选取的实体边缘

图 6-76　沐浴露瓶模型

6.6　本章总结

本章介绍了曲面造型的基础知识，包括曲面基础知识、由曲线构造曲面、由曲面构造曲面、曲面的修剪和编辑以及综合应用实例。在曲面特征设计内容中，由于 NX 曲面设计功能非常强大，提供了非常丰富的创建曲面的方法，为了用户更好地理解和掌握这些创建曲面的方法，本书对这些方法进行了大致的分类，分为由曲线构造曲面、由曲面构造曲面、曲面的修剪和编辑。在这 3 大类中，使用最多的是由曲线构造曲面，这些方法都是参数化设计。本书最后安排了几个典型的实例，实例涉及的知识点非常多，读者可以反复体会，特别是曲面的创建方法和技巧值得读者借鉴。

6.7　思考与练习题

1. NX 的自由曲面建模有什么特点？
2. 何谓 NX 中的体？包括哪几种？它们有什么区别？
3. 何谓自由形状特征？其对象是什么？
4. 何谓片体？何谓曲面？
5. 应用曲面功能，创建如图 6-77 和 6-78 所示的三维模型。

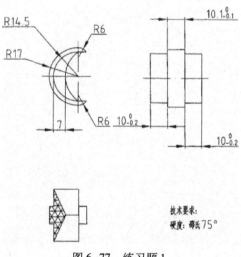

图 6-77　练习题 1

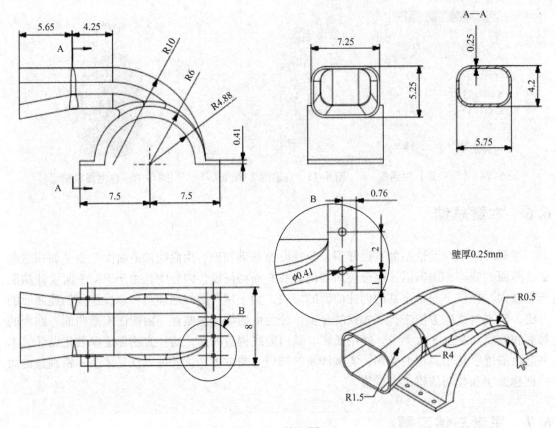

图 6-78　练习题 2

第7章 装配设计

装配建模模块是 NX 中集成的一个重要的应用模块，该模块能够将产品的各个零部件快速组合在一起，形成产品的整体结构，同时可对整个结构执行爆炸操作，从而更清晰地查看产品的内部结构以及部件的装配顺序。此外，在该模块中还允许对装配模型执行间隙分析、重量管理，以及将装配机构引入到装配工程图等操作。

7.1 装配建模基础

7.1.1 装配的概述

建立零件实体模型后，下一步需要将它们装配起来成为装配体。NX 是采用单一数据库设计，因此在完成零件设计之后，可以利用 NX 的装配模块对零件进行组装，然后对该组件进行修改、分析或者重新定位。同时，可以将基本零件或子装配组装成更高一级的装配体或产品总装配体。也可以首先设计产品总装配体，然后才是子装配体和单个可以直接用于加工的零部件。

NX 装配过程是在装配中建立部件之间的链接关系。它是通过配对条件在部件间建立约束关系来确定部件在产品中的位置。在装配中，部件的几何体是被装配引用，而不是复制到装配中。不管如何编辑部件和在何处编辑部件。整个装配部件保持关联性，如果某部件修改，则引用它的装配部件自动更新，反应部件的最新变化。

NX 装配模块不仅能快速组合零部件成为产品，而且在装配中，可参照其他部件进行部件关联设计，并可对装配模型进行间隙分析、重量管理等操作。装配模型生成后，可建立爆炸图，并可将其引入到装配工程图中；同时，在装配工程图中可自动产生装配明细表，并能对轴测图进行局部挖切。

用户也可以通过选择菜单【启动】|【装配】命令或【启动】|【所有应用模块】|【装配】命令，或者将鼠标放在工具条上，右击，在弹出的快捷菜单中选择【装配】命令，系统会弹出如图 7-1 所示的【装配】工具条。

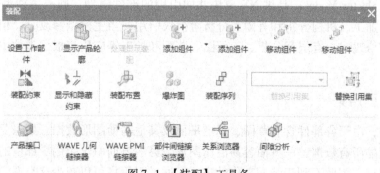

图 7-1 【装配】工具条

7.1.2 装配术语

1. 装配

装配是指在装配过程中建立部件之间的链接关系。由装配部件和子装配组成。

2. 装配部件

装配部件是由零件和子装配构成的部件。在 NX 中允许向任何一个 Part 文件中添加部件构成装配，因此任何一个 Part 文件都可以作为装配部件。在 NX 中，零件和部件不必严格区分。需要注意的是，当存储一个装配时，各部件的实际几何数据并不是存储在装配部件文件中，而存储在相应的部件（即零件文件）中。

3. 子装配

子装配是在高一级装配中被用作组件的装配，子装配也拥有自己的组件。子装配是一个相对的概念，任何一个装配部件可在更高级装配中用作子装配。

4. 组件对象

组件对象是一个从装配部件链接到部件主模型的指针实体。一个组件对象记录的信息有：部件名称、层、颜色、线型、线宽、引用集和配对条件等。

5. 组件

组件是装配中组件对象所指的部件文件。组件可以是单个部件（即零件）也可以是一个子装配。组件是由装配部件引用而不是复制到装配部件中。

6. 单个零件

单个零件是指在装配外存在的零件几何模型，它可以添加到一个装配中去，但它本身不能含有下级组件。

7. 混合装配

混合装配是将自顶向下装配和自底向上装配结合在一起的装配方法。例如先创建几个主要部件模型，再将其装配在一起，然后在装配中设计其他部件，即为混合装配。在实际设计中，可根据需要在两种模式下切换。

8. 配对条件

配对条件是用来定位一组件在装配中的位置和方位。配对是由在装配部件中两组件间特定的约束关系来完成。在装配时，可以通过配对条件确定某组件的位置。当具有配对关系的其他组件位置发生变化时，组件的位置也跟着变化。

9. 主模型

主模型（Master Model）是供 NX 模块共同引用的部件模型。同一主模型，可同时被工程图、装配、加工、机构分析和有限元分析等模块引用，当主模型修改时，相关应用自动更新。当主模型修改时，有限元分析、工程图、装配和加工等应用都根据部件主模型的改变自动更新。

7.1.3 引用集

在装配中，由于各部件含有草图、基准平面及其他辅助图形数据，如果要显示装配中各部件和子装配的所有数据，一方面容易混淆图形，另一方面由于引用零部件的所有数据，需要占用大量内存，因此不利于装配工作的进行。通过引用集可以减少这类混淆，提高机器的运行速度。

1. 引用集的概念

引用集是用户在零部件中定义的部分几何对象，它代表相应的零部件加入装配。引用集可包含下列数据：零部件名称、原点、方向、几何体、坐标系、基准轴、基准平面和属性等。引用集一旦产生，就可以单独装配到部件中。一个零部件可以有多个引用集。

2. 默认引用集

每个零部件有 2 个默认的引用集。

（1）整个部件

该默认引用集表示整个部件，即引用部件的全部几何数据。在添加部件到装配中时，如果不选择其他引用集，默认是使用该引用集。

（2）空

该默认引用集为空的引用集。空的引用集是不含任何几何对象的引用集，当部件以空的引用集形式添加到装配中时，在装配中看不到该部件。

如果部件几何对象不需要在装配模型中显示，可使用空的引用集，以提高显示速度。

3. 打开引用集对话框

选择菜单【格式】|【引用集】命令，系统弹出如图 7-2 所示的【引用集】对话框。

应用【引用集】对话框中的选项，可进行引用集的建立、删除、更名、查看、指定引用集属性以及修改引用集的内容等操作。下面对该对话框中的各个选项进行说明。

（1）添加新的引用集□

该选项用于建立新的引用集，部件和子装配都可以建立引用集。部件的引用集既可在部件中建立，也可在装配中建立。如果要在装配中为某部件建立引用集，应先使其成为工作部件。

在【引用集】对话框中单击【添加新的引用集】按钮□，在【引用集名称】文本框输入引用集的名称，然后选择需要创建引用集的模型即可。需要注意的是引用集的名称不能超过 30 个符号，并且中间不允许有空格。

正如可以在部件中建立引用集一样，在包含部件的子装配中也可以建立引用集，其操方法同上，只是在选择对象添加到引用集时，可以选择子装配中的部件。

图 7-2 【引用集】对话框

（2）移除✕

该选项用于删除部件或子装配中已建立的引用集。在【引用集】对话框中选种需删除的引用集，单击【移除】按钮✕即可将该引用集删去。

（3）引用集重命名

在引用集列表中选择一个引用集，然后在【引用集名称】文本框输入新的名称，按【Enter】键即可完成引用集重命名。

（4）编辑属性

在列表框中选中某一引用集，单击【属性】按钮，系统弹出如图7-3所示【引用集属性】对话框，在该对话框中输入属性的名称和属性值，单击【确定】按钮即可完成该引用集属性的编辑。

（5）信息

该选项用于查看当前零部件中已建引用集的有关信息。在列表框中选中某一引用集后该选项被激活，单击【信息】按钮则直接弹出引用集信息窗口，列出当前工作部件中所有引用集的名称。

如果要查看引用集的详细内容，应选择菜单【信息】|【装配】|【引用集】命令，系统弹出如图7-4所示的【引用集】对话框。在引用集列表框中选择引用集，单击【确定】按钮，则选择引用集的几何对象被加亮，其原点和方向矢量也显示在图形窗口，并弹出一个如图7-5所示的文本文件，文本文件中含引用集名称、成员数目、坐标原点方向和属性的信息列表。

图7-3 【引用集属性】对话框

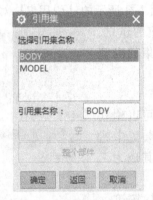

图7-4 【引用集】对话框

图7-5 【信息】文本

7.1.4 装配方式方法

装配是在零部件之间创建联系，装配部件与零部件的关系可以是引用，也可以是复制。因此，装配方式包括多零件装配和虚拟装配两种，大多数 CAD 软件采用的装配方式是这两种，下面将对它们分别介绍。

1. 多零件装配方式

这种装配方式是在装配过程中先把要装配的零部件复制到装配文件中，然后在装配文件环境下进行相关操作。由于在装配前就已经把零部件复制到装配文件中，所以装配文件和零部件不具有相关性，也就是零部件更新时，装配文件不再自动更新。这种装配方式需要复制大量各部件数据，生成的装配文件是实体文件，运行时占用大量的内存，所以速度较慢，现在已很少使用。

204

2. 虚拟装配方式

虚拟装配方式是 NX 采用的装配方式，也是大多数 CAD 软件所采用的装配方式。虚拟装配方式不需要生成实体模型的装配文件，它只需引用各零部件模型，而引用是通过指针来完成的，也就是前面所说的组件对象。因此，装配部件和零部件之间存在关联性，也就是说零部件更新时，装配文件一起自动更新。采用虚拟装配方式进行装配具有所需内存小、运行速度快、存储数据小等优点。本章所讲到的装配内容是对 NX 的，也就是针对虚拟装配方式。

NX 的装配方法主要包括自底向上装配设计、自顶向下装配设计以及两者的混合装配设计。

（1）自顶向下装配

自顶向下装配，是指在装配体中创建与其他部件相关的部件模型，是在装配部件的顶级向下产生子装配和部件（即零件）的装配方法。

自顶向下装配设计包括两种设计方法。一是在装配中先创建几何模型，再创建新组件，并把几何模型加到新组件中；二是在装配中创建空的新组件，并使成为工作部件，再按上下文中设计的设计方法在其中创建几何模型。

（2）自底向上装配

自底向上装配是先创建装配体的零部件，然后把它们以组件的形式添加到装配文件中来，这种装配设计方法先创建最下层的子装配件，再把各子装配件或部件装配更高级的装配部件，直到完成装配任务为止。因此，这种方法要求在进行装配设计前就已经完成零部件的设计。自底向上装配设计方法包括一个主要的装配操作过程，即添加组件。

7.1.5 部件属性

在装配导航器中选择某个部件或子装配件，右击，在弹出在菜单中选择【属性】命令，系统弹出如图 7-6 所示【组件属性】对话框。在该对话框含有 6 个选项卡，分别为【装配】、【常规】、【属性】、【参数】、【权值】和【部件文件】，选择不同的选项卡将会打开不同的对话框选项。

1. 装配

【装配】选项卡将显示组件加载的状态和当前所在的层，用户可以在【图层选项】下拉列表中选择不同的层特性来修改组件层的特性，同时可以在组件所在层的文本框中输入新的层号改变组件所在的层。

2. 参数

通过【参数】选项卡，用户可以对组件的名称和抑制特性进行修改，具体操作如下。在该选项卡的组件名称文本框输入新的名称，即可对组件进行重命名。在抑制特性选项中可以给该组件指定不同的抑制特性，将在下一部分中具体介绍，如图 7-7 所示。

3. 部件文件

【部件文件】选项卡列出了部件文件创建的时间、格式和其他有关的信息，如图 7-8 所示。

4. 属性

在【属性】选项卡中用户可以指定组件的属性值，具体操作为：在属性名称文本框中输入属性的名称，在属性值文本框中输入属性值并按〈Enter〉键，该属性的名称及其属性值将会自动出现在属性值列表框中，如图 7-9 所示。

图 7-6 【组件属性】对话框

图 7-7 【组件属性】对话框

图 7-8 【组件属性】对话框

图 7-9 【组件属性】对话框

7.2 装配建模

创建组件的方式有两种：一种是先设计好装配中部件的几何模型，再将该几何模型添加到装配中，该几何模型将会自动成为该装配的一个组件；另一种是先创建一个空的新组件，再在该组件中建立几何对象或是将原有的几何对象添加到新建的组件中，则该几何模型成为一个组件。

7.2.1 自底向上装配

自底向上装配是先设计好了装配中的部件几何模型，再将该部件的几何模型添加到装配中，从而使该部件成为一个组件。具体步骤为：

1）新建一个装配部件几何模型，或者打开一个存在的装配部件几何模型；

2）选择要进行装配的部件几何模型；

3）设置部件加入到装配中的相关信息。

1. 添加组件

单击【装配】工具条中的【添加组件】按钮 ，或选择菜单【装配】|【组件】|【添加组件】命令，系统弹出如图7-10所示的【添加组件】对话框。

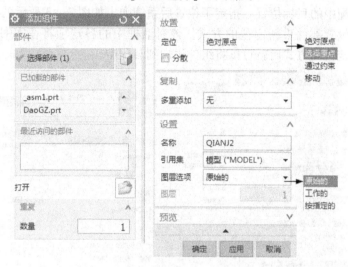

图7-10 【添加组件】对话框

在该对话框的【部件】选项组中，可通过4种方式指定现有组件：单击【部件】按钮 ，直接在绘图区选取组件执行装配操作；选择【已加载的部件】列表框中的组件名称执行装配操作；选择【最近访问的部件】列表框的组件名称执行装配操作；单击【打开】按钮 ，系统弹出【部件名】对话框，指定路径并选择部件，单击【确定】按钮，系统弹出如图7-11所示的【组件预览】对话框。在【组件预览】对话框显示添加的组件。

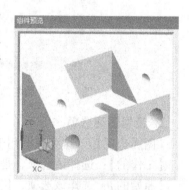

图7-11 【组件预览】对话框

2. 设置定位方式

在【放置】选项组中，可以指定组件在装配中的定位方式。在【定位】下拉列表中有4种执行定位操作的方式，如下所述。

（1）绝对原点

选择该选项，将按照绝对原点定位的方式确定组件在装配中的位置，执行定位的组件将与原坐标位置保持一致。

（2）选择原点

选择该选项，将通过指定原点定位的方式确定组件在装配体中的位置，这样该组件的坐标系原点与选取的点重合。通常情况下添加第一组件都是通过选择该选项确定组件在装配体中的位置，即选择该选项并单击【确定】按钮，系统弹出【点】对话框，输入坐标，单击

【确定】按钮即可指定点位置。

（3）通过约束

该选项是按配对条件确定部件在装配中的位置。选择该选项后，系统弹出如图 7-12 所示的【装配约束】对话框，要求用户设置部件关联的各种信息。该对话框中的各选项及关联方式的概念将在本书的后面有详细介绍。

（4）移动

该选项是在部件加到装配中后重新定位。选择该选项后，系统弹出【点】对话框，用于确定部件在装配中的目标位置。指定了位置后系统弹出如图 7-13 所示的【移动组件】对话框，要求用户设置部件重新定位的方式。该对话框中的各选项将在本书的后面有详细介绍。设置完重新定位的方式后就可以将组件添加到装配中。

图 7-12 【装配约束】对话框 　　图 7-13 【移动组件】对话框

3. 设置图层选项

【图层选项】下拉列表框用于指定部件放置的目标图层，有以下几个选项。

【工作的】：选择该选项，是将部件放置到装配部件的工作图层。

【原始的】：选择该选项，仍保持部件原来的图层位置。

【按指定的】：该选项是将部件放到指定层中。选择该选项，其下方【图层】文本框激活，可输入图层号。

7.2.2　自顶向下装配

自顶向下装配方法有两种：第一种是先在装配中建立一个几何模型，然后创建一个新组件，同时将该几何模型链接到新建组件中；第二种是先建立一个空的新组件，它不含任何几何对象，然后使其成为工作部件，再在其中建立几何模型。

1. 第一种自顶向下装配方法

以自底向上方法添加组件时可以在列表中选择在当前工作环境中现存的组件，但处于该环境中现存的三维实体不会在列表框中显示，不能被当作组件添加，它只是一个几何体，不含有其他的组件信息，若要使其也加入到当前的装配中就必须用自顶向下装配方法进行创建。

该方法是在装配部件中建立一个新组件，并将装配中的几何实体添加到新组件中。需要注意的是在进行此项工作前，应将 Ug Ⅱ 目录下的公制默认文件 ug_ metric. def 中的参数 Assemblies Allow interpart 设置为 Yes，否则将不能进行后续步骤的工作。

该方法具体的操作步骤如下：

（1）打开一个文件

该文件为一个含几何体的文件，或者先在该文件中建立一个几何体。

（2）创建新组件

单击【装配】工具条中的【新建组件】按钮，或选择菜单【装配】|【组件】|【新建】命令，系统弹出【新组件文件】对话框。选择所建组件文件的类型，在【名称】文本框中输入名称，单击【确定】按钮。系统弹出如图 7-14 所示的【新建组件】对话框，要求用户设置新组件的有关信息，在绘图区选取几何对象，单击【确定】按钮，系统弹出如图 7-15 所示的【更新时间列表】对话框。可以删除【配对组件】，单击【确定】按钮，则在装配中添加了一个含对象的新组件。

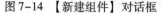

图 7-14　【新建组件】对话框　　　　图 7-15　【更新时间列表】对话框

【新建组件】对话框各选项说明如下：

【组件名】：该选项用于指定组件名称，默认为部件的存盘文件名，该名称可以修改。

【引用集】：该选项用于指定引用集名称。

【图层选项】：该选项用于设置产生的组件加到装配部件中的哪一层，包含 3 个选项。

【图层】：该选项只有在【图层选项】选择【按指定的】时才激活，用于指定图层号。

【组件原点】：指定组件原点采用的坐标系，是工作坐标系还是绝对坐标系。

【添加定义对象】：选择该选项，则从装配中复制定义所选几何实体的对象到新组件中。

209

【删除原对象】：选择该选项，则在装配部件中删除定义所选几何实体的对象。

在上述对话框中设置各选项后，单击【确定】按钮。至此，在装配中产生了一个含所选几何对象的新组件。

2. 第二种自顶向下装配方法

建立不含几何对象的新组件的操作步骤如下。

（1）打开一个文件

该文件可以是一个不含任何几何体和组件的新文件，也可以是一个含有几何体或装配部件的文件。

（2）创建新组件

单击【装配】工具条中的【新建组件】按钮，或选择菜单【装配】|【组件】|【新建】命令，系统弹出【新组件文件】对话框。选择所建组件文件的类型，在【名称】文本框中输入名称，单击【确定】按钮。系统弹出如图 7-14 所示的【新建组件】对话框。由于是产生不含几何对象的新组件，因此该处不需选择几何对象，要求设置新组件的有关信息，单击【确定】按钮。则在装配中添加了一个不含对象的新组件。新组件产生后，由于其不含任何几何对象，因此装配图形没有什么变化。

（3）新组件几何对象的建立和编辑

新组件产生后，可在其中建立几何对象，首先必须改变工作部件到新组件中。操作如下：单击【装配】工具条中的【设置工作部件】按钮，或选择菜单【装配】|【关联控制】|【设置工作部件】命令，系统弹出如图 7-16 所示的【设置工作部件】对话框。在该对话框中显示了开始创建的新组件，在【选择已加载的部件】列表框中选择需要编辑的组件，单击【确定】按钮，该部件将自动成为工作部件，而该装配中的其他部件将变成灰色。

自顶向下装配方法主要用在上下文设计即在装配中参照其他零部件对当前工作部件进行设计的方法。其显示部件为装配部件，而工作部件是装配中的组件，所做的任何工作发生在工作部件上，而不是在装配部件上。当工作在装配上下文中，可以利用链接关系建立从其他部件到工作部件的几何关联。

图 7-16 【设置工作部件】
　　　　对话框

利用这种关联，可引用其他部件中的几何对象到当前工作部件中，再用这些几何对象生成几何体。这样，一方面提高设计效率，另一方面保证了部件之间的关联性，便于参数化设计。

7.2.3 编辑组件

组件添加到装配以后，可对其进行删除、属性编辑、抑制、替换和重新定位等编辑。下面来介绍实现各种编辑的方法和过程。

1. 删除组件

选择菜单【编辑】|【删除】命令，系统弹出【类选择】对话框，在该对话框中输入组件

的名称或是利用选择球选择要删除的组件，单击【确定】按钮即完成了该项操作。

2. 替换组件

单击【装配】工具条中的【替换组件】按钮 ，或选择菜单【装配】|【组件】|【替换组件】命令，系统弹出如图 7-17 所示的【替换组件】对话框。选择【要替换的组件】和【替换件】，设置相关选项，如果需要维持配对关系（装配关系），选中【单击维持关系】复选框，最后单击【确定】按钮即完成了该项操作。

3. 移动组件

单击【装配】工具条中的【移动组件】按钮 ，或选择菜单【装配】|【组件】|【移动组件】命令，系统弹出如图 7-18 所示的【移动组件】对话框。单击【是（Y）】按钮，系统弹出【类选择】对话框，在图形窗口中选中一个零件后，单击【确定】按钮，系统将会自动弹出如图 7-19 所示的【重定位组件】对话框。对话框上部是组件重新定位方法图标，对话框中部列出距离或角度变化大小的设置，对话框下部是重定位的其他选项。该对话框用于重新定位装配中组件的位置设置，其各图标和选项说明如下：

图 7-17 【替换组件】对话框

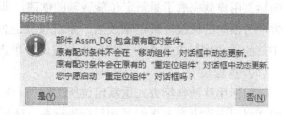

图 7-18 【移动组件】对话框

（1）点到点

该图标用于将所选组件从一点移动到另一点。单击该图标后，系统弹出【点】对话框，在该对话框中选择一个点，作为组件上的基点。同时，系统将会自动弹出另一【点】对话框，在图形窗口中选择一个点作为组件移动的目标点，单击【确定】按钮即可完成该操作。

（2）平移

该图标用于平移所选组件。单击该图标时，系统弹出如图 7-20 所示的【变换】对话框。在各文本框中输入沿 X、Y、Z 坐标轴方向的增量，对象将会沿 X、Y、Z 坐标轴方向移动一个距离。如果输入值为正，则沿坐标轴正向移动；反之，沿负向移动。

（3）绕点旋转

该图标用于绕点旋转所选组件。单击该图标时，系统弹出【点】对话框，用于选择旋转中心点，确定旋转中心点后，单击【确定】按钮，系统将会返回到【重定位组件】对话框，可在该对话框的中部【角度】文本框中输入角度值，单击【确定】按钮即可完成。

图 7-19 【重定位组件】对话框

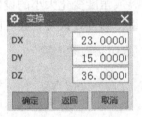

图 7-20 【变换】对话框

（4）绕直线旋转

该图标用于绕轴线旋转所选组件。单击该图标，系统弹出【点】对话框。按一定的方式创建了一个点之后，系统将会自动弹出【矢量】对话框。以一定的方式创建了一个矢量方向后，用户就完成了重新定位旋转轴的创建，即由上一步创建的点为起始点，第二步创建的方向为轴向的轴线。确定轴线后，系统将会返回到【重定位组件】对话框。在该对话框的中部的【角度】文本框中直接输入角度值，单击【确定】按钮即可完成。

（5）重定位

该图标用移动坐标方式重新定位所选组件。单击该图标后，系统弹出【CSYS】对话框，该对话框用于指定参考坐标系和目标坐标系。选择一种坐标定义方式定义参考坐标系和目标坐标系，再单击【确定】按钮，则组件从参考坐标系的相对位置移动到目标坐标系中的对应位置。

（6）在轴之间旋转

该图标用于在选择的两轴间旋转所选的组件。单击该图标后，系统弹出【点】对话框用于指定参考点，系统弹出【矢量】对话框用于指定参考轴和目标轴的方向。在参考轴和目标轴定义后，系统将会返回到【重定位组件】对话框。在该对话框中输入角度值，单击【确定】按钮，则组件在选择的两轴间旋转指定的角度。

（7）在点之间旋转

该图标用于在选择的两点之间旋转所选的组件。单击该图标后，系统弹出【点】对话框。通过指定 3 个参考点并输入旋转角度，即可将组件在所选择的两点之间旋转指定的角度。

212

4. 抑制组件与取消组件抑制

（1）抑制组件

抑制组件是指在当前显示中移去组件，使其不执行装配操作。抑制组件并不是删除组件，组件的数据仍然在装配中存在，只是不执行一些装配功能，可以用解除组件抑制恢复。

单击【装配】工具条中的【抑制组件】按钮，或选择菜单【装配】|【组件】|【抑制组件】命令，系统弹出【类选择】对话框，在绘图区中选中一个零件后，单击【确定】按钮，则在视区中移去了所选组件。组件抑制后不在视区中显示，也不会在装配工程图和爆炸视图中显示，在装配导航工具中也看不到它。抑制组件不能进行干涉检查和间隙分析，不能进行重量计算，也不能在装配报告中查看有关信息。

图 7-21 【选择抑制的组件】对话框

（2）取消抑制组件

解除组件的抑制可以将抑制的组件恢复成原来状态。

单击【装配】工具条中的【取消抑制组件】按钮，或选择命令【装配】|【组件】|【取消抑制组件】，系统弹出如图 7-21 所示的【选择抑制的组件】对话框。在对话框的列表中，列出了所有已抑制的组件。选择要解除抑制的组件，单击【确定】按钮即可完成组件的解除抑制操作。

7.3 装配约束

【装配约束】是通过定义两个组件之间的约束条件来确定组件在装配体中的位置，以确定组件在装配中的相对位置。装配约束由一个或多个关联约束组成，关联约束限制组件在装配中的自由度。定义关联约束时，在图形窗口中系统会自动显示约束符号，如图 7-22 所示，该符号表示组件在装配中没有被限制的自由度。如果组件全部自由度被限制，称完全约束，在图形窗口中看不到约束符号。如果组件有自由度没被限制，则称欠约束，在装配中，允许欠约束存在。

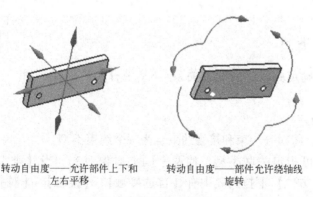

转动自由度——允许部件上下和　　　转动自由度——部件允许绕轴线
　　　左右平移　　　　　　　　　　　　　旋转

图 7-22 约束符号

在添加组件到装配的过程中，用户可以【添加组件】对话框的在【定位】下拉列表中选择【通过约束】，则指定了组件添加到装配中的绝对位置后，系统弹出如图 7-23 所示的

【装配约束】对话框。同时用户也可以选择菜单【装配】|【组件位置】|【装配约束】命令，或者单击【装配】工具条中的【装配约束】按钮，系统弹出如图7-23所示的【装配约束】对话框。

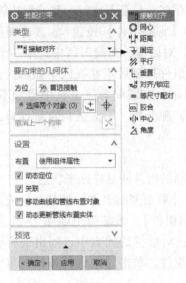

图7-23 【装配约束】对话框

该对话框的上部是约束条件树、中部是约束类型、选择步骤和过滤器，下部是与约束条件相关的选项。该对话框中的各个选项说明如下。

7.3.1 约束导航器

【约束导航器】是用图形表示装配中各组件的约束关系，如图7-24所示。

该导航器有3种类型的节点，分别是根节点、条件节点和约束节点，每类节点都有对应的弹出菜单，用于产生和编辑配对条件与关联约束。

图7-24 【约束导航器】

7.3.2 约束类型

关联类型用于确定关联中的约束关系，NX中有多种关联类型。

1. 接触对齐约束

在NX软件中，将对齐约束和接触约束合为一个约束类型，这两个约束方式都可指定关联类型，使两个同类对象对齐。当【类型】下拉列表中选择【接触对齐】时，【方位】下拉列表中有【首选接触】、【接触】、【对齐】和【自动判断中心/轴】4种约束方式，以下将详细介绍该约束类型的4种约束方式的具体设置方法。

（1）首选接触和接触

选择【接触对齐】约束类型后，系统默认约束方式为【首选接触】方式，首选接触和接触属于相同的约束类型，即指定关联类型定位两个同类对象相一致。

其中指定两平面对象为参照时，共面且法线方向相反，如图7-25所示。对于锥体，系统首先检查其角度是否相等，如果相等，则对齐轴线；对于曲面，系统先检验两个面的内外直径是否相等，若相等则对齐两个面的轴线和位置；对于圆柱面，要求相配组件直径相等才能对齐轴线；对于边缘、线和圆柱表面，接触类似于对齐。

（2）对齐约束

使用对齐约束可对齐相关对象。当对齐平面时，使两个表面共面并且法向方向相同；当对齐圆柱、圆锥和圆环面等直径相同的轴类实体时，将使轴线保持一致；当对齐边缘和线时，将使两者共线，如图7-26所示。

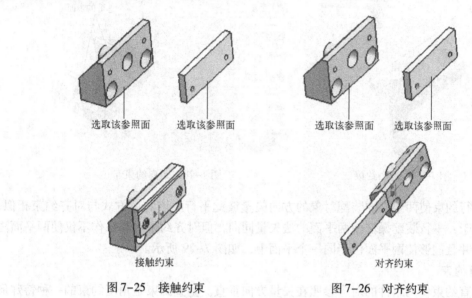

图7-25　接触约束　　　　　　　　　图7-26　对齐约束

提示： 对齐与接触约束的不同之处在于：执行对齐约束，对齐圆柱、圆锥和圆环面时，并不要求相关联对象的直径相同。

（3）自动判断中心/轴

【自动判断中心/轴】约束方式是指对于选取的两回转体对象，系统将根据选取的参照判断，从而获得接触对齐约束效果。选择约束方式为【自动判断中心/轴】后，选取两个组件对应参照，即可获得该约束效果。

2. 同心约束

同心约束是指定两个具有回转体特征的对象，使其在同一条轴线位置。选择约束类型为【同心】类型，然后选取两对象回转体边缘轮廓线，即可获得同心约束效果，如图7-27所示。

3. 距离约束

距离约束类型用于指定两个组件对应参照面之间的最小距离，距离可以是正值也可以是负值，正负号确定相配组件在基础组件的哪一侧，如图7-28所示。

4. 平行约束

在设置组件和部件、组件和组件之间的约束方式时，为定义两个组件保持平行对立的关系，可选取两组件对应参照面，使其面与面平行；为更准确显示组件间的关系可定义面与面之间的距离参数，从而显示组件在装配体中的自由度。

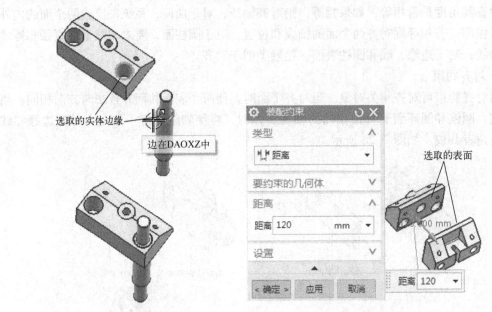

图 7-27 同心约束   图 7-28 距离约束

设置平行约束使两组件的装配对象的方向矢量彼此平行。该约束方式与对齐约束相似，不同之处在于：平行装配操作使两平面的法矢量同向，但对齐约束对其操作不仅使两平面法矢量同向，并且能够使两平面位于同一个平面上，如图 7-29 所示。

5. 垂直约束

设置垂直约束使两组件的对应参照在矢量方向垂直。垂直约束是角度约束的一种特殊形式，可单独设置也可以按照角度约束设置。如图 7-30 所示，选取两组件的对应轴线设置垂直约束。

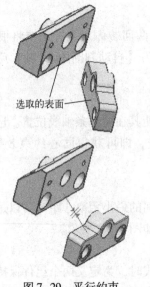

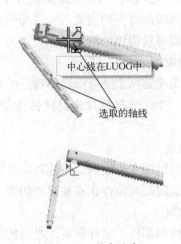

图 7-29 平行约束   图 7-30 垂直约束

6. 角度约束

角度约束是在两个对象间定义角度尺寸，用于约束相配组件到正确的方位上。角度约束可以在两个具有方向矢量的对象间产生，角度是两个方向矢量的夹角。这种约束允许关联不同类型的对象，例如可以在面和边缘之间指定一个角度约束。

角度约束有两种类型：方向角度和3D角度。方向角度约束需要一根转轴，两个对象的方向矢量与其垂直。在【装配约束】对话框中，当【类型】选择【角度】时，【子类型】下拉列表中有【方向角度】和【3D角度】两个选项。如图7-31所示组件，当角度值为零时，两个关联组件的矢量方向相同。当角度值为90°时两个组件的矢量方向垂直。

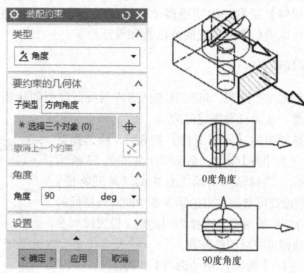

图7-31　角度约束

7. 中心约束

在设置组件之间的约束时，对于具有回转体特征的组件，设置中心约束使被装配对象的中心与装配组件对象中心重合，从而限制组件在整个装配体中的相对位置。其中相配组件是指需要添加约束进行定位的组件，基础组件是指已经添加完约束的组件。该约束方式包括多个子类型，各子类型的含义如下所述。

【1对2】约束类型是将相配组件中的一个对象中心定位到基础组件中的两个对象的对称中心上；【2对1】是将相配组件中的两个对象的对称中心定位到基础组件的一个对象中心位置处；【2对2】是将相配组件的两个对象和基础组件的两个对象对称中心重合。

8. 固定约束

固定约束是将组件固定在其当前位置不动，当要确保组件停留在适当位置且根据它约束其他组件时，此约束很有用。

9. 拟合约束

拟合约束是将半径相等的两个圆柱面结合在一起，常用于孔中销或螺栓定位，如图7-32所示。如果组件的半径

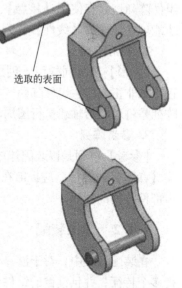

图7-32　拟合约束

变为不等，则该约束无效。

10. 胶合约束

胶合约束是将组件焊接在一起，以使其可以像刚体那样移动。选择要胶合的组件，单击【创建约束】按钮完成胶合约束。

7.4 阵列组件和镜像装配

在装配过程中，除了重复添加相同组件提高装配效率以外，对于按照圆周或线性分布的组件，可使用【阵列组件】工具一次获得多个特征，并且阵列的组件将按照原组件的约束关系进行定位，可极大地提高产品装配的准确性和设计效率。

7.4.1 创建阵列组件

设置从实例特征创建一个阵列，即按照实例的阵列特征类型创建相同的特征。NX 能判断实例特征的阵列类型，从而自动创建阵列。

单击【装配】工具栏中的【阵列组件】按钮，或选择菜单【装配】|【组件】|【阵列组件】命令，系统弹出如图 7-33 所示的【阵列组件】对话框，该对话框与第 5 章中的【阵列特征】对话框相似，相关参数设置可参照本书的第 5 章中的阵列特征的相关内容。选取要执行阵列的对象，选择阵列类型，设置阵列参数，单击【确定】按钮即可完成组件阵列。

阵列类型有【线性】、【圆形】和【参考】3 种。

1. 线性阵列

【线性】阵列用于创建一个二维组件阵列，即指定参照设置行数和列数创建阵列组件特征，也可以创建正交或非正交的组件阵列。只有使用【接触】、【对齐】和【距离】约束类型才能创建部件的【线性】阵列。

2. 圆形阵列

【圆形】阵列同样用于创建一个二维组件阵列，也可创建正交或非正交的主组件阵列，与线性阵列不同之处在于，圆周阵列是将对象沿轴线执行圆周均匀阵列操作。

图 7-33 【阵列组件】对话框

3. 参考阵列

【参考】阵列是以装配体中某一个零件中的阵列特征为参照来进行部件阵列，因此在创建【参考】阵列前，应提前在装配体的某个零件中创建某一特征的阵列，该特征阵列将作为部件阵列的参照。

7.4.2 镜像装配

在装配过程中，对于沿一个基准面对称分布的组件，可使用【镜像装配】工具一次获得多个特征，并且镜像的组件将按照原组件的约束关系进行定位。因此特别适合像汽车底盘等这样对称的组件装配，只需要完成一边的装配即可。

单击【装配】工具栏中的【镜像装配】按钮，或选择菜单【装配】|【组件】|【镜像装配】命令，系统弹出如图7-34所示的【镜像装配向导】对话框。在该对话框中单击【下一步】按钮，这时【镜像装配向导】对话框如图7-35所示。然后选取待镜像的组件，其中组件可以是单个或多个，接着单击【下一步】按钮，这时【镜像装配向导】对话框如图7-36所示。选取基准面为镜像平面，如果没有，可单击【创建基准面】按钮，系统弹出【基准平面】对话框，然后创建一个基准面为镜像平面。

图7-34 【镜像装配向导】对话框

图7-35 【镜像装配向导】对话框

图7-36 【镜像装配向导】对话框

完成上述步骤后单击【下一步】按钮，这时【镜像装配向导】对话框如图7-37所示。然后设置新部件文件命名和新部件文件放置所放目录。接着单击【下一步】按钮，这时【镜像装配向导】对话框如图7-38所示。

当单击页面右侧需要镜像的组件名称时，列表框下方的相应图标按钮就会变亮，下面介绍一下各按钮的含义：

重用和重定位：系统默认的镜像类型，即每个选定组件的副本均置于镜像平面的另一

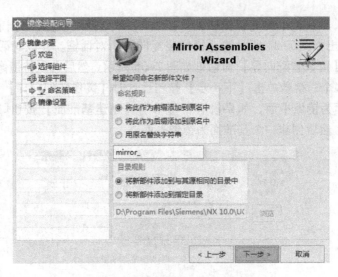

图 7-37 【镜像装配向导】对话框

图 7-38 【镜像装配向导】对话框

侧，而不创建任何新部件。

关联镜像 ：该操作将新建部件文件，并将它们作为组件添加到工作部件中，且该部件与原几何体相关联。

非关联镜像 ：该操作将新建部件文件，并将它们作为组件添加到工作部件中，该部件与原几何体没有关联。

排除 ：该操作用于排除在镜像装配中不需要的组件。

单击【下一步】按钮，系统执行镜像操作预览，镜像的组件显示在图形窗口中。单击【完成】按钮完成操作。

7.5 装配爆炸及装配图

完成了零部件的装配后，可以通过爆炸图将装配各部件偏离装配体原位置以表达组件装配关系的视图，便于用户观察。NX 中爆炸图的创建、编辑、删除等操作命令集中在【爆炸图】工具栏上。

7.5.1　爆炸图概述

爆炸图是在装配模型中组件按装配关系偏离原来的位置的拆分图形。爆炸图的创建可以方便用户查看装配中的零件及其相互之间的装配关系。

爆炸图在本质上也是一个视图，与其他用户定义的视图一样，一旦定义和命名就可以被添加到其他图形中。爆炸图与显示部件关联，并存储在显示部件中。用户可以在任何视图中显示爆炸图形，并对该图形进行任何 NX 的操作，该操作也将同时影响到非爆炸图中的组件。

爆炸视图的特征如下：

1）可对爆炸图中的组件进行所有的 NX 操作，如编辑特征参数等。

2）任何爆炸图中组件的操作均影响到非爆炸图中的组件。

3）可在任何视图中显示爆炸图。

爆炸图的限制如下：

1）不能爆炸装配部件中的实体。

2）不能在当前模型中输入爆炸图。

一个模型允许有多个爆炸图，NX 默认使用视图名称加 Explode 作为爆炸图的名称。

如果名称名重复，NX 会在名称前加数字前缀。用户也可以为爆炸图指定不同的名称。

7.5.2　创建爆炸图

完成部件装配后，可建立爆炸图来表达装配部件内部各组件间的相互关系。

利用生成爆炸图工具生成没有间距的初始爆炸图，然后利用自动爆炸组件工具，使各零件沿约束方向偏离指定的距离，生成最终的爆炸图。具体的创建步骤如下：

1）单击【装配】工具条中的【爆炸图】按钮 ，或选择菜单【装配】|【爆炸图】|【显示工具条】命令，系统弹出如图 7-39 所示的【爆炸图】工具条。该工具条包含所有的爆炸图创建和设置的命令。

图 7-39　【爆炸图】工具条

2）单击【爆炸图】工具条中的【新建爆炸图】按钮 ，或选择菜单【装配】|【爆炸图】|【新建爆炸图】命令，将弹出如图 7-40 所示的【新建爆炸图】对话框。在【名称】文本框中输入爆炸图的名称，单击【确定】按钮，生成一个爆炸图，如果部件比较大，零件比较多，则会花几分钟的时间才能生成爆炸图。当然，时间的长短会根据计算机的配置的不同而不同。从完成后的效果可以看到生成的爆炸图与原装配图相比没有什么变化，这只是因为还没有设置爆炸零件的距离值。

3）单击【爆炸图】工具条中的【自动爆炸组件】按钮，或者菜单【装配】|【爆炸图】|【自动爆炸图】命令，系统弹出【类选择】对话框。单击【全选】按钮，系统会选取装配中的所有组件作为爆炸对象，单击【确定】按钮，将弹出如图7-41所示的【自动爆炸组件】对话框。

图7-40 【新建爆炸图】对话框　　　　图7-41 【自动爆炸组件】对话框

4）在【自动爆炸组件】对话框中的【距离】文本框中输入距离，单击【确定】按钮，生成爆炸图。

7.5.3　编辑爆炸图

采用自动爆炸，一般不能得到理想的爆炸效果，通常还需要对爆炸图进行调整。利用编辑爆炸图的功能，可以在爆炸图中手动调整零件，使零件沿某个方向移动，或移动到新指定位置。

单击【爆炸图】工具条中的【编辑爆炸图】按钮，或选择菜单【装配】|【爆炸图】|【编辑爆炸图】命令，系统弹出如图7-42所示的【编辑爆炸图】对话框。在该对话框默认的状态下，【选择对象】单选按钮处于选中状态，在绘图区中选择某个需要编辑的组件，在对话框中选择【只移动手柄】单选按钮，在绘图区中单击一点，则动态坐标系移动到鼠标指定的新位置。

在【编辑爆炸图】对话框中选择【移动对象】单选按钮，在绘图区选择移动方向，在【编辑爆炸图】对话框中的【距离】文本框中输入移动距离，单击【应用】按钮，则皮带轮零件将沿Z轴方向移动指定的距离。单击【确定】按钮，关闭该对话框。

图7-42 【编辑爆炸图】
对话框

7.5.4　隐藏视图中的组件

在某些时候，为了方便地观察零件间的装配关系，必须将某些零件移除。利用从视图移除组件的功能，可以在爆炸图中将选定的零件转为隐藏状态。

单击【爆炸图】工具条中的【隐藏视图中的组件】按钮，系统弹出如图7-43所示的【隐藏视图中的组件】对话框，选择某个组件，单击【确定】按钮；或者选择某个组件，单击鼠标中键即可隐藏组件。

图7-43 【隐藏视图中的
组件】对话框

7.5.5　显示视图中的组件

显示视图中的组件是将已从视图隐藏的组件重新显示在图形窗口中。

单击【爆炸图】工具条中的【显示视图中的组件】按钮，系统弹出如图7-44所示的【显示视图中的组件】对话框。选择组件名称，单击【确定】按钮，则所选组件重新显示在图形窗口中。如果没有从视图隐藏的组件，执行此项操作时，会出现信息提示窗口，说明不能进行本项操作。

图7-44　【显示视图
中的组件】对话框

7.5.6　取消爆炸组件

利用取消爆炸组件功能可以将已爆炸的组件恢复到原来的位置。

单击【爆炸图】工具条中的【取消爆炸组件】按钮，或选择菜单【装配】|【爆炸图】|【取消爆炸组件】命令，系统弹出【类选择】对话框。选择某个组件，单击【确定】按钮，则已爆炸的组件恢复到爆炸前的位置。

7.5.7　删除爆炸图

利用删除爆炸图功能，可以将已建立的爆炸图删除。

单击【爆炸图】工具条中的【删除爆炸图】按钮，或选择菜单【装配】|【爆炸图】|【删除爆炸图】命令，系统弹出如图7-45所示的【爆炸图】对话框。对话框中列出了已建立的爆炸图名称，选择要删除的爆炸图的名称，单击【确定】按钮，即可将所选的爆炸图删除。

图7-45　【爆炸图】对话框

7.5.8　切换爆炸图

在【爆炸图】工具条中有一个下拉菜单，其中各个选项为用户所创建的和正在编辑的爆炸图。用户可以根据自己的需要，在该下拉菜单中选择要在图形窗口中显示的爆炸图，进行爆炸图的切换，如图7-46所示。同时，用户也可以选择下拉菜单中的【无爆炸】选项，隐藏各个爆炸图。

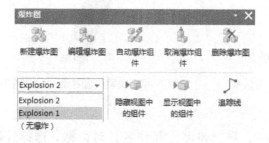

图7-46　【爆炸图】工具条

7.6 综合应用实例——平口钳的装配

利用自底向上的装配方法创建一个平口钳的装配模型。具体的装配过程如下。

7.6.1 创建手柄子装配

1. 创建一个新的装配文件

选择【文件】|【新建】命令，系统弹出【新建】对话框。在【名称】文本框中输入【PingKQ_SB】，【单位】选择【毫米】，【模板】选择【装配】，单击【确定】按钮，即可创建部件文件。

2. 装配螺杆

单击【装配】工具条中的【添加组件】按钮💠，系统弹出【添加组件】对话框。【定位】下拉列表中选择【绝对原点】；单击【设置】选项栏，将【设置】选项栏展开，【引用集】下拉列表中选择【模型】，【图层选项】下拉列表中选择【工作的】；单击【打开】按钮💿，系统弹出【部件名】对话框。选择在本书的配套资源中根目录下的7/1/LuoG.prt文件，单击【OK】按钮，系统返回到【添加组件】对话框，单击【应用】按钮。

3. 装配手柄

单击【打开】按钮💿，系统弹出【部件名】对话框。选择【ShouB.prt】文件，单击【OK】按钮，系统返回到【添加组件】对话框并弹出【组件预览】框。【定位】下拉列表中选择【通过约束】，单击【应用】按钮，系统弹出如图7-47所示的【装配约束】对话框。【类型】下拉列表中选择【接触对齐】，【方位】下拉列表中选择【接触】，依次选择如图7-48所示的圆柱面1和圆柱面2，单击【确定】按钮，系统返回到【添加组件】对话框，结果如图7-49所示。

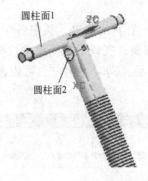
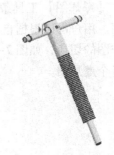

图7-47 【装配约束】对话框　　　图7-48 选取的圆柱面　　　图7-49 装配手柄后的结果

4. 装配柄端

单击【打开】按钮💿，系统弹出【部件名】对话框。选择【BingD.prt】文件，单击【OK】按钮，系统返回到【添加组件】对话框并弹出【组件预览】框。【定位】下拉列表中选择【通过约束】，单击【应用】按钮，系统弹出如图7-47所示的【装配约束】对话框。【类型】下拉列表中选择【接触对齐】，【方位】下拉列表中选择【接触】，依次选择如

图 7–50 所示的表面 1 和表面 2；【方位】下拉列表中选择【接触自动判断中心/轴】，依次选择如图 7–51 所示的圆柱面 1 和圆柱面 2，单击【确定】按钮，系统返回到【添加组件】对话框。

用同样的方法装配另一端的柄端，结果如图 7–52 所示。装配完这 3 个零件后，保存并关闭该文件。

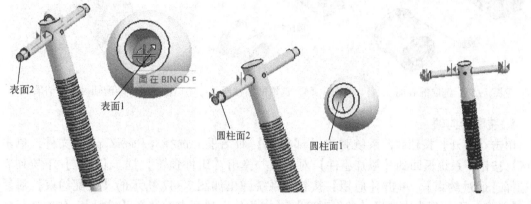

图 7–50　选取的表面　　　　　图 7–51　选取的圆柱面　　　　图 7–52　装配柄端后的结果

7.6.2　创建导轨子装配

1. 创建一个新的装配文件

选择【文件】|【新建】命令，系统弹出【新建】对话框。在【名称】文本框中输入【PingKQ_BD】，【单位】选择【毫米】，【模板】选择【装配】，单击【确定】按钮，即可创建部件文件。

2. 装配螺杆

单击【装配】工具条中的【添加组件】按钮，系统弹出【添加组件】对话框。【定位】下拉列表中选择【绝对原点】；单击【设置】选项栏，将【设置】选项栏展开，【引用集】下拉列表中选择【模型】，【图层选项】下拉列表中选择【工作的】；单击【打开】按钮，系统弹出【部件名】对话框。选择在本书的配套资源中根目录下的 7/1/DaoGZ.prt 文件，单击【OK】按钮，系统返回到【添加组件】对话框，单击【应用】按钮。

3. 装配轴衬

单击【打开】按钮，系统弹出【部件名】对话框。选择【ZhouC.prt】文件，单击【OK】按钮，系统返回到【添加组件】对话框并弹出【组件预览】框。【定位】下拉列表中选择【通过约束】，单击【应用】按钮，系统弹出如图 7–47 所示的【装配约束】对话框。【类型】下拉列表中选择【接触对齐】，【方位】下拉列表中选择【接触】，依次选择如图 7–53 所示的表面 1 和表面 2；【方位】下拉列表中选择【接触自动判断中心/轴】，依次选择如图 7–54 所示的圆柱面 1 和圆柱面 2，单击【确定】按钮，系统返回到【添加组件】对话框，结果如图 7–55 所示。

225

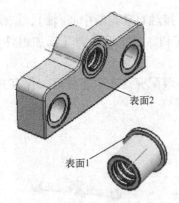

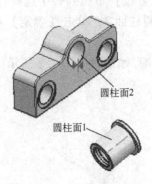

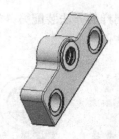

图 7-53　选取的表面　　　图 7-54　选取的圆柱面　　　图 7-55　装配轴衬后的结果

4. 装配导向轴

单击【打开】按钮 ，系统弹出【部件名】对话框。选择【DaoXZ.prt】文件，单击【OK】按钮，系统返回到【添加组件】对话框并弹出【组件预览】框。【定位】下拉列表中选择【通过约束】，单击【应用】按钮，系统弹出如图 7-47 所示的【装配约束】对话框。【类型】下拉列表中选择【接触对齐】，【方位】下拉列表中选择【接触】，依次选择如图 7-56 所示的表面 1 和表面 2；【方位】下拉列表中选择【接触自动判断中心/轴】，依次选择如图 7-57 所示的圆柱面 1 和圆柱面 2，单击【确定】按钮，系统返回到【添加组件】对话框。用同样的方法装配另一个的导向轴，结果如图 7-58 所示。

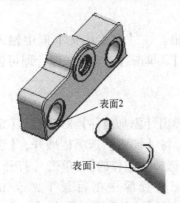

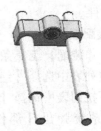

图 7-56　选取的表面　　　图 7-57　选取的圆柱面　　　图 7-58　装配导向轴后的结果

5. 装配固定螺母

单击【打开】按钮 ，系统弹出【部件名】对话框。选择【GDLuoM.prt】文件，单击【OK】按钮，系统返回到【添加组件】对话框并弹出【组件预览】框。用上述同样的方法装配两个固定螺母，结果如图 7-59 所示。装配完这些零件后，保存并关闭该文件。

7.6.3　创建平口钳的装配

图 7-59　装配固定
螺母后的结果

1. 创建一个新的装配文件

选择【文件】|【新建】命令，系统弹出【新建】对话框。在【名称】文本框中输入

【PingKQ】，【单位】选择【毫米】，【模板】选择【装配】，单击【确定】按钮，即可创建部件文件。

2. 装配导轨子装配

单击【装配】工具条中的【添加组件】按钮，系统弹出【添加组件】对话框。【定位】下拉列表中选择【绝对原点】；单击【设置】选项栏，将【设置】选项栏展开，【引用集】下拉列表中选择【模型】，【图层选项】下拉列表中选择【工作的】；单击【打开】按钮，系统弹出【部件名】对话框。选择前面创建的装配文件【PingKQ_BD.prt】，单击【OK】按钮，系统返回到【添加组件】对话框，单击【应用】按钮。

3. 装配手柄子装配

单击【打开】按钮，系统弹出【部件名】对话框。选择【PingKQ_SB.prt】文件，单击【OK】按钮，系统返回到【添加组件】对话框并弹出【组件预览】框。【定位】下拉列表中选择【通过约束】，单击【应用】按钮，系统弹出如图7-47所示的【装配约束】对话框。【类型】下拉列表中选择【接触对齐】，【方位】下拉列表中选择【接触自动判断中心/轴】，依次选择如图7-60所示的两个螺纹面；【类型】下拉列表中选择【距离】，依次选择如图7-61所示的两个表面，【距离】文本框中输入120，单击【确定】按钮，系统返回到【添加组件】对话框，结果如图7-62所示。

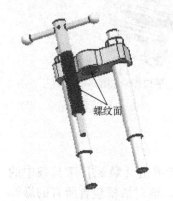
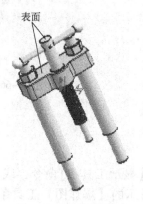

图7-60　选取的两个螺纹面　　　图7-61　选取的表面　　　图7-62　装配手柄子装配后的结果

4. 装配钳夹

单击【打开】按钮，系统弹出【部件名】对话框。选择【QianJ.prt】文件，单击【OK】按钮，系统返回到【添加组件】对话框并弹出【组件预览】框。【定位】下拉列表中选择【通过约束】，单击【应用】按钮，系统弹出如图7-47所示的【装配约束】对话框。【类型】下拉列表中选择【接触对齐】，【方位】下拉列表中选择【接触】，依次选择如图7-63所示的两个表面；【方位】下拉列表中选择【接触自动判断中心/轴】，依次选择如图7-64所示的两个圆柱面，单击【确定】按钮，系统返回到【添加组件】对话框，结果如图7-65所示。

5. 装配其他零件

接下来装配夹板和固定钳夹子装配等，装配方法与上述的装配方法相似，这里不再讲解，结果如图7-66所示。

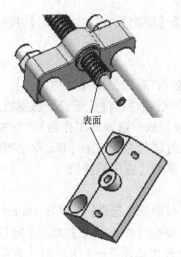

图7-63 选取的表面

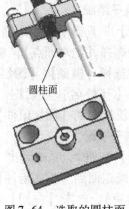

图7-64 选取的圆柱面

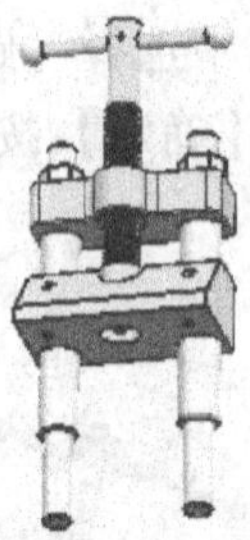

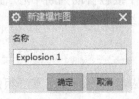

图7-65 装配后的结果

图7-66 平口钳总装配

7.6.4 爆炸图

1. 创建爆炸图

1）选择菜单【装配】|【爆炸图】|【显示工具条】命令，或者单击【装配】工具条中的【爆炸图】按钮，将弹出如图7-39所示的【爆炸图】工具条。该对话框包含所有的爆炸图创建和设置的命令。

2）单击【爆炸图】工具条中的【新建爆炸图】按钮，将弹出如图7-67所示的【新建爆炸图】对话框。在【名称】文本框中输入爆炸图的名称，单击【确定】按钮，生成一个爆炸图。

3）单击【爆炸图】工具条中的【自动爆炸图】按钮，系统弹出【类选择】对话框。单击【全选】按钮，系统会选取装配中的所有组件作为爆炸对象，单击【确定】按钮，将弹出如图7-68所示的【自动爆炸组件】对话框。

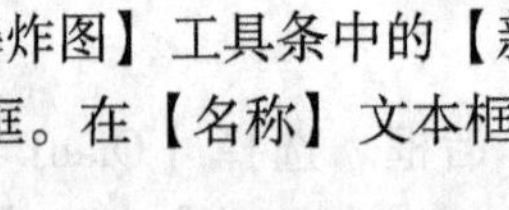

图7-67 【新建爆炸图】对话框

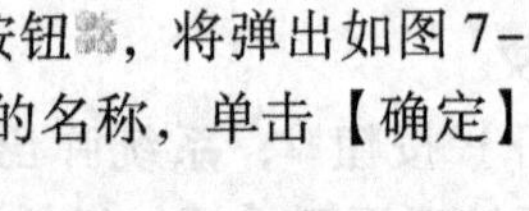

图7-68 【自动爆炸组件】对话框

4）在【自动爆炸组件】对话框中的【距离】文本框中输入 50，单击【确定】按钮，生成爆炸图，效果如图 7-69 所示。

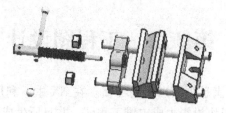

图 7-69　爆炸视图

7.7　本章总结

本章主要讲解了 NX 10.0 的装配功能和操作命令，包括装配的基本术语、引用集、配对条件、装配方法、爆炸视图操作等。其中引用集内容包括引用集的创建、使用和替换操作；配对条件的基本内容包括约束条件树、约束类型和约束操作步骤等；装配方法有两种，即自底向上的装配设计和自顶向下的装配设计；爆炸视图包括爆炸视图的创建、编辑等操作；最后通过一个典型实例讲解了装配功能的具体应用和技巧。

7.8　思考与练习题

1. 何谓装配？NX 中有几种装配的方法？
2. NX 装配建模有什么特点？
3. 装配齿轮泵，齿轮泵的文件在配套资源下的 7/2/ 目录下，装配后结果如图 7-70 所示。

图 7-70　齿轮泵的总装配

第8章　工程图设计

NX 的工程图主要为了满足二维出图的需要。在 NX 中，利用建模模块创建的三维实体模型，都可以利用工程图模块投影生成二维工程图，并且所生成的工程图与该实体模型是完全关联的，也就是说实体模型的尺寸、形状或位置的任何改变都会引起二维工程图的相应变化。

8.1　工程图基础

8.1.1　工程图概述

NX 的制图功能包括图纸页的管理、各种视图的管理、尺寸和注释标注管理以及表格和零件明细栏的管理等。这些功能中又包含很多子动能，例如在视图管理中，它包括基本视图的管理、剖视图的管理、展开图的管理、局部放大图的管理等；在尺寸和注释标注功能中，它包括水平、竖直、平行、垂直等常见尺寸的标注，也包括水平尺寸链、竖直尺寸链的标注，还包括形位公差和文本信息等的标注。

因此 NX 的制图功能非常强大，可以满足用户的各种制图需求。而且，NX 的制图功能生成的二维工程图和几何模型之间是相关联的，即模型发生变化以后，二维工程图也自动更新。这给用户修改模型和修改二维工程图带来了同步的好处，节省了不少的设计时间，提高了工作效率。当然，如果用户不需要这种关联性，还可以对它们的关联性进行编辑，因此，可以适应各种用户的要求。

8.1.2　进入制图功能模块

启动 NX 10.0 后，进入 NX 10.0 的基本操作界面后，如图 8-1 所示，选择菜单【启动】|【制图】命令，即可进入【制图】功能模块。

此时工具条中显示的按钮除了一些常用的按钮外，还显示了一些有关制图功能模块的按钮。

8.1.3　工程图工作界面

工程图工作界面如图 8-2 所示，在该界面中，利用【插入】菜单中的各选项，或主界面上所示的各工具中的功能按钮，可以快速建立和编辑二维工程图，此外，通过界面左侧的图纸导航器也可以对工程图中的各操作进行编辑。

图 8-1　进入【制图】功能模块

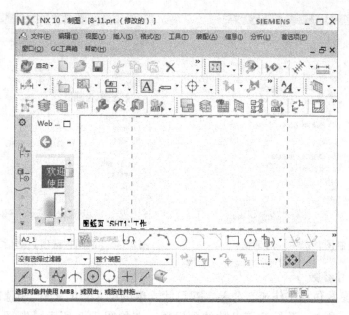

图 8-2　工程图工作界面

8.1.4　工程图参数

工程图参数用于在工程图创建过程中根据用户需要进行的相关参数预设值。例如箭头的大小、线条的粗细、隐藏线的显示与否、视图边界面的显示和颜色设置等。

参数预设置，可以选择菜单【文件】|【实用工具】|【用户默认设置】命令进行设置，也可以到工程图设计界面中选择菜单【首选项】|【制图】命令。下面对各设置参数分别进行介绍。

1. 预设置制图参数

NX 工程制图在添加视图前，应先进行制图的参数预设置。预设置制图参数的方法是选择菜单【首选项】|【制图】命令，系统弹出如图 8-3 所示【制图首选项】对话框。通过该对话框可以设置【常规/设置】、【公共】、【图纸格式】、【尺寸】、【注视】、【符号】和【表】等参数。

2. 预设置视图参数

视图参数用于设置视图中隐藏线、轮廓线、剖视图背景线和光滑边等对象的显示方式，如果要修改视图显示方式或为一张新工程图设置其显示方式，可通过设置视图显示参数来实现，如果不进行设置，则系统会按默认选项进行设置。

在如图 8-3 所示【制图首选项】对话框中，单击【视图】选项卡，【制图首选项】对话框如图 8-4 所示。利用该对话框中的各个选项卡可以设置所选视图中的边界、隐藏线、可见线、光顺边、投影、截面和截面线等显示方式。

3. 预设置注释参数

预设置注释参数包括 GDT、符号标注、表面粗糙度符号、焊接符号、目标点符号、相交符号、剖面线/区域填充、中心线等参数的预设置。在如图 8-3 所示【制图首选项】对话框中，单击【注视】选项卡，【制图首选项】对话框如图 8-5 所示。

图 8-3 【制图首选项】对话框

图 8-4 【制图首选项】对话框

4. 预设置尺寸参数

预设置尺寸参数包括工作流、公差、双尺寸、单侧尺寸、尺寸集、倒斜角、尺寸线、径向、坐标、文本、参考、孔标注等参数的预设置。在如图 8-3 所示【制图首选项】对话框中，单击【尺寸】选项卡，【制图首选项】对话框如图 8-6 所示。

图 8-5 【制图首选项】对话框

图 8-6 【制图首选项】对话框

8.2 建立工程图

在 NX 环境中，任何一个三维模型，都可以通过不同的投影方法、不同的图样尺寸和不同的比例建立多样的二维工程图。

8.2.1 工程图的管理

工程图管理包括新建工程图、打开工程图、删除工程图和编辑工程图等几个基本功能。

1. 新建工程图

系统生成工程图中的设置不一定适合于用户的三维模型的比例，因此，在添加视图前，用户最好新建一张工程图，按输出三维实体的要求，来指定工程图的名称、图幅大小、绘图单位、视图比例和投影角度等工程图参数，下面对新建工程图的过程和方法进行说明。

选择菜单【启动】|【制图】命令，进入工程图功能模块后，单击【图纸】工具条中的【新建图纸页】按钮，或选择菜单【插入】|【图纸页】命令，系统将弹出如图8-7所示的【图纸页】对话框。在该对话框中，选择图纸的大小、输入图纸页名称、指定图样尺寸、比例、投影角度和单位等参数后，单击【确定】按钮，系统弹出如图8-8所示的【视图创建向导】对话框。首先要确定要创建的工程图是用户当前打开的模型文件，然后单击【下一步】按钮；对话框过渡到【选项】选项卡，这时设置视图显示的一些选项，如边界要不要显示，隐藏线的显示类型、中心线、轮廓线、标签和预览的样式，设置完后，单击【下一步】按钮；对话框过渡到【方向】选项卡，这时需要设置视图的方位，一般采用默认的【前视图】，单击【下一步】按钮；对话框过渡到【布局】选项卡，这时需要选择视图的组合，用户根据需要选择所要的视图，最后单击【完成】按钮，完成图纸页的创建。

图8-7 【图纸页】对话框

图8-8 【视图创建向导】对话框

完成新建工程图的工作后，在绘图工作区中会显示新设置的工程图，其工程图名称显示于绘图工作区左下角的位置。下面介绍一下【图纸页】对话框中各个选项的用法。

（1）图纸大小

在【图纸页】对话框中，【大小】选项组中有3个单选按钮，可以选择图纸的不同建立方式，介绍如下：

使用模块：利用该选项，可以直接在对话框的【图纸页模板】列表中选取所需的图纸名称，然后直接应用于当前工程图模块中即可。

标准尺寸：选择该选项，可以在对话框的【大小】下拉列表中选取从 A0 ~ A4 这5种标准图纸中的任何一种作为当前的工程图纸。

定制尺寸：选择该选项，可以在新的【图纸页】对话框中根据要求在【长度】和【高

233

度】文本框中设置所需图纸的尺寸，也可以对图纸的比例、名称等相关参数进行设置。

（2）图纸页名称

该文本框用于输入新建工程图的名称。名称最多可包含 30 个字符，但不能含空格，输入的名称系统会自动转化为大写方式。

（3）比例

该选项用于设置工程图中各类视图的比例大小，系统默认的设置比例是 1∶1，通过设置合适的比例可以将工程图的大小调整为标准的尺寸。

（4）单位

图纸规格随所选工程图单位的不同而不同，在图 8-7 中如果选择了【英寸】单位，则为英制规格；如果选择【毫米】单位，则为公制规格。

（5）投影角度

该选项用于设置视图的投影角度方式。系统提供的投影角度有两种，按第一角投影⊏◎和第三角投影◎⊐。我国制图标准，一般应选择按第一角投影的投影方式。

2. 打开工程图

对于同一实体模型，如果采用不同的投影方法、不同的图纸规格和视图比例，建立了多张二维工程图，当要编辑其中的一张工程图时，首先要将其在绘图工作区中打开。要打开工程图，可在【部件导航器】中选择需要打开的图纸页，右击，在弹出的快捷菜单中选择【打开】命令，如图 8-9 所示，即可在绘图区中打开该名称所对应的工程图。

图 8-9　打开工程图

3. 删除工程图

如果有多余的工程图需要删除，可以通过删除功能将图纸页删除。可在【部件导航器】中选择需要打开的图纸页，右击，在弹出的快捷菜单中选择【删除】命令，如图 8-9 所示，即可在绘图区中删除该名称所对应的工程图。

4. 编辑工程图

向工程图添加视图的过程中，如果想更换一种表现三维模型的方式（比如增加剖视图等），那么原来设置的工程图参数势必不合要求（如图纸规格、比例不适当），这时可以对已有的工程图有关参数进行修改。可在【部件导航器】中选择需要打开的图纸页，右击，在弹出的快捷菜单中选择【编辑图纸页】命令；或选择菜单【编辑】|【图纸页】命令，系统弹出类似于图 8-7 所示的【图纸页】对话框。

可按前面介绍的建立工程图的方法，在对话框中修改已有工程图的名称、尺寸、比例和单位等参数。完成修改后，系统就会以新的工程图参数来更新已有的工程图。在编辑工程图时，投影角度参数只能在没有产生投影视图的情况下被修改，如果已经生成了投影视图，请将所有的投影视图删除后执行编辑工程图的操作。

8.2.2　添加视图

生成各种投影视图是创建工程图最核心的问题，在建立的工程图中可能会包含许多视图，NX 的制图模块中提供了各种视图管理功能，如添加视图、移除视图、移动或复制视图、对齐视图和编辑视图等视图操作。利用这些功能，用户可以方便地管理工程图中所包含的各类视图，并可修改各视图的缩放比例、角度和状态等参数。

在工程图中，视图是描述三维实体模型的主要表达式，一个完整的工程图往往包含多种视图，例如基本视图、投影视图、剖视图以及局部放大视图等。

在 NX 中，可以通过选择菜单【插入】|【视图】中的各命令，或利用如图 8-10 所示的【图纸】工具条中的工具创建所需的各类视图。

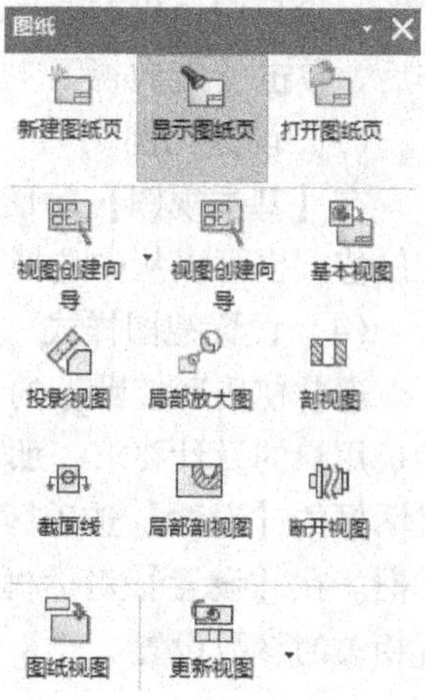

1. 添加基本视图

一个工程图中最少要包含一个基本视图，基本视图也是工程图中最重要的视图，它可以是实体模型的各种视图，如俯视图、前视图、右视图等中的一种。在选择基本视图时，应该尽量反映物体的主要形状特征。要创建基本视图，可单击【图纸】工具条中的【基本视图】按钮，或选择菜单【插入】|【视图】|【基本】命令，系统将弹出如图 8-11 所示的【基本视图】对话框。在该对话框中，可以选择需添加的部件模型、基本视图的种类以及设置视图的样式、显示比例等参数，具体介绍如下。

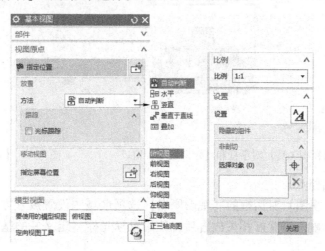

图 8-10 【图纸】工具条

（1）指定要为其创建基本视图的部件

系统默认加载的当前工作部件作为要为其创建基本视图的部件。如果想要更改创建基本视图的部件，则用户需要展开【部件】选项组，从【已加载的部件】列表或【最近访问的部件】列表中选择所需的部件，或者单击【打开】按钮，从系统弹出的【部件名】对话框中选择。

图 8-11 【基本视图】对话框

（2）定向视图

在【基本视图】对话框中展开【模型视图】选项组，从【要使用的模型视图】下拉列表框中选择相应的视图选项即可生成对应的基本视图。【要使用的模型视图】下拉列表框中提供的视图选项包括【俯视图】、【前视图】、【右视图】、【后视图】、【仰视图】、【左视图】、【正等测图】和【正三轴测图】。

用户可以在【模型视图】选项区域中单击【定向视图工具】按钮 🔍，系统弹出如图 8-12 所示的【定向视图工具】对话框。利用该对话框可定义视图法向、X 向等来定向视图，在定向过程中可以在如图 8-12 所示的【定向视图】窗口选择参照对象及调整视角等。在【定向视图工具】对话框中执行某个操作后，视图的操作效果立即动态地显示在【定向视图】窗口中，以方便用户观察视图方向，调整并获得满意的视图方位。完成定向视图操作后，单击【定向视图工具】对话框中的【确定】按钮。

（3）设置比例

在【基本视图】对话框的【比例】选项组中的【比例】下拉列表框中选择所需的一个比例值，也可以从中选择【比率】选项或【表达式】选项来定义比例。

（4）设置视图样式

通常使用系统默认的视图样式即可。如果在某些特殊制图情况下，默认的视图样式不能满足用户的设计要求，那么可以采用手动的方式指定视图样式，其方法是在【基本视图】对话框的【设置】选项区域中单击【设置】按钮 🔧，系统弹出如图 8-13 所示的【设置】对话框。在【设置】对话框中，用户单击相应的选项卡标签即可切换到该选项卡中，然后进行相关的参数设置。

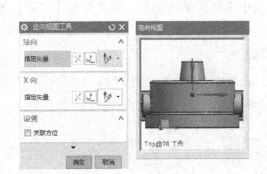

图 8-12 【定向视图工具】对话框和【定向视图】窗口　　　图 8-13 【设置】对话框

（5）指定视图原点

可以在【基本视图】对话框的【视图原点】选项区域中设置放置方法选项，并可以启用【光标跟踪】功能。设置好相关内容后，使用鼠标光标将定义好的基本视图放置在图纸页面上即可。

2. 添加投影视图

一般情况下，单一的基本视图是很难将实体模型的形状特征表达清楚的，在添加完成基本视图后，还需要进行其他投影视图的添加才能够完整地表达实体模型的形状及结构特征。在创建好基本视图后继续移动鼠标，此时将自动弹出如图 8-14 所示的【投影视图】对话框。然后在视图中的适当位置单击鼠标即可添加其他投影视图。或单击【图纸】工具条中的【投影视图】按钮 🔗，或选择菜单【插入】|【视图】|【投影】命令，同样弹出如图 8-14

所示的【投影视图】对话框。

此时可以接受系统自动指定的父视图，也可以单击【父视图】选项区域下的【视图】按钮🔩，从图纸页面上选择一个其他视图作为父视图。接下去便是定义【铰链线】、指定【视图原点】以及【移动视图】的操作。由于在前面一小节中已经介绍过设置视图样式和指定视图原点的知识，这里不再重复介绍。下面着重介绍定义【铰链线】和【移动视图】的知识点。

（1）铰链线

在【投影视图】对话框的【铰链线】选项区域中，从【矢量选项】下拉列表框中选择【自动判断】选项或【已定义】选项。当选择【自动判断】矢量选项时，系统基于在图纸页中的父视图来自动判断投影矢量方向，此时可以设置是否选中【关联】复选框；如果选择【已定义】矢量选项时，由用户手动定义一个矢量作为投影方向。如果需要，可以单击【反转投影方向】按钮✕，以设置反转投影方向。

（2）移动视图

当指定投影视图的视图样式、放置位置等之后，如果对该投影视图在图纸页的放置位置不太满意，则可以在【投影视图】对话框的【移动视图】选项组中单击【视图】按钮🔩，然后使用鼠标光标按住投影视图将其拖到图纸页的合适位置处释放即可。图 8-15 所示是由基本视图通过投影关系建立的投影视图。

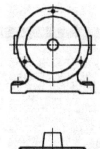

图 8-14 【投影视图】对话框　　　　图 8-15　创建投影视图的实例

3. 添加剖视图

当绘制的某些零件内部结构较为复杂时，其内部结构很难用一般的视图表达清楚，给看图和标注尺寸带来困难。此时，可以为工程图添加各类剖视图，如全剖视图、半剖视图、旋转剖视图、展开剖视图以及局部剖视图，以便更清晰、准确地表达该实体模型的内部结构。

单击【图纸】工具条中的【剖视图】按钮▥，或选择菜单【插入】|【视图】|【剖视图】命令，系统弹出如图 8-16 所示的【剖视图】对话框。在【截面线】选项组中的【定义】下拉列表中选择【动态】或【选择现有的】选项，当选择【动态】选项时，允许指定动态截面线，【方法】下拉列表中有【简单剖/阶梯剖】、【半剖】、【旋转】和【点到点】等选项，以开始选择创建指定方法类型；当选择【选择现有的】选项时，【剖视图】对话框如图 8-17所示，此时选择用于剖视图的独立截面线，指定视图原点即可创建所需的剖视图。

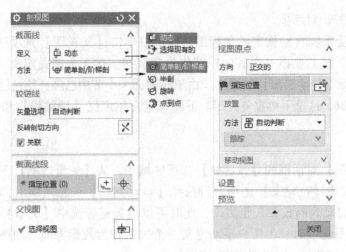

图 8-16 【剖视图】对话框

对于指定动态截面线的情形，如果需要修改默认的截面线型（即剖切线样式），则可以在【设置】选项组中单击【设置】按钮，系统弹出如图 8-18 所示的【设置】对话框。利用该对话框定制满足当前设计要求的截面线样式和视图标签。

图 8-17 【剖视图】对话框

图 8-18 【设置】对话框

（1）简单剖视图

使用【简单剖/阶梯剖】创建常见的全剖视图，全剖视图能够以一个平面为剖切平面，对视图进行整体的剖切操作。下面以动态为例，介绍如何创建简单全剖视图。

单击【图纸】工具条中的【剖视图】按钮，系统弹出如图 8-16 所示的【剖视图】对话框。在【截面线】选项组中的【定义】下拉列表中选择【动态】，【方法】下拉列表中选择【简单剖/阶梯剖】；在【铰链线】选项组的【矢量选项】下拉列表中选择【自动判断】选项；单击【截面线段】选项组中的【指定位置】按钮，在当前图纸页上的视图指定如图 8-19 所示的圆心作为截面线位置；此时【视图原点】选项组中的【位置】按钮💠自动处于被选中状态，其【方向】选项默认为【正交的】，在图形区中指定放置视图位置，结果如图 8-20 所示。

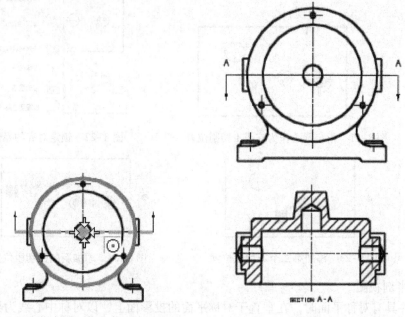

图 8-19　指定圆心作为截面线段位置　　　　图 8-20　生成的全剖视图

（2）阶梯剖视图

阶梯剖视图是由通过部件的多个剖切段组成，所有剖切段都与铰链线平行，并且通过折弯段相互附着。在 NX 10.0 中，创建阶梯剖视图与创建简单全剖视图相似，不同之处主要在于创建阶梯剖视图时需要指定其他的截面线段和转折位置等。下面介绍如何创建阶梯剖视图。

单击【图纸】工具条中的【剖视图】按钮📶，系统弹出如图 8-16 所示的【剖视图】对话框。在【截面线】选项组中的【定义】下拉列表中选择【动态】，【方法】下拉列表中选择【简单剖/阶梯剖】。在【铰链线】选项组的【矢量选项】下拉列表中选择【自动判断】选项，勾选【关联】复选框。单击【父视图】选项组中的【视图】按钮⬜，在图纸页上选择父视图。单击【截面线段】选项组中的【指定位置】按钮➕，在当前图纸页上的视图指定如图 8-21 所示的圆心作为支线 1 切割位置。移动鼠标光标来选择剖视图方向（锁定与铰链线对齐），然后右击，如图 8-22 所示，在弹出的快捷菜单中选择【与铰链线对齐】命令；再次右击，在弹出的快捷菜单中选择【截面线段】命令，或者单击【剖视图】对话框中的【截面线段】选项组中的【指定位置】按钮➕，然后在父视图中选择下一个用于放置剖切段的点，如图 8-23 所示。添加所需的后续剖切位置，选择如图 8-24 所示的圆心来定义新的剖切段位置。在父视图中拖动所需的截面线手柄并将它拖到全新适合位置处（修改剖切线转折位置）。此时单击【视图原点】选项组中的【位置】按钮💠，将鼠标光标移动到剖视图放置位置，然后单击鼠标，从而放置该阶梯剖视图，结果如图 8-25 所示。

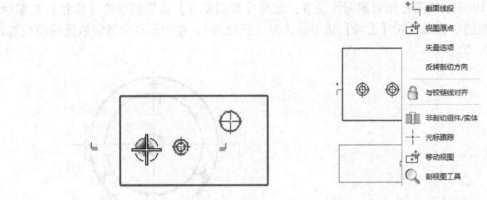

截面线段
视图原点
矢量选项
反转剖切方向
与铰链线对齐
非剖切组件/实体
光标跟踪
移动视图
剖视图工具

图 8-21 指定圆心作为支线 1 切割位置　　图 8-22 锁定对齐的操作

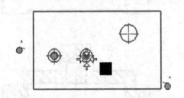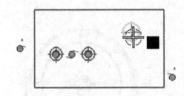

图 8-23 添加第二个剖切段位置　　图 8-24 添加新的剖切段位置

（3）半剖视图

当机件具有对称平面时，在垂直于对称平面的投影面上，以对称中心线为界，一半画成剖视，另一半画成视图，这样组成一个内外兼顾的图形，称为半剖视图。可以从任何父视图创建一个投影半剖视图。下面介绍如何创建半剖视图。

单击【图纸】工具条中的【剖视图】按钮，系统弹出如图 8-16 所示的【剖视图】对话框。在【截面线】选项组中的【定义】下拉列表中选择【动态】，【方法】下拉列表中选择【半剖】；需要时可以在【父视图】选项组中单击【视图】按钮，在图纸页上选择父视图；单击【截面线段】选项组中的【指定位置】按钮，在视图中选择如图 8-26 所示的中点作为截面线段位置，接着选择如图 8-27 所示的圆心完成定义截面线段位置；在图纸页上指定放置视图的位置，从而完成创建半剖视图操作，结果如图 8-28 所示。

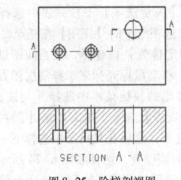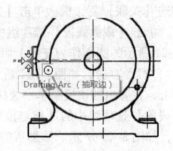

SECTION A-A

Drafting Arc（抽取边）

图 8-25 阶梯剖视图　　图 8-26 定义剖切位置

（4）旋转剖视图

用两个成一定角度的剖切面剖开机件，以表达具有回转特征机件的内部形状的视图，称为旋转剖视图。下面介绍如何创建旋转剖视图。

240

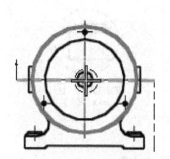

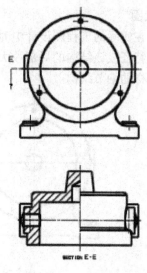

图 8-27　定义折弯位置　　　　　　　　图 8-28　半剖视图

单击【图纸】工具条中的【剖视图】按钮，系统弹出【剖视图】对话框。在【截面线】选项组中的【定义】下拉列表中选择【动态】，【方法】下拉列表中选择【旋转】；如果当前图纸页中有多个视图时，可以使用【父视图】选项组在图纸页选择父视图；用【截面线段】选项组中的【指定旋转点】功能来定义旋转点，通过【指定支线 1 位置】指定支线 1 切割位置，通过【指定支线 2 位置】指定支线 2 切割位置；最后指定放置视图位置，图 8-29 所示为生成的旋转剖视图。

（5）点到点剖视图

创建展开的点到点剖视图是指使用任何父视图中连接一系列指定点的剖切线来创建一个展开剖视图。

单击【图纸】工具条中的【剖视图】按钮，系统弹出【剖视图】对话框。在【截面线】选项组中的【定义】下拉列表中选择【动态】，【方法】下拉列表中选择【点到点】；根据需要定义铰链线、截面线段和视图原点等，然后放置视图，图 8-30 所示为生成的点到点剖视图。

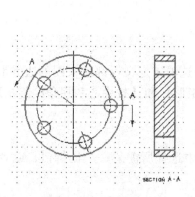

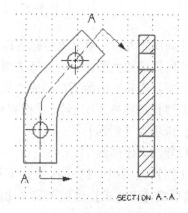

图 8-29　旋转剖视图　　　　　　　　图 8-30　点到点剖视图

4. 局部放大图

局部放大图在实际的工程图设计中时常应用到。例如，针对一些模型中的细小特征或结构，需要创建该特征或该结构的局部放大图。在如图8-31所示的制图示例中，应用了局部放大图来表达图样的细节结构。

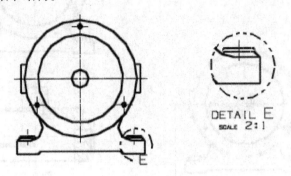

图8-31　应用局部放大图

单击【图纸】工具条中的【局部放大图】按钮，或选择菜单【插入】|【视图】|【局部放大图】命令，系统弹出如图8-32所示的【局部放大图】对话框。

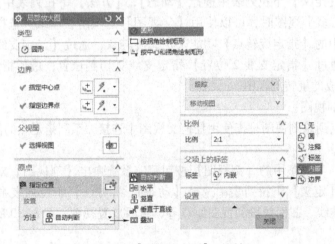

图8-32　【局部放大图】对话框

利用【局部放大图】对话框可执行以下操作。

（1）指定局部放大图边界的类型选项

在【类型】选项组中的下拉列表中选择一个选项来定义局部放大图的边界形状，可供选择的【类型】选项有【圆形】、【按拐角绘制矩形】和【按中心和拐角绘制矩形】，默认的【类型】选项为【圆形】。

（2）设置放大比例值

在【比例】选项组中的【比例】下拉列表中选择所需的一个比例值，或者从中选择【比率】选项或【表达式】选项来定义比例。

（3）定义父项上的标签

在【父项上的标签】选项组中，在【标签】下拉列表中可以选择【无】、【圆】、【注

242

释】、【标签】、【内嵌】和【边界】选项来定义父项上的标签。

（4）定义边界和指定放置视图的位置

按照所选的类型选项为【圆形】、【按拐角绘制矩形】或【按中心和拐角绘制矩形】来分别在视图中指定点来定义放大区域的边界，系统会就近判断父视图。例如，选择类型选项为【圆形】时，则先在视图中单击一点作为放大区域的中心位置，然后指定另一点作为边界圆周上的一点。

5. 断开视图

创建断开视图是将图纸视图分解成多个边界并进行压缩，从而隐藏不感兴趣的部分。断开视图的应用示例如图 8-33 所示。

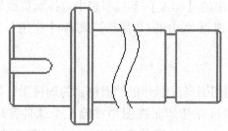

图 8-33　断开视图的应用

单击【图纸】工具条中的【断开视图】按钮，或选择菜单【插入】|【视图】|【断开视图】命令，系统弹出如图 8-34 所示的【断开视图】对话框。如果当前图纸页上存在着多个视图，则需要选择成员视图。

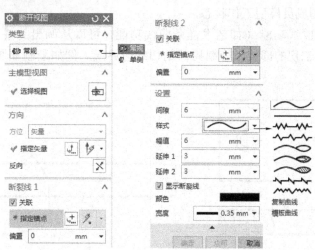

图 8-34　【断开视图】对话框

下面介绍一个轴断开视图的创建步骤。

1）单击【图纸】工具条中的【断开视图】按钮，系统弹出【断开视图】对话框。选择一个视图为主模型视图。

2）定义第一个封闭边界（断裂线 1），只需要将鼠标光标移动视图偏向左侧的某个位置，单击鼠标即可。

3）定义第二个封闭边界（断裂线2）。使用同定义第一个封闭边界的方法来定义第二个封闭边界，但是位置在视图的右侧，如图8-35所示。

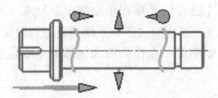

图8-35　定义第二个封闭边界区域

4）在【设置】选项组中的【样式】下拉列表中选择断裂线的样式。

5）单击【断开视图】对话框中的【确定】或者【应用】按钮，生成的断开视图如图8-33所示。

6. 局部剖视图

局部剖视图是指使用剖切面局部剖开机件而得到的剖视图，如图8-36所示。

在NX 10.0中，可以通过在任何父视图中移除一个部件区域来创建一个局部剖视图。需要注意的是，在NX 10.0中，在创建局部剖视图之前，需要先定义和视图关联的局部剖视图边界。

（1）定义局部剖视图边界

定义局部剖视图边界的典型方法如下。

1）在工程图中选择要进行局部剖视的视图，右击，在弹出的快捷菜单中选择【展开】命令，从而进入视图成员模型工作状态。

2）使用相关的曲线功能（如艺术样条曲线功能，可以从调出的【曲线】工具条中找到），在要建立局部剖切的部位，绘制局部剖切的边界线。例如绘制如图8-37所示的局部剖切边界线。

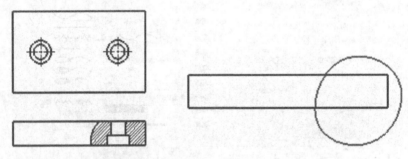

图8-36　创建局部剖视图　　　　　图8-37　定义局部剖视边界

3）完成创建边界线后，右击，在弹出的快捷菜单中选择【扩大】命令，返回到工程图状态。这样便建立了与选择视图相关联的边界线。

（2）创建局部剖视图

下面结合示例介绍创建局部剖视图的一般操作方法。

1）单击【图纸】工具条的【局部剖视图】按钮，或选择菜单【插入】|【视图】|【局部剖】命令，系统弹出如图8-38所示的【局部剖】对话框。这时可以进行局部剖视图的创

244

建、编辑和删除操作。创建局部剖视图的操作主要包括选择视图、指定基点、设置投影方向（指定拉伸矢量）、选择剖视边界（选择曲线）和编辑剖视边界（修改边界曲线）5个方面，分别与图8-39中的5个工具按钮相对应。

2）在【局部剖】对话框中选择【创建】单选按钮，选择一个生成局部剖的视图。如果要将局部剖视边界以内的图形切除，那么可以选中【切透模型】复选框。通常不选中该复选框。选择一个视图后【局部剖】对话框如图8-39所示。

3）定义基点。选择要生成局部剖的视图后，【指出基点】按钮图标□被激活。在图纸页上的关联视图（如相应的投影视图等）中指定一点作为剖切基点。

4）指出拉伸矢量。指出基点位置后，【局部剖】对话框中【指出拉伸矢量】按钮□被激活，【局部剖】对话框如图8-40所示。此时在绘图区域中显示默认的投影方向。用户可以接受默认的方向，也可以使用矢量功能选项定义其他合适的方向作为投影方向。如果单击【矢量反向】按钮，则使要求的方向与当前显示的方向相反。指出拉伸矢量（即投影方向）后，单击鼠标中键继续下一个操作步骤。

图8-38 【局部剖】对话框　　图8-39 【局部剖】对话框　　图8-40 【局部剖】对话框

5）选择剖视边界。指定基点和投影矢量方向后，【局部剖】对话框中的【选择曲线】按钮□被激活，同时出现【链】按钮和【取消选择上一个】按钮，如图8-41所示。

【链】按钮：单击该按钮，系统弹出如图8-42所示的【成链】对话框，系统提示选择边界，在视图中选择剖切边界线，接着单击【成链】对话框中的【确定】按钮，然后选择起点附近的截断线。

图8-41 【局部剖】对话框　　　　图8-42 【成链】对话框

【取消选择上一个】按钮：用于取消上一次选择曲线的操作。

6）编辑剖视边界。选择所需剖视边界曲线后，【局部剖】对话框中的【修改边界曲线】

按钮 被激活和处于被选中的状态，同时出现一个【捕捉作图线】复选框。如果用户觉得指定的边界线不太理想，则可以通过选择一个边界点来对其进行编辑修改。

7) 对剖视边界线满意之后，单击【局部剖】对话框中的【应用】按钮，则系统完成在选择的视图中创建局部剖视图。

利用【局部剖】对话框，还可以对选定的局部剖视图进行编辑或删除操作。

7. 定向剖视图

创建定向剖视图是指通过指定切割方位和位置来创建剖视图。下面结合典型示例介绍创建定向剖视图的一般操作方法。

1) 单击【图纸】工具条中的【定向剖视图】按钮，或选择菜单【插入】|【视图】|【定向剖】命令，打开如图 8-43 所示的【截面线创建】对话框。用户可以采用【3D 剖切】的方式，也可以采用【2D 剖切】的方式；需要定义【剖切方向】和【剖切位置】，【对齐】选项有【无】、【水平】和【垂直】。

2) 在这里，以选择【3D 剖切】单选按钮和设置【对齐】选项为【无】为例，选择定义切割方向和箭头位置，满意箭头方向等设置后单击【确定】按钮以创建剖切线。

3) 系统弹出如图 8-44 所示的【定向剖视图】对话框。用户可以在【定向剖视图】对话框中设置是否创建中心线、视图标签和比例标签等。

4) 在图纸页上指定该定向剖视图的放置位置，如图 8-45 所示。

  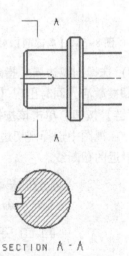

图 8-43 【截面线创建】对话框　图 8-44 【定向剖视图】对话框　图 8-45 放置定向剖视图

8. 轴测剖视图与轴测半剖视图

系统提供的【轴测剖视图】命令和【轴测半剖视图】命令也是很实用的。它们分别用于从任意父视图创建一个基于轴测（3D）视图的全剖视图和半剖视图。这两个命令的操作方法和步骤差不多，下面以【轴测剖视图】命令为例进行方法介绍。

单击【图纸】工具条中的【轴测剖视图】按钮，或选择菜单【插入】|【视图】|【轴

246

测剖】命令，系统弹出如图 8-46 所示的【轴测图中的简单剖/阶梯剖】对话框。利用该对话框中的 5 个按钮分别进行相应的步骤操作。

1）【选择父视图】按钮▣首先处于被选中的状态，在图纸页选择父视图。选择父视图后，【轴测图中的简单剖/阶梯剖】对话框中的【定义箭头方向】按钮▣被激活。

2）选择对象或选项以定义箭头方向矢量。单击【应用】按钮后，【定义剖切方向】按钮▣自动被激活。

3）选择对象或选项以定义剖切方向，然后单击【应用】按钮。

4）系统弹出如图 8-47 所示的【截面线创建】对话框。定义【剖切位置】和【折弯位置】等，然后单击【确定】按钮。

5）【轴测图中的全剖/阶梯剖】对话框中的【放置视图】按钮▣自动被切换至激活选中状态。在图纸页合适位置处指定一点来放置视图。

9. 图纸视图

使用系统提供的【图纸视图】功能，可以添加一个空视图（以创建草图和视图相关的对象）到图纸页。

单击【图纸】工具条中的【图纸视图】按钮，或选择菜单【插入】|【视图】|【图纸】命令，系统弹出如图 8-48 所示的【图纸视图】对话框。在该对话框中可以设置【视图原点】、【比例】、【视图方位】和【视图样式】等。

图 8-46 【轴测图中的全剖/阶梯剖】对话框

图 8-47 【截面线创建】对话框

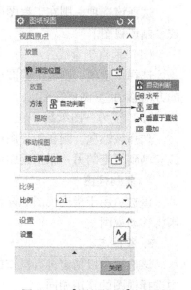

图 8-48 【图纸视图】对话框

8.3 编辑视图

工程图的绘制不是一步到位的，尤其是在工程图中添加各类视图后，经常需要调整视图的位置、边界视图的显示等有关参数，这些操作在绘制工程图时起着至关重要的作用。

8.3.1　移动/复制视图

移动/复制视图操作都可以重新设置视图在工程图中的位置，不同之处在于前者是将原视图直接移动至指定位置，后者是在原视图的基础上新建一个副本，并将该副本移动至指定的位置。

单击【图纸】工具条中的【移动/复制视图】按钮，或选择菜单【编辑】|【视图】|【移动/复制】命令，系统弹出如图 8-49 所示的【移动/复制视图】对话框。在对话框中，可以通过【复制视图】复选框指定是移动还是复制视图，应用该对话框可以完成视图的移动或复制工作。

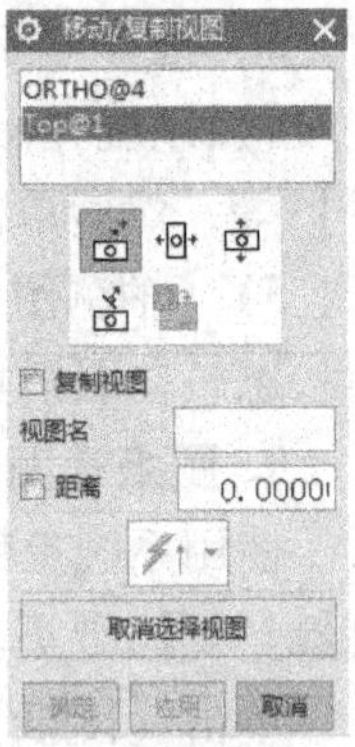

1. 移动或复制方式

在 NX 系统中，共提供了以下 5 种移动或复制视图的方式。

（1）至一点

选择该选项，则在工程图中指定了要移动或复制的视图后，系统将移动或复制该视图到某指定点。

（2）水平

选择该选项，则在工程图中指定了要移动或复制的视图后，系统即可沿水平方向来移动或复制该视图。

图 8-49　【移动/复制视图】对话框

（3）竖直

选择该选项，则在工程图中指定了要移动或复制的视图后，系统即可沿垂直方向来移动或复制该视图。

（4）垂直于直线

选择该选项，则在工程图中指定了要移动或复制的视图后，系统即可沿垂直于一条直线的方向移动/复制该视图。

（5）至另一图纸

选择该选项，则在工程图中指定了要移动或复制的视图后，系统即可将所选的视图移动或复制到指定的另一张工程图中。

2. 复制视图

该选项用于指定视图的操作方式是移动还是复制，选中该复选框，系统将复制视图，否则将移动视图。

3. 视图名

该选项可以指定进行操作的视图名称，用于选择需要移动或是复制的视图，与在绘图区中选择视图的作用相同。

4. 距离

该选项用于指定移动或复制的距离。选取该选项，则系统会按文本框中指定的距离值移动或复制视图，不过在该距离是按照规定的方向来计算的。

5. 取消选择视图

该选项用于取消用户已经选择过的视图，以进行新的视图选择。

用户在进行移动或复制视图操作时，先在视图列表框或绘图工作区中选择要移动的视图,再确定视图的操作方式:是进行移动,还是复制。再设置视图移动或复制的方式,并拖动视图边框到理想位置,则系统会将所选视图按指定方式移动到工程图中的指定位置。

8.3.2 视图对齐

在工程图中,将不同的视图按照所需的位置要求进行移动并使之对齐的操作,即为对齐视图。

单击【图纸】工具条中的【视图对齐】按钮,或选择菜单【编辑】|【视图】|【对齐】命令,系统弹出如图8-50所示的【视图对齐】对话框,下面对各个选项进行说明。

1. 对齐方式

该选项组的图标选项用于确定视图的对齐方式。系统提供了多种视图对齐的方式。

(1)叠加▣

选取该对齐方式后,系统会设置各视图的基准点进行重合对齐。

(2)水平▣

选取该对齐方式后,系统会设置各视图的基准点进行水平对齐。

图8-50 【视图对齐】对话框

(3)竖直▣

选取该对齐方式后,系统会设置各视图的基准点进行垂直对齐。

(4)垂直于直线▣

选取该对齐方式后,系统会设置各视图的基准点垂直某一直线对齐。

(5)自动判断▣

选取该对齐方式,则系统根据选择的基准点不同,用自动推断方式对齐视图。

2. 视图对齐选项

视图对齐选项用于设置对齐时的基准点。基准点是视图对齐时的参考点,对齐基准点的选择方式有3种。

(1)模型点

该选项用于选择模型中的一点作为基准点。

(2)对齐至视图

该选项用于选择视图的中心点作为基准点。

(3)点到点

该选项按点到点的方式对齐各视图中所选择的点。选择该选项时,用户需要在各对齐视图中指定对齐基准点。

8.3.3 视图边界

定义视图边界即是将视图以所定义的矩形线框或封闭曲线为界限进行显示的操作。在绘制工程图的过程中,经常会遇到重新定义视图边界的情况。

单击【图纸】工具条中的【视图边界】按钮▣,或选择菜单【编辑】|【视图】|【边界】命令,系统弹出如图8-51所示的【视图边界】对话框。对话框上部为视图列表框和视图边

界类型选项，下部为定义视图边界和选择相关对象的功能选项。下面介绍一下该对话框中各选项的用法。

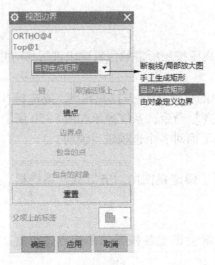

图 8-51 【视图边界】对话框

1. 视图列表框

该选项用于选择要定义边界的视图。在进行定义视图边界操作前，用户先要选择所需的视图。选择视图的方法有两种：一种是在视图列表框中选择视图，另外一种是直接在绘图工作区中选择视图。当视图选择错误时，还可单击【重置】按钮重新选择视图。

2. 视图边界类型

该选项用于设置视图边界的类型。NX 中提供了以下 4 种边界类型。

（1）自动生成矩形

该类型边界可随模型的更改而自动调整视图的矩形边界。

（2）手工生成矩形

该类型边界在定义矩形边界时，在选择的视图中按住鼠标左键并拖动鼠标，来生成矩形边界，该边界也可随模型更改而自动调整视图的边界。

（3）断裂线/局部放大图

该类型边界用断裂线或局部视图边界线来设置任意形状的视图边界。该类型仅仅显示出被定义的边界曲线围绕的视图部分。选择该类型后，系统提示选择边界线，用户可用鼠标在视图中选择已定义的断开线或局部视图边界线。

如果要定义这种形式的边界，应在弹出【视图边界】对话框前，先创建与视图关联的断开线。

（4）由对象定义边界

该类型边界是通过选择要包围的对象来定义视图的范围，用户可在视图中调整视图边界来包围所选择的对象。选择该类型后，系统提示选择要包围的对象，用户可利用【包含的点】或【包含的对象】按钮，在视图中选择要包围的点或线。

3. 锚点

锚点是将视图边界固定在视图中指定对象的相关联的点上，使边界随指定点的位置变化而变化。如果没有指定锚点，当模型修改时，视图边界中的对象部分可能发生位置变化，使得视图边界中所显示的内容不是希望的内容。反之，如果指定与视图对象关联的固定点，则当模型修改时，即使产生了位置变化，视图边界会跟着指定点进行移动。

4. 链

该选项用于选择链接曲线，用户可按顺时针方向选取曲线的开始段和结束段，则系统会自动完成整条链接曲线的选取。

5. 取消选择上一个

该选项用于取消前一次所选择的曲线。

6. 边界点

该选项用于指定边界点，来改变视图边界。

8.3.4 视图相关编辑

视图关联性是指当用户修改某个视图的显示后，其他相关的视图也随之发生变化。视图关联编辑允许用户编辑这些视图之间的关联性，当视图的关联性被用户定义后，用户修改某个视图的显示后，其他的视图可以不受修改视图影响。用户可以擦除对象，可以编辑整个对象，还可以编辑对象的一部分。

在制图环境中添加【制图编辑】工具条，【制图编辑】工具条如图 8-52 所示。单击【制图编辑】工具条中的【视图相关编辑】按钮，或选择菜单【编辑】|【视图】|【视图相关编辑】命令，系统弹出如图 8-53 所示的【视图相关编辑】对话框。该对话框上部为添加编辑选项、删除编辑选项和转换相关性选项，下部为线框编辑和着色编辑。应用该对话框，可以擦除视图中的几何对象和改变整个对象或部分对象的显示方式，也可取消对视图中所做的相关性编辑操作。

图 8-52 【制图编辑】工具条　　　图 8-53 【视图相关编辑】对话框

1. 添加编辑

该选项组用于让用户选择要进行什么样的视图编辑操作，系统提供了 4 种编辑操作方式。

（1）擦除对象

该选项用于擦除视图中选择的对象。单击该按钮时系统弹出【类选择】对话框，用户可在视图中选择要擦除的对象（如曲线、边和样条曲线等对象），完成对象选择后，则系统会擦除所选对象。擦除对象不同于删除操作，擦除操作仅仅是将所选取的对象隐藏起来，不进行显示。但该选项无法擦除有尺寸标注的对象。

（2）编辑完整对象

该选项用于编辑视图或工程图中所选整个对象的显示方式，编辑的内容包括颜色、线型和线宽。单击该按钮时，用户设置了颜色、线型和线宽选项后，系统弹出【类选择】对话框，用户可在选择的视图或工程图中选择要编辑的对象（如曲线、边和样条曲线等对象），选择对象后，则所选对象会按指定的颜色、线型和线宽进行显示。

（3）编辑着色对象

该选项用于用户对视图中着色部分的编辑操作，单击该按钮，并在视图中选择需要编辑的对象，然后在【着色编辑】选项组中设置颜色、局部着色和透明度，最后单击【应用】按钮，即可完成对象的编辑。

（4）编辑对象段

该选项用于编辑视图中所选对象的某个片断的显示方式，编辑的内容包括颜色、线型和线宽。单击该按钮后，先设置对象的颜色、线型和线宽选项，接着系统弹出【类选择】对话框，用户在视图中选择要编辑的对象，然后选择该对象的一个或两个边界点，则所选对象在指定边界点内的部分会按指定颜色、线型和线宽进行显示。

2. 删除编辑

该选项组用于删除前面所做的某些编辑操作，系统提供了 3 种删除编辑操作的方式。

（1）删除选定的擦除

该选项用于删除前面所做的擦除操作，使先前擦除的对象重新显示出来。单击该按钮时，已擦除的对象会在视图中加亮显示。在视图中选择先前擦除的对象，则所选对象会重新显示在视图中。

（2）删除选定的编辑

该选项用于删除所选视图先前进行的某些编辑操作，使先前编辑的对象回到原来的显示状态。单击该按钮，系统弹出【类选择】对话框，已编辑过的对象会在视图中加亮显示，用户可选择先前编辑的对象。完成选择后，则所选对象会按原来的颜色、线型和线宽在视图中显示出来。

（3）删除所有编辑

该选项用于删除所选视图先前进行的所有编辑操作，所有对象全部回到原来的显示状态。单击该按钮时，如图 8-54 所示的【删除所有编辑】对话框。让用户确定是否要删除所有的编辑操作，单击【是】按钮，则所选视图先前进行的所有编辑操作都将被删除。

图 8-54 【删除所有编辑】对话框

252

3. 转换相关性

该选项组用于对象在视图与模型之间的相互转换，共包含两
种编辑操作的方式。

（1）模型转换到视图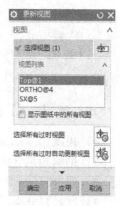

该选项用于转换模型中存在的单独对象到视图中。单击该按钮，系统弹出【类选择】
对话框，选择要转换的对象，则所选对象会转换到视图中。

（2）视图转换到模型

该选项用于转换视图中存在的单独对象到模型中。单击该按钮，系统弹出【类选择】
对话框，选择要转换的对象，则所选对象会转换到模型中。

8.3.5　视图的显示更新

在创建工程图的过程中，当需要在工程图和实体模型之间切换，或需要去掉不必要的显
示部分时，可以利用本节介绍的视图的显示更新。

单击【图纸】工具条中的【显示图纸页】按钮，系统将在建模模块和二维工程图模
块间进行切换，以便于实体模型和工程图之间的对比观察和操作。

单击【图纸】工具条中的【更新视图】按钮，系统弹出如
图 8-55 所示的【更新视图】对话框。该对话框用于选择要更新的
视图。

（1）选择视图

利用该按钮，可以在图纸中任意选取需要更新的视图。

（2）显示图纸中的所有视图

该复选框用于控制视图列表框中所列出的视图种类。选中该复选
框，列表框中列出所有的视图，反之，将不显示过时视图，需要手动
选择需要更新的过时视图。

（3）选择所有过时视图

该按钮用于选择工程图中所有过时视图。

（4）选择所有过时自动更新视图

该按钮用于自动选择工程图中所有过时的视图。

图 8-55　【更新
视图】对话框

8.4　尺寸标注和注释

8.4.1　尺寸标注

尺寸标注用于标识对象的尺寸大小。由于 NX 工程图模块和三维实体造型模块是完全关
联的，因此，在工程图中进行标注尺寸就是直接引用三维模型真实的尺寸，具有实际的含
义，因此无法像二维软件中的尺寸一样可以进行改动，如果要改动零件中的某个尺寸参数需
要在三维实体中修改。如果修改三维模型，工程图中的相应尺寸会自动更新，从而保证了工
程图与模型的一致性。

选择如图 8-56 所示的【插入】|【尺寸】菜单下的命令，或在如图 8-57 所示的【尺寸】

工具条中选择相应的按钮，系统将弹出各自的对话框。该对话框中一般可以设置尺寸类型、点/线位置、引线位置、附加文字、公差和尺寸线等，应用这些对话框可以创建和编辑各种类型的尺寸。

以下为【尺寸】工具条中常用的尺寸类型。

1）快速尺寸：该选项由系统自动判断出选用哪种尺寸标注类型进行尺寸标注。

2）线性尺寸：该选项用于在两个对象或点位置之间创建线性尺寸。

3）径向尺寸：该选项用于标注工程图中所选圆或圆弧的半径或直径尺寸。

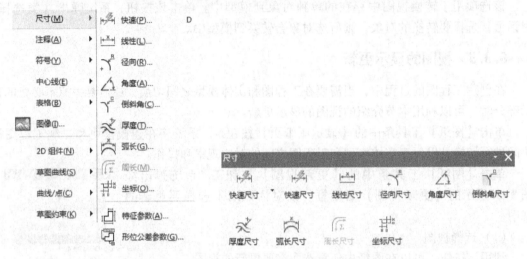

图 8-56 【尺寸】菜单下的命令   图 8-57 【尺寸】工具条

4）角度尺寸：该选项用于标注工程图中所选两直线之间的角度。

5）倒斜角尺寸：该选项用于在倒斜角曲线上创建倒斜角尺寸。

6）厚度尺寸：该选项用于标注工程图中两要素之间的厚度。

7）弧长尺寸：该选项用于标注工程图中所选圆弧的弧长尺寸。

8）周长尺寸：该选项用于创建周长约束以控制选定直线和圆弧的集体长度。

9）坐标尺寸：用来在标注工程图中定义一个原点的位置，作为一个距离的参考点位置，进而可以明确给出所选择对象的水平或垂直坐标（距离）。

1. 快速尺寸

单击【尺寸】工具条中的【快速尺寸】按钮，或选择菜单【插入】|【尺寸】|【快速】命令，系统弹出如图 8-58 所示的【快速尺寸】对话框。

【测量】选项组中的【方法】下拉列表中有【自动判断】、【水平】、【竖直】、【点到点】、【垂直】、【圆柱坐标系】、【斜角】、【径向】和【直径】等选项，通常选择【自动判断】，这样便可以根据选定对象和光标的位置自动判断尺寸类型来创建一个尺寸；【参考】选项组用于选择相应的参考对象；【原点】选项组用于指定尺寸文本放置的原点位置。

单击【快速尺寸】对话框中的【设置】选项组中的【设置】按钮，系统弹出如图 8-59 所示的【设置】对话框。

该对话框中有【文字】、【直线/箭头】、【层叠】、【前缀/后缀】、【公差】、【双尺寸】、【二次折弯】、【窄】、【尺寸线】、【文本】和【参考】等选项卡，对话框中的大部分选项可

254

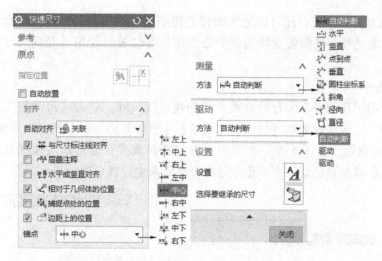

图 8-58 【快速尺寸】对话框

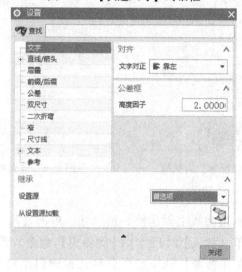

图 8-59 【设置】对话框

以在【制图首选项】对话框中设置。

2. 线性尺寸

单击【尺寸】工具条中的【线性尺寸】按钮 ，或选择菜单【插入】|【尺寸】|【线性】命令，系统弹出【线性尺寸】对话框，该对话与【线性尺寸】对话框相似，可以在两个对象或点之间创建线性尺寸。【测量】选项组中的【方法】下拉列表中有【自动判断】、【水平】、【竖直】、【点到点】、【垂直】、【圆柱坐标系】和【孔标注】等选项，创建线性尺寸的操作与创建快速尺寸的操作方法类似。

3. 径向尺寸

径向尺寸用于创建圆形对象（圆弧或圆）的半径或直径尺寸。单击【尺寸】工具条中的【径向尺寸】按钮 ，或选择菜单【插入】|【尺寸】|【径向】命令，系统弹出如图 8-60 所示的【半径尺寸】对话框。【测量】选项组中的【方法】下拉列表中有【自动判断】、【径向】、【直径】和【孔标注】等选项，可根据不同的测量方法进行相应的操作。对于采

255

用【径向】测量方法而言，还可以为大圆弧创建带折线的半径，此时除了选择要标注径向尺寸的参考对象之外，还需要选择偏置中心点和折叠位置。使用【径向尺寸】功能同样可以创建孔标注。

4. 角度尺寸

角度尺寸用于在两条不平行的直线之间创建角度尺寸。单击【尺寸】工具条中的【角度尺寸】按钮△，或选择菜单【插入】|【尺寸】|【角度】命令，系统弹出如图 8-61 所示的【角度尺寸】对话框。在【参考】选项组中指定选择模式，通常默认选择模式为【对象】，然后分别选择形成夹角的第一个对象和第二个对象来创建其角度的尺寸。

图 8-60 【半径尺寸】对话框

图 8-61 【角度尺寸】对话框

5. 倒斜角尺寸

倒斜角尺寸用于在倒斜角曲线上创建倒斜角尺寸。单击【尺寸】工具条中的【倒斜角尺寸】按钮，或选择菜单【插入】|【尺寸】|【倒斜角】命令，系统弹出如图 8-62 所示的【倒斜角尺寸】对话框。在【参考】选项组中分别选择倒斜角对象和参考对象，然后单击【参考】选项组中的【设置】按钮，系统弹出【设置】对话框。在该对话框中设置倒斜角的格式和指引线格式等，还可以设置【前缀/后缀】。

6. 厚度尺寸

厚度尺寸用于创建一个厚度尺寸，以测量两条曲线之间的距离。单击【尺寸】工具条中的【厚度尺寸】按钮，或选择菜单【插入】|【尺寸】|【厚度】命令，系统弹出如图 8-63所示的【厚度尺寸】对话框。此时选择要标注厚度尺寸的第一个对象和第二个对象，并自动放置或手动放置厚度尺寸。

7. 弧长尺寸

弧长尺寸用于创建一个弧长尺寸来测量圆弧周长。单击【尺寸】工具条中的【弧长尺寸】按钮，或选择菜单【插入】|【尺寸】|【弧长】命令，系统弹出如图 8-64 所示的【弧长尺寸】对话框。此时选择要标注弧长尺寸的对象，然后自动放置或手动放置弧长尺寸即可。

8. 周长尺寸

周长尺寸用于创建周长约束以控制选定直线和圆弧的集体长度。

图 8-62 【倒斜角尺寸】对话框　　图 8-63 【厚度尺寸】对话框　　图 8-64 【弧长尺寸】对话框

9. 坐标尺寸

坐标尺寸用于创建一个坐标尺寸，测量从公共点沿一条坐标基线到某一位置的距离，坐标尺寸由文本和一条延长线（可以是直线，也可以有一段折线）组成，它描述了从被称为坐标原点的公共点到对象上某个位置沿坐标基线的距离。单击【尺寸】工具条中的【坐标尺寸】按钮，或选择菜单【插入】|【尺寸】|【坐标】命令，系统弹出如图 8-65 所示的【坐标尺寸】对话框。先选择类型，【类型】选项组中有【单个尺寸】和【多个尺寸】两个选项；再选择圆点和基线，最后选择标注坐标尺寸的对象，然后自动放置或手动放置弧长尺寸即可。

10. 标准编辑工具栏

双击已标注的尺寸，或选取已标注的尺寸右击，在弹出的快捷菜单中选择【编辑】命令，如图 8-66 所示，系统弹出如图 8-67 所示的【尺寸编辑】工具栏。该工具栏的各个功能如下所述。

图 8-65 【坐标尺寸】对话框　　　　图 8-66 快捷菜单

1) 　⊔▾ ：用于设置尺寸类型。

2) 公差 ▯1.00▾▮：用于设置尺寸标注时的公差形式。

3) ▮1.00▮：检测尺寸。

257

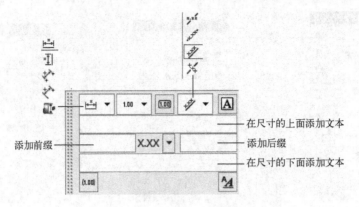

图 8-67 【编辑尺寸】工具栏

4）：用于设置尺寸文本位置。

5）【编辑附加文本】按钮 A：单击该按钮，系统弹出【附加文本】对话框，用于添加注释文本。

6）X.XX▾：用于设置尺寸标注时的精度，其数值对应所标注尺寸值的小数位数。

7）(1.00)：用于设置参考尺寸。

8）【文本设置】按钮 A：单击该按钮，系统弹出【设置】对话框，用于设置尺寸显示和放置等参数。

8.4.2　文本编辑器

制图符号和后面要介绍的形位公差和文本注释都是要通过文本编辑器来标注的，因此，在这里先介绍一下文本编辑器的用法。

单击【文本】对话框中的【文本编辑器】按钮 A，系统弹出如图 8-68 所示的【文本编辑器】对话框，该对话框上部为文本编辑工具条，中部为文本编辑窗口和预览窗口以及 5 个符号功能选项卡：【制图符号】、【形位公差符号】、【用户定义符号】、【样式】和【关系】，下部为选择各符号功能选项时对应的设置参数。

图 8-68 【文本编辑器】对话框

1. 文本编辑工具条

文本编辑工具条用于编辑注释，其功能与一般软件的工具条相同。如图 8-69 说明了各图标的主要功能。

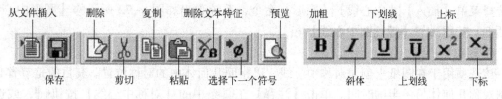

图 8-69 【文本编辑】工具条

2. 编辑窗口

编辑窗口是一个标准的多行文本输入区，使用标准的系统位图字体，用于输入文本和系统规定的控制字符。

8.4.3 插入中心线

1. 中心标记

该功能用于在点、圆心或弧心等位置创建中心标记。单击【注释】工具条中的【中心标记】按钮⊕，或选择菜单【插入】|【中心线】|【中心标记】命令，系统弹出如图 8-70 所示的【中心标记】对话框。

单击【选择对象】按钮，在视图区指定对象，单击【确定】按钮即可生成中心点标记。编辑中心点标记时，需要单击【选择中心点标记】后的【要继承的原中心标记】按钮，并选取中心点标记，可以通过输入【缝隙】、【中心十字】、【延伸】和【角度】值来控制中心线符号的显示。

2. 螺栓圆中心线

该选项用于标注圆周分布的螺纹孔中心线。完整螺栓圆的半径始终等于从螺栓圆中心到选取的第一个点的距离。单击【注释】工具条中的【螺栓圆中心线】按钮，或选择菜单【插入】|【中心线】|【螺栓圆】命令，系统弹出如图 8-71 所示的【螺栓圆中心线】对话框。

图 8-70 【中心标记】对话框

图 8-71 【螺栓圆中心线】对话框

259

3. 圆形中心线

该选项用于通过点或圆弧创建完整圆形中心线。完整圆形中心线的半径始终等于从圆形中心线中心到选取的第一个点的距离。单击【注释】工具条中的【圆形中心线】按钮○，或选择菜单【插入】|【中心线】|【圆形】命令，系统弹出如图8-72所示的【圆形中心线】对话框。其用法与【螺栓圆中心线】相似。

4. 对称中心线

该选项用于在图纸上创建对称中心线，以指明几何体中的对称位置。其目的是节省必须绘制对称几何体另一半的时间。单击【注释】工具条中的【对称中心线】按钮╫╫，或选择菜单【插入】|【中心线】|【对称】命令，系统弹出如图8-73所示的【对称中心线】对话框。利用该对话框可创建对称中心线。

图8-72 【圆形中心线】对话框

图8-73 【对称中心线】对话框

5. 自动中心线

该选项用于为视图自动添加中心线。用户只需直接指定视图即可。如果螺栓圆孔不是圆形实例集，则将为每个孔创建一条线性中心线。不能为小平面表示视图、展开剖视图和旋转剖视图自动添加中心线。单击【注释】工具条中的【自动中心线】按钮✿，或选择菜单【插入】|【中心线】|【自动】命令，系统弹出如图8-74所示的【自动中心线】对话框。选取视图，单击【确定】按钮，完成自动中心线添加。

图8-74 【自动中心线】对话框

8.4.4　文本注释

文本注释主要用于对图纸相关内容进一步说明。例如某部分特征的具体要求，标题栏中有关文本以及技术要求等。单击【注释】工具条中的【注释】按钮Ａ，或选择菜单【插入】|【注释】|【注释】命令，系统弹出如图8-75所示的【注释】对话框。

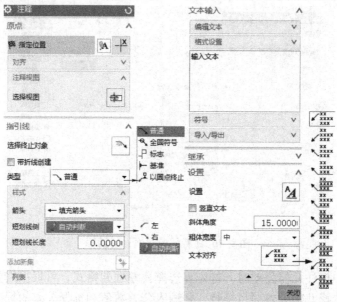

图8-75　【注释】对话框

用户可以先在【设置】选项组中单击【设置】按钮Ａ，系统弹出【设置】对话框，利用【设置】对话框设置所需的文本样式和层叠样式，设置好后，单击【关闭】按钮，系统会返回到【注释】对话框。在【注释】对话框中的【设置】选项组中还可以指定是否竖直文本，设置文本斜体角度、粗体宽度和文本对齐方式。

在【注释】对话框中的【文本输入】选项组中输入注释文本，如果需要编辑文本，可以展开【编辑文本】区域（子选项组）来进行相关的编辑操作。确定要输入的注释文本后，在图纸页上指定原点位置即可将注释文本插入到该位置。

如果创建的注释文本要带指引线，则需要在【注释】对话框中展开【指引线】选项组，单击【选择终止对象】按钮以选择终止对象，接着设置指引线类型，指定是否带折线等，然后根据系统提示进行相应操作来完成指引线的注释文本。

用户要生成一段文本标注，一般执行如下步骤。

1）单击【注释】工具条中的【注释】按钮Ａ，系统弹出【注释】对话框。

2）在文本编辑框中输入文字。

3）移动鼠标确定文本位置。

4）将【文本输入】选项组中的【符号】子选项组展开，在文本框中输入文字和符号，

5）在【指引线】选项组中的【类型】下拉列表中单击【普通】选项，确定箭头方式，选择要标注的图，按住鼠标左键不放，拖动鼠标，确定标注位置，完成标注。

8.4.5 几何公差标注

几何公差的标注是将几何、尺寸和公差符号组合在一起的符号。特征控制框命令作用主要为标注几何公差等。单击【注释】工具条中的【特征控制框】按钮🖛，或选择菜单【插入】|【注释】|【特征控制框】命令，系统弹出如图8-76所示的【特征控制框】对话框。

图8-76 【特征控制框】对话框

当要在视图中标注几何公差时，首先要选择公差框架格式，可根据需要选择单个框架或复合框架。然后选择几何公差项目符号，并输入公差数值和选择公差的标准。

用户要生成一个几何公差符号，一般执行如下步骤。

1）单击【注释】工具条中的【特征控制框】按钮🖛，系统弹出【特征控制框】对话框。

2）在【框样式】下拉列表中选择框架格式。

3）在【特性】下拉列表中选择几何公差符号，在【公差】子选项组中的【公差】文本框中输入公差，在【主基准参考】下拉列表中选择基准符号。

4）单击选择需要标注的图素，按住鼠标左键不放，拖动鼠标，确定标注位置。

几何公差涉及标注框架、文本、箭头、符号等修改，这些修改在不同的菜单中进行，一般操作步骤如下。

1）单击需要修改的几何公差，右击，弹出快捷菜单。

2）选择【编辑】命令，系统弹出【特征控制框】对话框，可以对文本、符号进行修改。

3）选择【设置】命令，系统弹出【设置】对话框，可对箭头式样、文字类型、几何公差框高度进行修改。

8.4.6 基准特征

基准特征主要为注释基准符号。单击【注释】工具条中的【基准特征符号】按钮🖳，或选择菜单【插入】|【注释】|【基准特征符号】命令，系统弹出如图8-77所示的【基准特征符号】对话框。

图 8-77 【基准特征符号】对话框

8.4.7　粗糙度符号标注

在首次标注表面粗糙度符号时，要检查 Drafting 模块中的 Insert 下拉菜单中是否存在 Surface Finish Symbol 菜单命令。如果没有该菜单命令，用户要在 NX 安装目录的 UgII 子目录中找到环境变量设置文件 ugii_env. dat，并用写字板将其打开，将环境变量 UGII_SURFACE_FINISH 的默认设置改为 ON。保存环境变量设置文件后，重新进入 NX 系统，才能进行表面粗糙度的标注工作。

单击【注释】工具条中的【表面粗糙度符号】按钮√，或选择菜单【插入】|【注释】|【表面粗糙度符号】命令，系统弹出如图 8-78 所示的【表面粗糙度】对话框，用于在视图中对所选对象进行表面粗糙度的标注。

该对话框上部的图标用于选择表面粗糙度符号类型，对话框中部的可变显示区用于显示所选表面粗糙度类型的标注参数和表面粗糙度单位及文本尺寸，对话框下部的选项用于指定表面粗糙度的相关对象类型和确定表面粗糙度符号的位置。

该标注表面粗糙度时，先在对话框上部选择表面粗糙度符号类型，然后在对话框的可变显示区中依次设置该粗糙度类型的单位、文本尺寸和相关参数，如果需要还可以在括号下拉列表框中选择括号类型。在指定各参数后，再在对话框下部指定粗糙度符号的方向和选择与粗糙度符号关联的对象类型，最后在绘图工作区中选择指定类型的对象，确定标注粗糙度符号的位置，则系统就可按设置的要求标注表面粗糙度符号。

1. 表面粗糙度参数

根据零件表面的不同要求，用户在【表面粗糙度】对话框中可选择合适的粗糙度参数标注类型，随着所选粗糙度类型和单位的不同，在可变显示区中粗糙度的各参数列表框（a1、a2、b、c、d、e、f1、f2）中也会显示不同的参数。用户既可以在下拉列表框中选择粗糙度数值，也可以直接输入粗糙度数值。

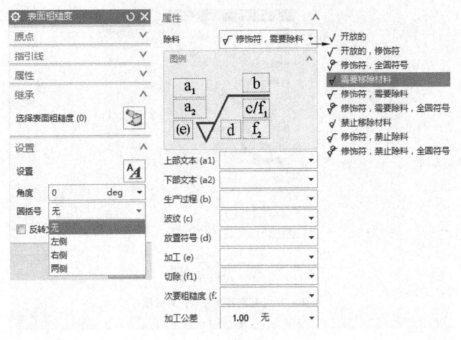

图 8-78 【表面粗糙度】对话框

2. 圆括号

该选项用于指定标注表面粗糙度符号时是否带括号，其下拉菜单中有 4 个选项。

无：选择该选项，标注的表面粗糙度不带括号。

左侧：选择该选项，标注的表面粗糙度带左括号。

右侧：选择该选项，标注的表面粗糙度带右括号。

两侧：选择该选项，标注的表面粗糙度两边都带括号。

8.5 综合应用实例——泵体的工程图

为了更好说明如何创建工程图、如何添加视图、如何进行尺寸的标注等工程图的常用操作，本小节将以一个实例系统地对整个过程进行说明。

本实例主要讲解泵体的工程图的创建过程，该泵体的结构比较复杂，具体的创建过程如下。

8.5.1 打开文件并进入制图模块

启动 NX 10.0，单击【标准】工具条中的【打开】按钮🗁，系统弹出【打开】对话框。选择在本书的配套资源中根目录下的 8/8_1. prt 文件，单击【OK】按钮，即打开部件文件。

选择菜单【启动】|【制图】命令，进入工程图功能模块后，单击【图纸】工具条中的【新建图纸页】按钮🗐，或选择菜单【插入】|【图纸页】命令，系统将弹出【图纸页】对话框。选中【标准尺寸】复选框，【大小】下拉列表中选择【A3】，【比例】选择【1∶1】，【投影】选择【第一角投影】，单击【确定】按钮。

8.5.2 添加视图

单击【图纸】工具条中的【基本视图】按钮 ，系统弹出【基本视图】对话框。【模型视图】选项组中的【要使用的模型视图】下拉列表中选择【前视图】，然后将视图放置在绘图区，系统弹出【投影视图】对话框。然后将投影视图放置在绘图区，结果如图8-79所示。

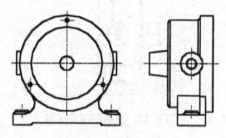

图8-79　添加的视图

8.5.3　创建局部剖视图

1. 切换视图成员模型工作状态

在工程的主视图上右击，在弹出的快捷菜单中选择【扩大】命令，进入到视图成员模型工作状态。

2. 绘制剖视边界曲线

单击【曲线】工具条中的【艺术样条】按钮 ，系统弹出如图8-80所示的【艺术样条】对话框。勾选【封闭】复选框，在泵体的支角处绘制一条封闭曲线，如图8-81所示。

图8-80　【艺术样条】对话框

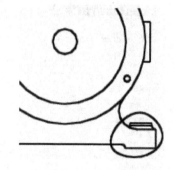

图8-81　绘制剖视边界曲线

3. 返回工作状态

在视图中右击，在弹出的快捷菜单中选择【扩大】命令，将视图切换到工程图状态。

4. 创建局部剖视图

单击【图纸】工具条中的【局部剖视图】按钮 ，系统弹出如图8-82所示的【局部剖】对话框。选择【Front@23】视图，作为生成局部剖的视图。选择视图后，【局部剖】对话框中的【指出基点】按钮 激活，在左视图中选取孔的中心线与底面的交点；指定基点后，在视图中选取拉伸矢量，或者单击鼠标中键接受默认的拉伸矢量，如图8-83所示。

5. 选取剖视图边界曲线

指定拉伸矢量后，【局部剖】对话框中的【选择曲线】按钮![icon]激活，选择前面绘制的封闭曲线，然后单击【应用】按钮，完成局部剖视图的创建，结果如图 8-84 所示。

图 8-82　【局部剖】对话框

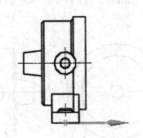

图 8-83　选取的拉伸矢量

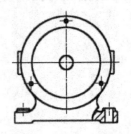

图 8-84　生成局部剖视图

8.5.4　添加半剖视图

1. 删除左视图

选取左视图，单击【标准】工具条中的【删除】按钮![icon]，将左视图删除。

2. 添加半剖视图

单击【图纸】工具条中的【剖视图】按钮![icon]，系统弹出如图 8-85 所示的【剖视图】对话框。选择主视图为父视图；【截面线】选项组中的【方法】下拉列表中选择【半剖】；【铰链线】选项组中的【矢量选项】下拉列表中选择【已定义】，【指定矢量】下拉列表中选择【YC】；然后选择主视图的大圆圆心线为剖切线位置，再次选择大圆圆心为半剖位置；最后向右投影出左视图半剖视图，结果如图 8-86 所示。

图 8-85　【剖视图】对话框

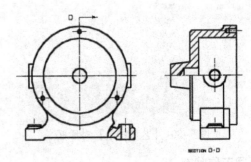

图 8-86　生成的半剖视图

8.5.5　标注尺寸

1. 标注尺寸

单击【尺寸】工具条中的【快速尺寸】按钮![icon]，系统弹出【快速尺寸】对话框。在【测量】选项组中的【方法】下拉列表中选择【水平】，按如图 8-87 所示的图形标注水平尺寸。

266

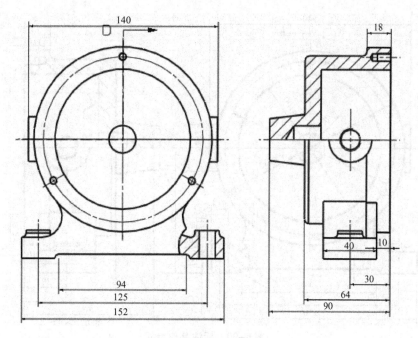

图 8-87　标注水平尺寸

【测量】选项组中的【方法】下拉列表中选择【竖直】，按如图 8-88 所示的图形标注水平尺寸。

【测量】选项组中的【方法】下拉列表中选择【直径】，按如图 8-89 所示的图形标注水平尺寸。

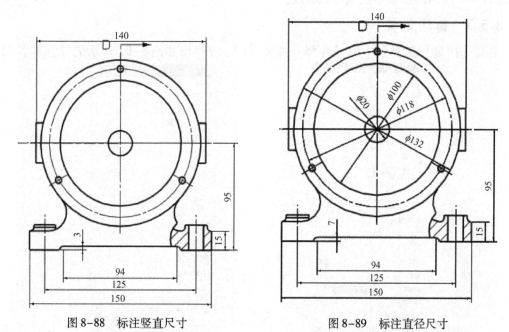

图 8-88　标注竖直尺寸　　　　　　　图 8-89　标注直径尺寸

利用【快速尺寸】对话框中的其他测量方法，标注出该工程图其他尺寸，最终结果如图 8-90 所示。

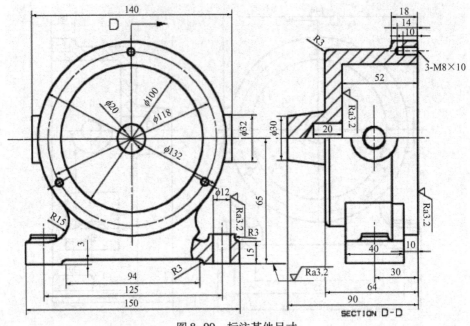

图 8-90　标注其他尺寸

8.5.6　标注表面粗糙度

单击【注释】工具条中的【表面粗糙度符号】按钮√，系统弹出如图 8-91 所示的【表面粗糙度】对话框。【属性】选项组中的【除料】下拉列表中选择【修饰符，需要除料】，【波纹（c）】文本框中输入 Ra3.2；【设置】选项组中的【角度】文本框中输入放置角度，按如图 8-90 所示的图形标注表面粗糙度。

8.5.7　标注文本

单击【注释】工具条中的【注释】按钮▣，系统弹出如图 8-92 所示的【注释】对话

图 8-91　【表面粗糙度】对话框

图 8-92　【注释】对话框

框。在【输入文本】选项中输入3 – M6 × 10，单击【指引线】选项组中的【选择终止对象】按钮 ，确定标注位置，完成标注。

8.6 本章总结

本章主要讲解了工程图设计基础，包括图纸页的管理、生成各种视图、尺寸和注释的标注以及表面粗糙度的标注等。这些内容中，生成各种视图是制图的重点。在制图实例中，用到基本视图、半剖视图和局部剖视图，用户可以根据自己的设计需要，增加其他的视图，如旋转剖视图和局部放大视图等。尺寸和注释标注样式的设置也要根据实际设计的需要来修改系统默认的一些参数。

8.7 思考与练习题

1. 简述创建局部剖视图的基本步骤。
2. 如何根据自身需求进行工程图参数预设置？
3. 如何创建注释？
4. 创建如图 8-93 和 8-94 所示图形的模型并生成工程图。

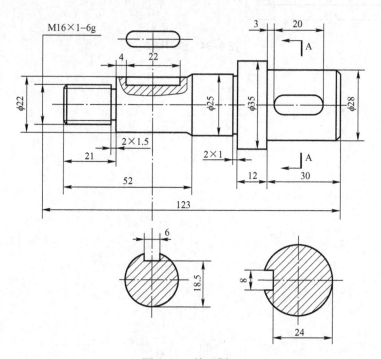

图 8-93　练习题 1

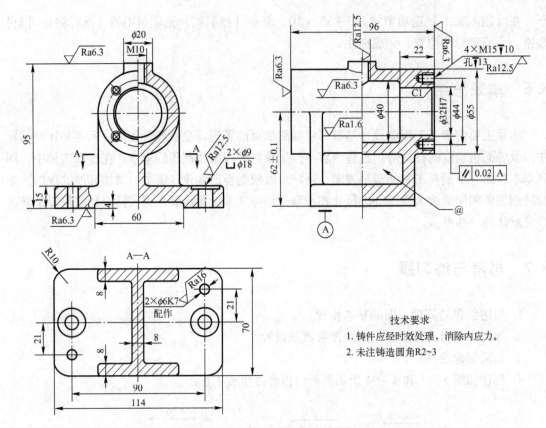

技术要求

1. 铸件应经时效处理，消除内应力。
2. 未注铸造圆角R2~3

图 8-94　练习题 2